飞行技术专业系列教材

现代导航技术与方法

张光明 // 编著

西南交通大学出版社
·成 都·

图书在版编目（ＣＩＰ）数据

现代导航技术与方法 / 张光明编著. —成都：西
南交通大学出版社，2017.8（2022.1 重印）
飞行技术专业系列教材
ISBN 978-7-5643-5651-4

Ⅰ. ①现… Ⅱ. ①张… Ⅲ. ①航空导航 – 教材 Ⅳ.
①V24

中国版本图书馆 CIP 数据核字（2017）第 192062 号

飞行技术专业系列教材

现代导航技术与方法

张光明 / 编著

责任编辑 / 李芳芳
助理编辑 / 梁志敏
封面设计 / 刘海东

西南交通大学出版社出版发行
（四川省成都市金牛区二环路北一段 111 号西南交通大学创新大厦 21 楼　610031）
发行部电话：028-87600564
网址：http://www.xnjdcbs.com
印刷：成都中永印务有限责任公司

成品尺寸　185 mm×260 mm
印张　14.25　　字数　358 千
版次　2017 年 8 月第 1 版　　印次　2022 年 1 月第 6 次

书号　ISBN 978-7-5643-5651-4
定价　42.00 元

总序

民航是现代综合交通运输体系的有机组成部分，以其安全、快捷、通达、舒适等独特优势确立了独立的产业地位。同时，民航在国家参与经济全球化、推动老少边穷地区发展、维护国家统一和民族团结、保障国防和经济安全、加强与世界不同文明沟通、催生相关领域科技创新等方面都发挥着难以估量的作用。因此，民航业已成为国家经济社会发展的战略性先导性产业，其发达程度直接体现了国家的综合实力和现代化水平。

自改革开放以来，我国民航业快速发展，行业规模不断扩大，服务能力逐步提升，安全水平显著提高，为我国改革开放和社会主义现代化建设做出了突出贡献。可以说，我国已经成为名副其实的民航大国。站在新的历史起点上，在 2008 年的全国民航工作会议上，民航局提出了全面推进建设民航强国的战略构想，拉开了我国由民航大国迈向民航强国的序幕。

要实现民航大国向民航强国的转变，人才储备是最基本的先决条件。长期以来，我国民航业发展的基本矛盾是供给能力难以满足快速增长的市场需求。而其深层次的原因之一，便是人力资源的短缺，尤其是飞行、空管和机务等专业技术人员结构不合理，缺乏高级技术、管理和安全监管人才。有鉴于此，国务院在《关于促进民航业发展的若干意见》中明确指出，要强化科教和人才支撑，要实施重大人才工程，加大飞行、机务、空管等紧缺专业人才的培养力度。

正是在这样的大背景下，作为世界上最大的航空训练机构，作为中国民航培养飞行员和空中交通管制员的主力院校，中国民航飞行学院以中国民航可持续发展为己任，勇挑历史重担，结合自身的办学特色，整合优势资源，组织编写了这套"飞行技术专业系列教材"，以解当下民航专业人才培养的燃眉之急。在这套教材的规划、组织和编写过程中，教材建设团队全面贯彻落实《国家中长期教育改革和发展规划纲要(2010—2020 年)》，以培养适应民航业岗位需要的、具有"工匠精神"的应用型高素质人才为目标，创新人才培养模式，突出民航院校办学特色，坚持"以飞为主，协调发展"的方针，深化"产教融合、校企合作"，强化学生实践能力培养。同时，教材建设团队积极推进课程内容改革，在优化专业课程内容的基础上，加强包括职业道德、民航文化在内的人文素养教育。

由中国民航飞行学院编写的这套教材，高度契合民航局颁布的飞行员执照理论考试大纲及知识点要求，对相应的内容体系进行了完善，从而满足了民航专业人才培养的新要求。可以说，本系列教材的出版恰逢其时，是一场不折不扣的"及时雨"。

由于飞行技术专业涉及的知识点多，知识更新速度快，因此教材的编写是一项极其艰巨的任务。但令人欣喜的是，中国民航飞行学院的教师们凭借严谨的工作作风、深厚的学术造诣以及坚韧的精神品质，出色地完成了这一任务。尽管这套教材在模式创新方面尚存在瑕疵，但仍不失为当前民航人才培养领域的优秀教材，值得大力推广。我们相信，这套教材的出版必将为我国民航人才的培养做出贡献，为我国民航事业的发展做出贡献！

是为序。

中国民航飞行学院
教材编写委员会
2016 年 7 月 1 日

现代导航技术与方法是现代民用航空器飞行员必须掌握的基本理论、基本技能和方法。它涵盖了现代导航技术、设备和系统的组成和基本原理、系统功能及性能、飞行应用、运行要求，以及飞行员使用方法、操作程序等。

随着现代科技的快速发展，近年来在民用航空器装备制造、民用航空飞行运行等领域，先后引入和使用了大量先进技术。伴随卫星导航技术在民用航空的广泛应用，民用航空导航系统和导航技术发生了革命性变革，以卫星导航技术为核心的新技术全面推广应用，为国际民航界飞行运行安全等级不断提高奠定了坚实的基础。与此同时，数字化航空，特别是以数据驱动民用航空飞行运行的时代已经到来,航空数据已成为现代飞行运行的重要基础和支撑。

为了充分发挥现代民用航空器的性能优势，现代航空器飞行员必须不断充实相关专业知识，不断提高飞行操控技能。现代民用航空器飞行员，尤其是大中型民用运输航空器飞行员，不仅是基本操纵人员，更是高级管理人员，在整个飞行运行过程中必须按程序正确操纵和管理，充分发挥航空器的性能，确保飞行运行安全，获取更高的经济效益和社会效益，充分体现民用航空安全、高效、便捷等特点。

现代大中型民用航空器的典型特征之一，是加装和使用了先进的、高度集成的飞行管理系统。飞行管理系统对来自各种机载传感器的数字数据信息进行综合计算和判断，并对自动飞行控制系统、推力系统及伺服器等发出指令，实现对航空器的综合优化操控和管理。飞行员不仅仅是航空器飞行运行过程"人、机、环"中最重要的组成部分，也是机载飞行管理系统的直接参与者和指令官，还是飞行管理系统这一现代民用航空器"大脑"的"中枢"。

本书以卫星导航技术为核心、以飞行管理系统集成应用为出发点，内容涵盖了中国民航航线运输飞行员相关专业知识。书中详细介绍了全球定位系统（GPS）、全球导航卫星系统（GNSS）、惯性导航系统（INS/IRS）、飞行管理系统（FMS）、基于性能的导航（PBN）等知识技术及应用要求，简单介绍了自动相关监视（ADS-B）、电子飞行包（EFB）、平视显示器（HUD）、增强飞行视景系统（EFVS）等知识技术及应用。

在本书编写过程中，牢牢把握现代导航理论与飞行运行实际相结合、现代导航技术和方法与民航法规相结合的基本原则。在理论的广度、深度上，力争做到适度；在概念、方法上力争做到准确无误。本书内容广泛借鉴和吸收了中国民航、国际民航组织以及欧美等民航发达国家现代导航技术和方法的新理论、新方法、新成果，同时结合作者在现代导航技术领域长期研究的成果，结合民航飞行技术、空中交通管理、载运工具运用工程（硕士研究生）、交通工程（硕士研究生）等专业教学经验，合理选取内容、安排层次、阐述概念、介绍技术和方法，力求使读者，尤其是飞行技术专业学生开阔视野，掌握现代导航基本技术、基本方法及应用特点，进一步提高航线运输飞行员在飞行运行过程中发现问题、分析问题、解决问题的能力。

全书共分 7 章，第 1 章介绍民用航空导航技术，第 2 章介绍全球定位系统（GPS），第 3 章介绍全球导航卫星系统（GNSS），第 4 章介绍惯性导航系统（INS/IRS），第 5 章介绍飞行管理系统（FMS），第 6 章介绍基于性能的导航（PBN），第 7 章介绍相关航行新技术。本书主要由张光明编著，第 1 章、第 3 章、第 5 章（5.1、5.2、5.3 节）、第 6 章、第 7 章由张光明独立撰写，第 2 章由肖欢畅、张光明合作撰写，第 4 章由林娜独立撰写，第 5 章（5.4、5.5 节）由陈明强独立撰写。

在本书编写过程中，得到了中国民航局飞行标准司、中国民航局空管局、民航各地区管理局、中国国际航空公司、中国东方航空公司、中国南方航空公司、海南航空公司等公司、厦门航空公司、山东航空公司、四川航空公司、深圳航空公司、吉祥航空公司、中国民航飞行学院等（教务处、飞标处、飞行技术学院等）大力支持，得到了波音公司、空客公司、霍尼韦尔公司、洛克韦尔柯林斯公司、泰雷兹公司、杰普逊公司、汉莎系统公司等帮助。赵巍巍老师及翟豪、王红力、朱琰、陈合理、董程兵、于珊、钟文豪、张梦龙、王秋拾等研究生也参与了相关工作，在此一并表示感谢。

本教材主要供民航飞行技术专业本科生、载运工具运用工程硕士研究生使用，同时也可供空中交通管理、飞行签派、航行情报等专业学生参考使用，对民航相关技术岗位在职工作人员、研究人员、航空爱好者也具有参考价值。

鉴于现代导航技术和方法不断发展、航行新技术应用要求不断变化，限于时间、水平和资料的更新速度，本书中难免有不足之处，恳请读者批评指正。

张光明

2017 年 6 月

目录

第1章 民用航空导航技术概论

导航（navigation），即引导运动载体按计划或临时航行路线运动的过程。人类发展历史表明，导航最早正式应用于航海，后来逐步推广应用于陆地、航空、航天等载体运动领域，运动载体涵盖舰船、飞机、导弹、卫星、飞船、车辆、个人等。民用航空器导航是众多导航应用领域之一。本书中仅涉及民用航空器，特别是现代大中型民用航空器在飞行运行中的导航相关问题。

民用航空器在飞行运行过程中，要实现导航功能和完成导航任务，需要采用相关导航技术、导航系统和导航方法。在民用航空器出现的早期，航空器飞行高度低、速度慢、距离短，与导航相关的技术和应用有限，航空器导航主要依赖于传统陆基导航技术及系统。在20世纪后半叶，出现了以波音、空客机型为代表的现代新型民用航空器。为了充分发挥现代民用航空器的性能，国际民航界开始逐步应用现代导航技术，随后出现的诸多航行新技术均是以现代导航技术为核心和基础。

1.1 导航技术定义

按导航方式和导航性能衡量标准来区分，导航技术可以分为传统导航技术和现代导航技术。

传统导航技术，是指以陆基导航为核心、以导航精度为衡量标准的交叉定位技术和与之相关的技术。传统导航利用机载陆基无线电导航设备，测量航空器相对于陆基无线电导航台的方位、距离等信息，由飞行机组人工计算航空器实时位置，引导航空器从一个导航台/定位点飞至另一个导航台/定位点。传统导航技术的实质是导航台（台）到导航台（台）飞行。

现代导航技术，是指以卫星导航为核心、以导航性能为衡量标准的区域导航技术和与之相关的技术。现代导航利用机载导航传感器，测量航空器相对于导航卫星、陆基导航设施或惯性空间的运动参数、距离、方位等信息，由机载区域导航计算机或者飞行管理计算机自动计算航空器实时位置，引导航空器从一个航路点飞至另一个航路点。现代导航技术的实质是航路点（点）到航路点（点）飞行。

现代导航技术所涉及的导航性能，主要包括导航精度、完好性、连续性、可用性和功能性等。现代导航技术主要采用区域导航方式。区域导航允许航空器在陆基导航设施信号覆盖范围之内，或者在机载自主导航设备的工作能力范围之内，或利用GNSS或二者组合，沿任意期望的路径飞行。基于性能的导航（PBN）运行，是现代导航技术应用的典范，支持PBN运行的核心技术是卫星导航技术。

现代导航技术能够充分发挥现代航空器的性能，能满足现代民用航空对飞行运行的安全性、全球性、全天候、全天时、高精度、高可靠、高效率等需要。现代导航技术在经历了漫长发展之后，目前已成为成熟技术并被全面推广应用。

1.2 导航技术发展史

导航技术从其发展历程来看，主要经历了天文导航、罗盘导航、陆基无线电导航、超声波声纳导航、惯性导航、卫星导航、组合（综合）导航等发展过程。纵观这一发展历程，很多导航技术呈现交替螺旋上升发展的特点。

1.2.1 天文导航

早在 17 000 多年以前的古石器时代，古人狩猎就采用简单的恒星导航方法服务于日常生活。在 2 000 多年以前，中国就有天文导航的记录。在 17 世纪的欧洲，天文导航在航海领域得到了巨大的发展，出现了众多天文导航仪器设备。这一古老的导航技术，在当今航天等领域，仍然发挥着重要的作用。

1.2.2 罗盘导航

在我国 4 000 多年前的炎黄时代，就出现了指南车等磁场导航设备，指南车（针）也由此成为中国古代四大发明之一。15 世纪郑和七下西洋，利用天文、磁罗盘等导航方式，带领明朝的大型船队累计航行 10 万余里，足迹远至非洲，首次开辟了海上"丝绸之路"，创造了人类航海史上的奇迹。

虽然磁罗盘（指南针）受地球磁场分布不均匀的影响，以至于在磁差较大区域方位误差较大甚至不能使用，但是在小磁差区域和载体平直运动时，仍然能够较为精确地指示磁方位，因此，磁罗盘目前依然是现代航空器的重要机载航向备份仪表。

磁罗盘与地面地标辨识和其他基本导航仪表（如气压高度表、空速表、飞行时钟等）配合，利用测量的基本领航元素（如航向、气压高度、速度、时间等），可以实现地标罗盘领航及推测领航。地标罗盘领航及推测领航，仍然是现代小型通用航空器在目视气象条件下（VMC）经常采用的领航方法。

1.2.3 近程陆基无线电导航

随着 20 世纪第一次世界大战中无线电技术的广泛应用，出现了基于无线电方位测量的无线电罗盘，随后出现了定向器、四航道信标、扇形无线电信标等振幅式测向设备。20 世纪 20 年代末，出现了无方向性信标台（NDB），1940 年出现了自动定向仪（ADF）。由于 NDB 和 ADF 设备简单便宜，目前在部分航空器上仍然作为选装设备。1938 年，出现了基于雷达技术的无线电高度表（雷达高度表）。目前该高度表在 Ⅱ 类及其以上仪表着陆系统（ILS）精密进近中，可作为复飞决断参考高度表使用。

20 世纪 50 年代，出现了甚高频全向信标台（VOR）、距离测量仪（DME）等。采用 VOR/DME、DME/DME 定位，能够获得比 NDB 更高的定位精度。美国空军在此基础上，研制出"塔康"（TACAN）战术空中导航系统。VOR、DME、TACAN、VORTAC 等系统，目前仍然广泛用于军用、民用航空领域，作为航路导航、终端区导航或者非精密进近导航系统使用。随着多普勒 VOR（DVOR）和精密 DME（DME/P）等系统的出现，陆基无线电导航技术及系统在现代航空领域依然发挥着重要作用。

1.2.4 远程导航

随着航空器性能的提高和飞行距离的延长，远程导航技术和系统得到了发展。远程导航可以采用陆基无线电导航、惯性导航、卫星导航等导航方式，卫星导航将在本章 1.1.6 节单独介绍。

20 世纪 40 年代，英国研制了基于双曲线定位的"台卡"（DECCA）远程导航系统，美国研制了脉冲双曲线定位的"罗兰"（LORAN）远程导航系统。DECCA 与 LORAN 相比，作用范围更小、精度更低，目前 LORAN 仍然用于美国军民航海、航空、测绘等领域，而 DECCA 不再使用。

在第二次世界大战期间的 1942 年，德国成功将基于陀螺进动原理的惯性导航组件用于 V-2 火箭上，拉开了惯性导航技术应用的序幕。惯性导航设备包括惯性导航系统（INS）、惯性基准系统系统（也称为惯性基准系统）（IRS）、惯性导航组件（INU）等。由于惯性导航设备在不依赖其他任何外部辅助的情况下，可以独立实现导航定位和姿态测量等功能，因此在航空、航天、航海等领域得到广泛应用，并且有其他导航系统不可替代的独特优势。在现代大中型民用航空器上，惯性基准系统（IRS）或具备惯性功能的姿态航向参考系统（AHRS）是必须加装的机载系统，可为航空器提供导航参数和/或姿态航向参数。惯性导航系统可为航空器提供远程导航能力。

20 世纪 40 年代末至 50 年代，先后出现了多普勒导航雷达、欧米伽/阿尔法等远程导航系统。由于这些系统的导航精度相对较低，目前其应用领域非常有限。欧米伽/甚低频系统因采用了甚低频无线电导航技术，可以用于舰船和潜艇导航。从 1997 年 10 月 1 日起，欧米伽/甚低频导航退出全球民航导航应用领域。1922 年出现了主要用于舰船和潜艇导航的超声波声纳技术，目前该技术仍然在航海领域广泛应用。

1.2.5 进近着陆引导

进近着陆引导是指在仪表飞行过程中，利用陆基、星基以及其他相关机载导航设备设施，引导航空器从最后进近点/定位点开始到复飞决断点这一飞行过程中所执行的导航定位及飞行引导。

20 世纪 30、40 年代，出现了敌我识别器、雷达信标、仪表着陆系统（ILS）、精密进近雷达（PAR）等无线电导航系统，其中 ILS 和 PAR 属于进近着陆引导系统.

1949 年，国际民航组织（ICAO）正式批准 ILS 作为国际标准导航系统，目前 ILS 仍然是国际民航界安装使用最为广泛的精密进近着陆引导系统。

1978 年，ICAO 批准微波着陆系统（MLS）作为新型的进近着陆引导系统，但该系统由于价格、技术等原因在国际民航界一度中断使用。20 世纪末 MLS 系统技术得到有效革新，目前在部分机场有所应用。

应答着陆系统（TLS）是一种基于二次监视雷达（SSR）信号的进近引导系统。该系统根据飞机已有的 SSR 应答机发出的信号，计算并向空中发射飞机的位置信息，机载接收设备接收处理并在相关仪表上显示引导信息，可以实现类 ILS 的 I 类精密进近引导。TLS 大大提高了机场和航站的可用性，尤其适用于临时机场，但目前该系统应用范围较小。

卫星着陆系统（GLS）是近年来出现的一种新型卫星着陆引导系统。该系统利用空间导航卫星、陆基相关增强系统以及与之相关的航空器功能，能够实现 I 类及以上等级精密进近引导。GLS 目前已逐步在全球推广应用，具有广阔的发展应用前景。

1.2.6　卫星导航

从 1958 年开始，美国就着手研究卫星导航技术和系统，随后苏联也启动了相关研究工作。20 世纪 70 年代初，美国、苏联分别独立研究并建设 GPS 系统和 GLONASS 系统，并且在 20 世纪 90 年代初先后建成。由于美国一直能够很好地维护并保持 GPS 在轨卫星数量不少于 24 颗，因此在两大系统建成后很长一段时间内，只有 GPS 系统能够满足包括民用航空在内的全球各类型用户的需要，由此 GPS 占据了全球绝大部分卫星导航应用市场。目前，ICAO 正式定义的全球导航卫星系统（GNSS）星座，包括 GPS 和 GLONASS 两大系统在轨卫星所构成的星座。

20 世纪末，欧洲开始建设伽利略全球导航卫星系统（Galileo），我国开始独立研究和建设北斗全球卫星导航系统（BDS）。我国已于 2012 年底建成 BDS 卫星导航区域系统，计划于 2020 年建成 BDS 全球卫星导航系统。可以预见在不久的将来，欧洲的 Galileo 和中国的 BDS 将被纳入国际民航组织 GNSS 中。届时，全球将出现 GPS、GLONASS、Galileo、BDS 四大全球卫星导航系统并存运行的局面，在轨运行的全球导航卫星数量将超过 120 颗，全球卫星导航用户将能够获得更为满意的导航定位服务。

1.2.7　组合导航

组合导航技术是指将多种机载导航传感器的导航信息进行组合，以获得更优的导航定位服务的技术。该技术在 20 世纪 80 年代中期得到了迅速发展。组合导航主要分为松耦合、紧耦合和深度耦合三种组合方式，采用组合技术可以弥补来自不同导航传感器信息源的缺点，充分发挥各自优势。典型的组合导航技术，包括卫星导航/惯性导航组合、陆基无线电导航/惯性导航组合、地形信息/惯性导航组合、天文导航/惯性导航组合等技术。

在民用航空领域，大气数据/卫星导航/惯性导航组合、陆基无线电导航/惯性导航组合、地形辅助导航等技术已得到广泛使用。

1.3　导航技术和导航系统分类

导航技术和导航系统，根据不同的标准可以分为不同的种类。民用航空导航系统可以按以下方式进行分类：

1. 按飞行阶段分类

航路导航：NDB、VOR、DME、VORTAC、GNSS、INS/IRS 等；

终端区进/离场导航：NDB、VOR、DME、VORTAC、GNSS、INS/IRS 等；

进近导航：NDB、VOR、DME、VORTAC、GNSS、ILS、MLS、GLS 等。

2. 按作用距离分类

近程导航：NDB、VOR、DME、VORTAC、ILS、MLS、GLS 等；

远程/全球导航：GNSS、INS/IRS 等。

3. 按独立性分类

他备式导航：NDB、VOR、DME、VORTAC、GNSS、ILS、MLS、GLS 等；

自备式导航：INS/IRS、无线电高度表（RA）、大气数据系统（ADS）等。

4. 按无线电位置线分类

测角（测方位）导航：NDB、VOR、ILS、MLS 等；

测距导航：DME、GNSS、GLS 等；

测角测距导航：VOR/DME、VORTAC 等；

测高导航：无线电高度表（RA）等。

5. 按测量导航参数分类

振幅式无线电导航：NDB、ILS 等；

相位式无线电导航：CVOR 等；

频率式无线电导航：DVOR 等；

时间（脉冲）式无线电导航：DME、GNSS、MLS、GLS 等。

6. 按无线电导航台安装位置分类

陆基无线电导航：NDB、VOR、DME、VORTAC、ILS、MLS 等；

星基无线电导航：GNSS、GLS。

1.4　现代导航的特点

1. 卫星导航是首选导航源

卫星导航具有全球性、全天候、全天时、高精度、多用户等优点，目前已成为民用航空领域首选导航源，在少数应用领域已成为唯一导航源。根据不同飞行阶段、不同运行类型，各国民航当局对卫星导航性能、机载设备功能、运行审批及操作程序也有不同的要求。

2. 基于性能的导航

传统导航主要关注定位误差和过台准确性等，而现代导航主要关注导航性能，导航性能包括导航精度、完好性、连续性和可用性等。

以卫星导航为例，虽然导航精度很高，但是导航完好性要求更高。导航完好性不足意味着导航定位结果不可信，必须立即终止卫星导航。因此，在以卫星导航为首选导航源的飞行运行过程中，机载卫星导航接收机、机载飞行管理计算机或相关增强系统，必须时刻监控卫星导航的完好性。

3. 基于 FMS 管理的导航

现代大中型民用航空器，几乎都加装有高度集成的综合航空电子系统，最具代表性的综合航电系统是飞行管理系统（FMS）。FMS 不但对各类型机载导航传感器进行管理，而且同时为其他机载航电系统、推力管理系统和飞行控制指引系统等提供参考信息。

机载导航传感器，包括陆基无线电导航接收机、卫星导航接收机、INS/IRS 导航传感器，以及大气数据系统（ADS）传感器等。飞行管理计算机（FMC）利用多源导航传感器的导航信息，综合计算航空器的实时位置，利用机载导航数据库和飞行计划信息，实现对航空器的导航管理。

在 FMS 的综合管理下，现代航空器需要对导航性能进行实时监控。监控功能可以由相关导航传感器独立实现，也可以由飞行管理计算机（FMC）实现，监控和告警信息在相关机载导航仪表上显示。

4. 基于飞行制导的导航

飞行制导功能主要由飞行管理计算机（FMC）、飞行指引仪（FD）、自动驾驶仪（AP）和推力管理计算机（TMC）等共同实现。当 FMC 完成导航参数解算后，根据飞行计划和航空器状态，实现对航空器航迹预测、飞行指引、自动驾驶、推力控制和状态监视等。

5. 多维导航

传统导航主要依赖陆基无线电导航台提供两维（2D）（纬度、经度）导航信息，同时利用高度信息实现三维（3D）导航。现代导航不仅可以依赖陆基无线电导航信息，还可以依赖卫星导航信息（3D），以及机载多源导航信息，实现三维（3D）、四维（3D+T）、甚至 4D/T（航迹跟踪）导航，在实现三维航迹预测和跟踪的基础上，还可以实现对发动机推力、飞行进程、机载燃油的管理和控制。

6. 导航信号的综合应用

现代民用航空器上，利用多源导航传感器所获得的导航信息（包括导航参数和姿态参数），不仅可用于航空器"导航"（N），还可用于空地之间的"通信"（C）、地空/空空"监视"（S），既是现代空中交通管理（ATM）的基础，也是现代民用航空航行新技术应用的基础。

机载导航系统提供的综合信息，还可以为广播式自动相关监视（ADS-B）、电子飞行包（EFB）、平视显示器（HUD）、增强飞行视觉系统（EFVS）、增强型近地警告系统（EGPWS）等提供可靠的导航信号源。因此，现代导航技术不仅提高了航空器导航性能，满足了现代民用航空器飞行运行定位、导航和授时（PNT）的需求，同时也是现代民用航空器飞行运行的核心支持技术之一。

思考题

1. 什么是导航？
2. 什么是传统导航技术？什么是现代导航技术？两类导航技术的实质是什么？
3. 民用航空导航技术和导航系统可以分为哪些主要类型？民用航空领域典型导航系统有哪些主要特征？
4. 导航技术是如何分类的？每种类型对应的典型导航系统有哪些？
5. 现代导航的主要特点是什么？

第2章 全球定位系统

2.1 概述

全球定位系统（Global Positioning System，GPS）是由美国国防部研制的全球导航卫星系统，目前广泛应用于民航等诸多导航定位应用领域。

1964 年美国军方利用测定在轨卫星多普勒频移原理，建成了海军导航卫星系统（Navy Navigation Satellite System，NNSS），也称为"子午仪系统"。该系统是世界上第一个投入运营的卫星导航系统，主要用于海上航行的舰船的坐标和时间测定及陆上军事应用，并于 1967 年向全球民用用户开放。该系统由 6 颗卫星组成，卫星运行在近圆、高度约 1 100 km 的低轨上，发射两个载波频率（150 MHz 和 400 MHz），并在载波上调制时间和轨道信息。该系统组网卫星太少、轨道低，在卫星信号覆盖上存在着时间间隙，一般平均 90 min 才定位一次，最长间隔可达到 8 ~ 12 h，难以进行连续定位，只适用于低动态用户。子午仪系统已于 1996 年停止运行。

为了解决子午仪系统遇到的问题，研究人员提出了利用伪码测距代替多普勒测速的全新设计思路，期望开发一个具有全球、全天候、连续、高精度导航能力，且适应飞机和导弹等高动态目标导航的卫星导航系统。美国海军随后启动了定时/导航卫星系统（Timation）计划，美国空军启动了代号为 621B 的静止同步卫星试验计划，提出了无线电测距的伪随机码（Pseudo Random Noise，PRN）模型，期望能提供全球连续三维导航定位服务。

1973 年，美国国防部吸取了 Timation 和 621B 的优点，成立了 GPS 联合计划办公室（JPO），开始研制新一代的卫星导航系统，即 GPS 系统。研究分为三阶段：第一阶段从 1974 年至 1978 年，为系统原理研究和方案论证阶段；第二阶段从 1979 年至 1987 年，为系统试验论证阶段，期间共发射了 11 颗 BLOCK-Ⅰ卫星，这些卫星都是未正式运行的试验星；第三阶段从 1988 年至 1993 年，为生产实验与系统应用研究阶段，期间共发射 9 颗 BLOCK-Ⅱ卫星和 15 颗 BLOCK-ⅡA 卫星。1993 年 12 月 GPS 达到初始运行能力，1995 年达到完全运行能力，由 BLOCK-Ⅱ和 BLOCK-ⅡA 卫星组成的 24 颗卫星星座部署完成。

作为新一代卫星导航系统，GPS 不仅领先于其他系统率先投入运营，而且已成为全世界使用最广泛的卫星导航系统。GPS 能为数以亿计的全球用户提供全天候、精确、无缝、连续、稳定的导航定位服务，以及精确授时、运载体速度、精密测量等多功能服务。

2.2 GPS 坐标系统、时间系统和卫星星座

GPS 系统是一个以时空为研究对象的系统，如要获得精准的定位和时间信息，需对系统

的坐标和时间系统进行标准化。GPS 卫星轨道运行机理和卫星星座布局问题，对研究 GPS 导航定位原理、导航精度、完好性、可用性等导航性能问题的讨论至关重要。

2.2.1 坐标系统

为了建立 GPS 导航定位的数学模型，利用地心地固（Earth-Centered Earth-Fixed，ECEF）坐标系来描述 GPS 卫星位置和用户位置解算过程。将 ECEF 坐标与 WGS-84（World Geodetic System–1984）坐标进行转换，用户可获得 WGS-84 坐标系下的经度、纬度、高度信息。

2.2.1.1 地心地固坐标系

GPS 系统用 ECEF 这一直角坐标系来描述 GPS 卫星轨道位置，并用于解算用户接收机的位置。ECEF 坐标系与地球固连，其特点是：以地心为原点；z 轴是地球的自转轴并指向北极，随地球公转而移动；x 轴和 y 轴在地球赤道平面上，会随着地球的自转而转动，其中 x 轴指向本初子午线（经度 0°）与赤道平面的交点，y 轴指向东经 90°与赤道平面的交点，并满足右手定则。

2.2.1.2 WGS-84 坐标系

自 20 世纪 60 年代以来，美国国防部测绘局先后制定了 WGS-60、WGS-66、WGS-72、WGS-84 坐标系，GPS 导航定位结果基于 WGS-84 坐标系。WGS-84 从 1987 年 1 月 23 日开始启用至今经过多次修订，越来越趋近于国际地球参考框架（International Terrestrial Reference Frame，ITRF）。

WGS-84 坐标系描述如下：

（1）地球是一个椭球体，椭球体的原点 O 位于地心，赤道横切面是一个正圆，该圆的半径（即为椭球体的长半轴 a）为 6 378.137 km，其他平行于赤道的横切面也是正圆，椭球体的极扁率 f 定义为

$$f = 1 - \frac{b}{a} \tag{2.1}$$

其标准值为 $f = 1/298.257\ 223\ 563$，其中，b 为地球的短半轴。表 2.1 列出了 WGS-84 坐标系的基本参数。

表 2.1 WGS–84 坐标系基本参数

基本参数	参数值
椭球体长半轴 a	6 378.137 km
椭球体的极扁率 f	1/298.257 223 563
地球自转角速度 $\dot{\Omega}_e$	7.292 115 146 7×10^{-5} rad/s
地球引力常数 $\mu = GM$	3.986 005×10^{14} m^3/s^2
真空中的光速 C	2.997 924 58×10^8 m/s

（2）WGS-84 坐标系的地理坐标利用经度、纬度、高度来表示，如图 2.1 所示，其定义

如下：

经度 λ：用户接收机所在子午面与本初子午面之间的夹角。

纬度 ϕ：用户接收机所在位置的基准椭球面法线与赤道面之间的夹角。基准椭球面是由 WGS-84 坐标系定义的物理模型椭球面，而不是地球表面的实际地形或平均海平面（也称为大地水准面）。

高度 h：用户接收机所在位置到基准椭球面的法线距离。

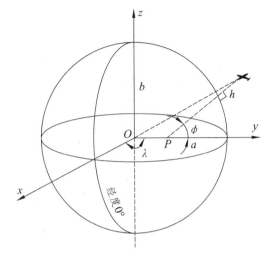

图 2.1 ECEF 坐标系和 WGS-84 坐标系之间的换算关系

用户接收机解算位置的 ECEF 直角坐标为（x，y，z），其对应的 WGS-84 坐标为（λ，ϕ，h），二者转换关系如下：

$$\begin{cases} x = \dfrac{a\cos\lambda\cos\phi}{\sqrt{1-e^2\sin^2\phi}} + h\cos\lambda\cos\phi \\ y = \dfrac{a\sin\lambda\cos\phi}{\sqrt{1-e^2\sin^2\phi}} + h\sin\lambda\cos\phi \\ z = \dfrac{a(1-e^2)\sin\phi}{\sqrt{1-e^2\sin^2\phi}} + h\sin\phi \end{cases} \qquad (2.2)$$

2.2.2 时间系统

时间的描述包括建立时间基准和测量时间两个方面的内容。时间基准是时间的参考系统，包括时间原点和时间尺度。其中，时间尺度是关键，而时间原点可根据不同的应用来选定。

时间系统是一种可观测的周期运动系统，应具备连续性、稳定性和复现性。若选择不同的周期运动，会产生不同时间系统。时间系统可以分为三类：以地球自转为周期性过程的时间系统称为世界时系统，包括恒星时（Sidereal Time，ST）、平太阳时（Mean Solar Time，ST）、世界时（Universal Time，UT）等；以地球公转为周期性过程的时间系统称为力学时系统，包括地球力学时和质心力学时等；以原子振荡周期为周期性过程的时间系统称为原子时系统，包括国际原子时（International Atomic Time，IAT）、协调世界时（Coordinated Universal Time，

UTC）和 GPS 时间（GPS Time，GPST）等。在 GPS 导航定位中，具有重要意义的时间系统主要是 UTC 和 GPST。

2.2.2.1　世界时系统

人们最早建立时间这一概念时，是以地球自转为基础的，该时间系统称为世界时系统。观察地球自转的周期性运动，必须选定空间的静止参考点。由于所选参考点不同，世界时系统有平太阳时、恒星时和世界时等几种时间。

1. 平太阳时

真太阳日是地球相对于太阳的一个完整转动周期内的视在运动，这个周期是真太阳前后两次正对同一子午线之间的时间间隔。由于地球的公转轨道为椭圆，在整个公转过程中视在运动的速度不均匀，因此不符合时间系统的稳定性要求。

为了解决这一问题，采用真太阳时的周日视运动平均值，即平太阳时（ST）作为时间系统更合适。地球一年绕太阳公转一周，平太阳平均大约 365.25 次通过同一子午线，一个平太阳日含 24 个平太阳时。

2. 恒星时

地球的黄道平面是地球绕太阳公转的轨道平面，地球的黄道与赤道之间的夹角称为黄赤交角，约为 23.44°。在地球的黄道与赤道的两交点中，沿地球自转方向，黄道从南到北穿越赤道的点，称为春分点，如图 2.2 所示。

恒星时（ST）是由春分点的周日视运动来确定的。恒星日是指地球自转时，春分点两次经过观测点所在的当地子午线的时间间隔，一个恒星日含有 24 个恒星时。

3. 世界时

世界时（UT）是指本初子午线（或称为格林威治经线、零度经线）对应的平太阳时，并规定子夜为零时的时间系统。世界时与平太阳时的时间尺度相同，只是起点不同。由于极移、不稳定的地球自转速率和季节性变化等因素，世界时不是一个严格均匀的时间系统，修正后的世界时称为协调世界时（UTC）。

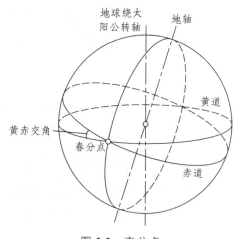

图 2.2　春分点

2.2.2.2　原子时系统

物质内部的原子发生跃迁所辐射和吸收的电磁波频率，具有很高的稳定性和复现性，基于这种现象建立的系统称为原子时（AT）系统。原子时是当今世界最理想的时间系统。包括 GPS 在内的卫星导航系统的定位精度依赖于时间的精准程度，目前广泛采用原子时系统。

原子时秒的秒长定义为，位于海平面上的铯 133 原子基态的两个超精细能级之间在零磁场中跃迁辐射震荡 9 192 631 770 个周期所持续的时间。原子时的时间原点是 1958 年 1 月 1 日 0 时，在该时刻原子时与世界时重合。

1. 国际原子时与 UTC 时间

原子时建立在原子钟守时和授时基础之上，其精确性和稳定性主要取决于原子钟中的振荡器。由于各地原子钟提供的原子时之间存在差异，因此国际时间局在全世界精选了 200 多座原子钟产生的原子时取加权平均值，形成了统一的、高度精确的、均匀的原子时，称为国际原子时（IAT）。

为了避免国际原子时与世界时之间的偏差过大，从 1972 年开始采用的协调世界时（UTC），它采用了闰秒，是一种不连续的原子时，其具有两方面优点：一方面以国际原子时的秒长为基础，另一方面适时调整并尽可能使 UTC 接近于世界时。

2. GPS 时间

GPS 时间（GPST）是 GPS 系统工作时间，由 GPS 地面主控站的原子钟控制并实现时间同步的。GPST 属于原子时系统，其秒长与原子时完全相同，但不存在闰秒，属于连续时间系统。GPST 时间原点是 UTC 时间 1980 年 1 月 6 日（星期日）。

2.2.3 卫星星座和星历数据

卫星星座如何布局才能使地球上任何位置、任何时间都能实现导航定位，这是星座设计的根本目的。描述卫星位置和状态信息数据称为星历数据，由地面控制段的主控站产生，并加载至导航电文中，通过 GPS 卫星转发至用户接收机，接收机利用导航电文中的星历数据等信息解算自身位置。

2.2.3.1 卫星轨道运行原理和星历数据

卫星轨道的运行原理，主要基于开普勒三大定律和引力运动方程，可用卫星的轨道参数来测算卫星的位置信息。由于地球是一个质量分布不均匀的椭球体，以及受到其他天体的引力影响等因素，卫星与地球之间的引力场不稳定，卫星轨道参数需作进一步校正。这些轨道参数和校正值等信息构成了卫星的星历数据。

1. 卫星轨道运行的开普勒定律

开普勒定律规定：① 卫星轨道是一条椭圆形轨道，地球位于椭圆的某个焦点上；② 卫星与地球之间连线（即卫星向径，如图 2.3 所示）单位时间扫过的面积相等，意味着卫星在近地点的运行速度快，在远地点的运行速度慢；③ 卫星环绕地球运行的周期（T_s）的平方正比于椭圆轨道长半轴（a_T，单位为米）的立方，即

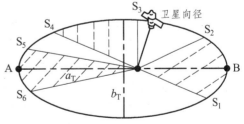

图 2.3 GPS 开普勒定律图例

$$T_s^2 = \frac{4\pi^2}{GM}a_T^3 = \frac{4\pi^2}{\mu}a_T^3 \quad （2.3）$$

式中，G 为万有引力常数，M 为地球的质量，μ 为地球引力常数，其值如表 2.1 所示。根据上式可计算卫星运行周期 T_s 约为 11 h 58 min，约为半个恒星日。

卫星运行的平均角速度 n_0，只与长半轴 a_T 有关，其关系为

$$n_0 = \frac{2\pi}{T_s} = \sqrt{\frac{\mu}{a_T^3}} \quad （\text{rad/s}） \quad\quad （2.4）$$

2. 卫星的引力运动方程

GPS 卫星绕地球运行的轨道，主要受到地球引力的影响。当然，轨道还受到太阳、月球和其他天体的引力、太阳光压及地球潮汐力等因素影响，这些影响统称为摄动力，但摄动力相对于地球引力来说很小。

根据牛顿万有引力定律，地球作用于卫星的引力为

$$\vec{F} = -\frac{GMm}{r^2}\frac{\vec{r}}{r} = -\frac{\mu m}{r^2}\frac{\vec{r}}{r} \tag{2.5}$$

式中，G 为万有引力常数，M 和 m 为地球和卫星的质量，$\vec{r}$ 为卫星相对于地球位置的卫星向径，$r = |\vec{r}|$ 为卫星和地球之间的距离，称为轨道半径。

根据牛顿第二定律，得到理想情况下，卫星的引力运动方程为

$$\frac{d^2\vec{r}}{dt^2} = -\frac{\mu}{r^3}\vec{r} \tag{2.6}$$

式（2.6）是关于卫星向径 $\vec{r}$ 的三元二阶微分方程，其应有 6 个常数才能求解，因此这些常数刚好对应 6 个轨道参数。

3. 轨道参数和在轨位置

利用轨道参数来描述 GPS 卫星位置，可以测算卫星任何时刻的位置。如图 2.4 所示，6个轨道参数的定义如下：

椭圆轨道的长半轴（a_T）：近地点通过地心到远地点距离的一半，它描述的是轨道椭圆的大小。

椭圆轨道的偏心率（e_T）：轨道椭圆两个焦点之间的距离（焦距）一半与其长半轴 a_T 的比值，它描述的是轨道椭圆的形状。

轨道倾角（i）：卫星轨道平面与地球赤道平面之间的夹角，它描述的是轨道平面的空间位置。

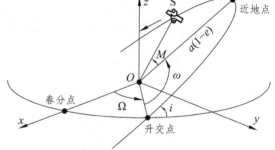

图 2.4　卫星轨道参数与卫星位置

升交点赤经（Ω）：春分点向东量到升交点之间的地心夹角，也用于描述轨道平面的空间位置；升交点是指卫星轨道从南向北穿过赤道平面的交点。

近地点角（ω）：升交点沿着卫星运动方向量到近地点的地心夹角，它描述的是近地点在椭圆轨道上的位置。

平近点角（M）：卫星从近地点开始计时，以平均角速度 n_0 在轨道上运动，参考时刻到达的位置与近地点之间的地心夹角。

若卫星过近地点的时刻为 t_p，参考时刻为 t_{0e}，则 M 为

$$M = n_0(t_{0e} - t_p) \tag{2.7}$$

若已知上述 6 个轨道参数，可确定理想情况下卫星的直角坐标（x_s，y_s，z_s）。

4. 轨道摄动

由于地球的几何形状不规则和地球质量分布不均匀，或卫星会受到其他引力等因素的影

响，这些对轨道的影响统称为轨道摄动。引起轨道摄动的因素主要有以下几种：

（1）地球非球体引力的摄动。

（2）日月引力的摄动。

（3）太阳辐射压力。

（4）地球潮汐力的摄动。

5. 卫星星历

卫星星历是描述卫星运行轨道的一组数据,用户接收机根据星历数据并结合伪距观测值，可确定位置、速度和时间等参数。精确的卫星星历是实现精确导航定位的前提。

根据提供方式不同，卫星星历包括精密星历、历书数据和广播星历三种。

精密星历需后处理得到，一般用于测量测绘等对精确度要求高，而对实时性要求不高的领域。

历书数据描述了所有在轨卫星的低精度位置，主要用于用户接收机快速捕获卫星信号和卫星预报，包括 1 个参考时刻、6 个轨道参数、1 个摄动校正参数和 2 个钟差校正值等数据，其特点是更新周期长、误差较大，甚至可达数千米。

广播星历描述了详细的卫星轨道信息，主要用于用户接收机导航定位，包括 1 个参考时刻（t_{0e}）、6 个轨道参数、9 个摄动校正参数和 3 个钟差校正值等数据，如表 2.2 所示，其特点是更新周期快、精确程度高，误差为米级。广播星历的更新率为每小时一次，每次更新的广播星历中一般将参考时刻选在两次更新星历时刻的中央，因此两个相邻参考时刻之间间隔为 1 h。参考时刻，是卫星星历中的基本参数，轨道参数和摄动校正值只有在参考时刻的定义下才具有意义。当用户接收机获得表 2.2 中列出的广播星历数据后，可通过一系列计算得出卫星在某时刻的直角坐标位置（x_s，y_s，z_s）。

表 2.2　GPS 广播星历数据

符号	名　　称
t_{0e}	参考时刻
a_T	轨道长半轴
e_T	轨道偏心率
i_0	倾角（在 t_{0e} 时）
Ω_0	升交点赤经（t_{0e} 所在的 GPS 周起始历元时）
ω	近地点角（在 t_{0e} 时）
M_0	平近点角（在 t_{0e} 时）
$\dot{i}$	倾角变化率
$\dot{\Omega}$	升交点赤经变化率
Δn	对平均角速度的校正值
C_{uc}	对升交点角距余弦的校正值
C_{us}	对升交点角距正弦的校正值
C_{rc}	对轨道半径余弦的校正值
C_{rs}	对轨道半径正弦的校正值
C_{ic}	对倾角余弦的校正值
C_{is}	对倾角正弦的校正值

2.2.3.2　GPS 卫星星座

卫星星座是由各颗卫星的星历数据的集合来表征。卫星星座问题是如何选取卫星、选多少颗卫星、如何布设卫星和确定轨道参数，使得星座最优化，也就是说以最少的卫星数和最好的卫星布局，获取最佳的导航性能。

1. 卫星星座设计原则

GPS 卫星星座在设计上主要考虑了以下因素：

（1）卫星信号的全球覆盖：布置足够数量和高度的卫星实现全球、全天候覆盖。

（2）卫星信号的多重覆盖：为了保障导航定位能力，至少需要 4 重覆盖；为了保障卫星系统的故障检测能力，至少需要 5 重覆盖。

（3）卫星星座的几何分布：为了提供最佳的导航精度，卫星星座应有较好的几何布局。

（4）卫星星座具有鲁棒性和可维护性：当某一颗卫星失效后，系统不至于瘫痪，并且在星座内重新布置一颗星的代价相对较低。

2. 卫星星座

GPS 星座至少由 24 颗卫星组成一个完整卫星星座，该星座能实现完整的系统功能，如图 2.5 所示。截止到 2017 年 4 月，GPS 在轨卫星共计 31 颗。

24 颗 GPS 卫星布局的卫星星座的描述如下：

1）轨道形状

GPS 卫星轨道为近圆轨道，轨道长半轴约为 26 560 km。

2）卫星运行周期

GPS 卫星运行周期为 11 h 58 min 2 s。对于地面观测者而言，每天将提前约 4 min 见到同一颗 GPS 卫星。

3）轨道平面

共有 6 个轨道平面，每条轨道平面上至少 4 颗卫星（目前是 5 ~ 6 颗）。每个轨道平面相对于地球赤道平面的倾角约为 55°（误差在±3°以内），每个轨道平面的升交点沿赤道以 60°为一个等间距平均分布。

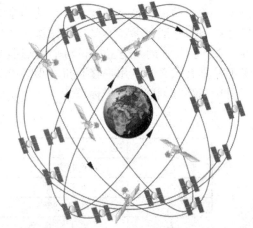

图 2.5　GPS 卫星星座

3. 卫星星座可见性

某地观测者能够见到同一颗 GPS 卫星在地平线上升起和落下的时间间隔约为 5 h 3 min。至于能看见多少颗 GPS 卫星，与观测者所处的观测时间和三维位置有关。按照 24 颗卫星布局，至少可以在任何时候任何地点（假设地球为一椭球体）可见 4 颗 GPS 卫星，最多可见 12 颗卫星。如果民用航空器飞行高度越高，理论上来说可见卫星数量越多。在实际情况下，因为地形遮蔽或者接收机遮蔽角限制等原因，可见卫星数量可能会有所下降，在某一地点可见卫星运动轨迹如图 2.6 所示。

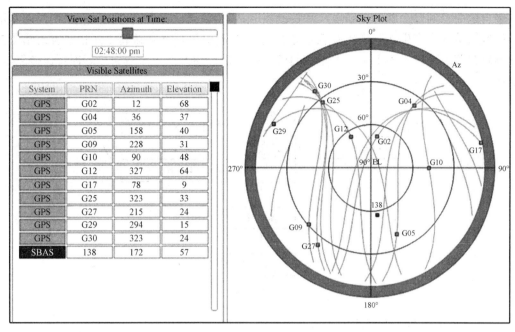

图 2.6　2010 年 11 月 10 日 06:00（LT）开始持续 16 h 在
N35°12′04.86576″ W111°38′21.29640″上观测到的卫星空中运动轨迹

2.3　GPS 系统组成

GPS 系统由空间段、地面控制段和用户段组成，如图 2.7 所示。空间段在轨卫星接收地面控制段上传的导航电文和卫星控制信息，并向用户发射载有导航电文的卫星信号，用于导航定位，并调整在轨卫星的位置和姿态；地面控制段产生装有卫星星历数据的导航电文，并监控系统运行和卫星的健康状态。用户段即 GPS 用户接收机，用于对卫星信号进行处理，从而确定用户的位置、速度和时间（PVT）。

2.3.1　空间段

2.3.1.1　空间段的功能

GPS 系统空间段主要功能包括：

（1）向用户连续广播 GPS 卫星信号。

（2）卫星上的高精度原子钟能为卫星信号提供精确的时间基准。

图 2.7　GPS 系统组成

（3）接收和存储地面控制段上载的导航电文和控制指令。

（4）依照地面控制段指令，控制卫星的位置、速度和姿态。

GPS 卫星的关键部件是导航载荷，如图 2.8 所示，由遥测、跟踪和指令（TT&C）子系统接收来自地面控制段上载的导航电文和控制指令,利用原子频标提供的信号产生的时间基准,在导航数据单元中产生伪随机码并载上导航电文,通过 L 波段子系统将卫星信号发送给用户,另外导航载荷还可以实现卫星与卫星之间的星间测距,180 天无需地面控制即可保持卫星星座结构。

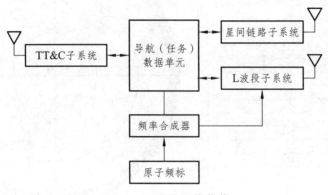

图 2.8　卫星的导航载荷

2.3.1.2　空间段各种 GPS 卫星

GPS 空间卫星的建设与布局已经历了两代,即 BLOCK-Ⅰ 和 BLOCK-Ⅱ 系列,新发射的 GPS 卫星不断替代失效的卫星,并且在技术和功能上一直不断更新和完善。下一代 GPS 卫星是 BLOCK-Ⅲ 系列,计划于 2017 年发射。表 2.3 中列出了截止到 2017 年 4 月各种 GPS 卫星的数量及在轨卫星数量的统计,GPS 空间段在轨卫星数量为 32 颗,其中正常运行卫星 31 颗。

表 2.3　截止到 2017 年 4 月 GPS 各种卫星情况统计

卫星类型	发射时间	发射卫星数量			失效失败卫星数量	在轨正常运行卫星数量
		成功	失败	计划		
BLOCK-Ⅰ	1978—1985 年	10	1	0	11	0
BLOCK-Ⅱ	1989—1990 年	9	0	0	9	0
BLOCK-ⅡA	1990—1997 年	19	0	0	19	0
BLOCK-ⅡR	1997—2004 年	12	1	0	1	12
BLOCK-ⅡR-M	2005—2009 年	7	1	0	1	7
BLOCK-ⅡF	2010—2016 年	12	0	0	0	12
BLOCK-ⅢA	2017 年以后	0	0	12	0	0
BLOCK-ⅢB	未定	0	0	8	0	0
BLOCK-ⅢC	未定	0	0	16	0	0
合计		69	3	36	41	31
		108				

利用 GPS 导航定位时,测量伪距的关键在于具有高精准的时间基准,原子时具有高精准稳定特性,因此,GPS 卫星上采用高精准的铷(Rb)和铯(Cs)原子钟,一般具有 $1×10^{-12}$

以上的频率稳定度。未来 GPS 卫星计划采用更加稳定的氢原子钟，将进一步提高其频率稳定性，进而提高定位精度。

2.3.2 地面控制段

地面控制段用于监测从卫星下行 L 波段导航信号，更新导航电文，控制卫星星座，监测卫星健康状况，并解决卫星异常情况。地面控制段主要由主控站（MCS）、监测站（MS）和注入站（或称为地面天线）（GA）组成。

地面控制段的主要功能包括：

（1）监测 GPS 信号，产生并发送导航电文。

（2）计算卫星钟差，确保 GPS 系统的时间同步。

（3）监测卫星轨道和卫星健康状态，调整卫星运行状况。

2.3.2.1 监测站

监测站的基本配备包括高精度的原子时钟、可连续测定所有可见卫星伪距的接收机、气象测量设备和与主控站通信的设备等。监测站包括美国空军监测站和美国国家空间信息局监测站两类，如图 2.9 所示。监测站的主要功能如下：

（1）监测 GPS 信号，每 1.5 s 测定一次。

（2）收集卫星时钟、监测站当地的气象要素及工作状态等数据。

（3）每间隔 15 min 通过地面或卫星链路将数据发送给主控站进行进一步处理。

图 2.9　监测站全球分布示意图

2.3.2.2 主控站

主控站是地面控制段的核心部分，位于美国的科罗拉多州科罗拉多附近的谢里佛尔空军基地，如图 2.9 所示。主控站的主要功能如下：

（1）产生和发送导航电文至注入站。

主控站接收从监测站传送来的数据，滤波后产生精确的卫星星历和时间估计。这些星历估计加上精确模型确定的时间基准构成了星历数据，并产生一定格式的导航电文，将导航电文发送至注入站。

（2）确保 GPS 系统的时间同步，以保证整个系统的精度。

主控站监测和控制卫星的原子频标，并估计卫星时钟频偏和频漂，产生钟差校正值。卫星和地面段的原子频标将提高 GPST 的稳定度，避免因某一台原子频标的故障产生较大的误差，从而保证了 GPS 系统的精确性。

（3）监测导航服务的完好性。

在主控站和卫星之间进行通信时，主控站需确保导航数据的正确性。主控站会存储一个完整的、期望的导航电文，主控站把从监测站接收到的下行电文同这个期望的导航电文进行比较，若两者之间存在重大差异，将会告警并进行修正。主控站还监测 GPS 卫星之间和监测站之间的测距数据的一致性，当出现不一致时，也会发出告警。

（4）监测卫星运行。

包括监测卫星的健康状况和运行情况，对卫星进行维护并解决卫星故障，控制卫星轨道和姿态，调整卫星星座。

（5）监测和控制地面控制段各站工作是否正常。

（6）与美国空军卫星控制网络（AFSCN）、美国海军天文台（USNO）和国家地球空间信息局（NGA）进行互连。

2.3.2.3　注入站

注入站又称为地面天线，主要任务是将主控站发送来的数据，注入 GPS 卫星中。全球共有 4 个注入站，分别位于阿森松岛、迪戈加西亚、卡瓦加兰和卡拉维拉尔角，如图 2.9 所示。注入站的主要功能如下：

（1）通过地面天线，将主控站产生的导航电文上传至 GPS 卫星中。

（2）自动向主控站报告工作状态。

2.3.3　用户段

用户段也称为 GPS 接收机，是具有 L 波段信号接收、处理，并能解算出用户所处的位置、速度和时间（PVT）的系统。GPS 接收机之所以如此普及，不仅因为 GPS 系统本身的定位和授时功能强大，而且与电子集成技术的不断发展、GPS 接收机价格不断下降、重量和体积满足便携式要求、定位精度不断提高及 GPS 导航定位服务的免费性有关。

2.3.3.1　用户段功能

用户段的主要功能如下：

（1）接收和处理 GPS 卫星信号，经捕获、跟踪和解调后，得到广播星历等数据，并测量伪距及其变化率。

（2）根据卫星星历、伪距及其变化率等数据，计算位置、速度和时间（PVT）。

（3）将计算结果输出到各种显示屏幕上或自动驾驶仪上，以便人工操作或自动飞行。

2.3.3.2　用户段的组成

用户段亦即用户接收机，通常由接收天线、接收机、处理器、输入/输出装置、控制显示单元、电源等部分组成，民用标准定位服务接收机结构框图如图 2.10 所示。

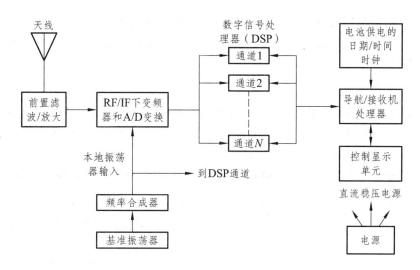

图 2.10　标准定位服务接收机结构框图

2.4　GPS 卫星信号

GPS 卫星向全球用户广播的导航定位信号，是将导航电文（数据码）通过伪随机码的伪码扩频技术，并通过相移键控调制技术调制到 L 波段上发射出去。用户接收机接收到该信号，通过信号的捕获、跟踪、解码，最终在导航电文中提取参考时刻的广播星历数据，还可以通过导航电文得到卫星发送时刻等数据。

2.4.1　GPS 卫星信号的结构

GPS 卫星广播的卫星信号一共包括三种成分：

1. 导航电文

导航电文也称为数据码，包括广播星历、历书数据、参考时刻及大气附加延迟校正参数等导航数据。导航电文用一组二进制（二进制用"0"或"1"表示）的码序列表示，其速率为 50 bit/s，或者称为码率为 50 Hz。

2. 测距码

GPS 卫星所发射的传统测距码，包括传统粗测/捕获码（C/A 码）和精密码（P（Y）码）两种，以及对 GPS 进行现代化所发射的 M 码、L2C 码、L5 码和 L1C 码等。其中，C/A 码用于民用，P（Y）码用于美国军事和授权用户。

3. 载波

将信号调制到 L 波段以适合 GPS 信号传输，载波包括 L1、L2、L5 等，目前民用航空等绝大多数民用领域都是采用 L1 波段的民用码 C/A 所载的卫星信号来导航定位的。

2.4.1.1　导航电文

导航电文是指包含导航信息的有一定格式要求的码序列（即 D 码），是用户进行导航定位的数据基础。导航信息包括：卫星的广播星历、历书数据、健康状态、钟差校正值和大气折射校正值等。

1. 导航电文的格式

导航电文的结构如图 2.11 所示，一个完整的导航电文共有 25 页，每一页也称为 1 帧，每一帧又包含 5 个子帧，每个子帧包含 10 个字，每个字又包含 30 位数据。由于导航电文的数据码率为 50 Hz（也称为 50 bit/s），即每一位数据的码元宽度为 20 ms，因此每个字需 0.6 s，一个子帧需 6 s，一帧（或者说一页）需 30 s，一个完整的 25 页导航电文需要 12.5 min 才能播完。

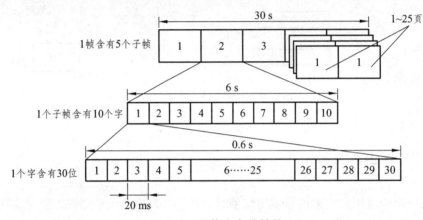

图 2.11　导航电文的结构

2. 导航电文的内容

传统 GPS 信号导航电文的装载内容，如图 2.12 所示。每一页第 1～3 个子帧在更新前都是相同的，每一页的第 4～5 个子帧是不相同的。每一个子帧中的第 1 个字都是遥测字（TLM），第 2 个字都是交换字（HOW），后面 8 个字属于数据块，提供相关数据信息。

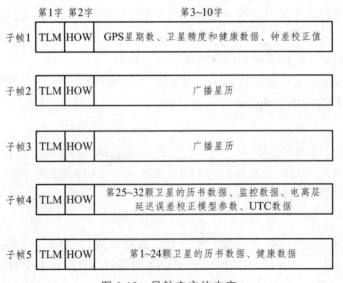

图 2.12　导航电文的内容

数据块包括每个子帧的第 3 ~ 10 个字，在一帧内数据块可分为三块。以下分别介绍：

（1）第一块是第 1 子帧的第 3 ~ 10 个字，主要提供 GPS 星期数、卫星测距精度（URA，表示使用该卫星可能到达的测距精度）、卫星健康数据、钟差校正值等。

（2）第二块是第 2、3 子帧的第 3 ~ 10 个字，主要提供卫星参考时刻的广播星历，包括表 2.2 公布的 6 个轨道参数和 9 个轨道摄动校正值等。

（3）第三块是每页第 4 子帧和 5 子帧的第 3 ~ 10 个字，主要提供全部卫星的历书数据，它是各颗卫星星历的概略形式，用户接收机捕获到某颗卫星后，可利用这一数据块中的数据测算出各颗卫星的大致位置，以此确定它们的可见性，从而避免去搜索、捕获不可见卫星信号，较快地捕获其他可见卫星信号，减少首次定位时间。该数据块还包含电离层延迟校正模型参数、GPST 与 UTC 的时间关系参数，用户接收机可减少电离层延迟误差和显示 UTC 时间。

2.4.1.2 伪随机码

伪随机码（PRN）由原子频标和多级反馈移位寄存器产生，包括每颗卫星的编号及发射的测距码。每颗卫星编号 PRN 均不相同，目前在轨 32 颗 GPS 卫星的 PRN 码为 1 ~ 32。GPS 卫星信号采用伪随机码，具有如下优点：

（1）识别 GPS 卫星。

（2）精确测距。

（3）增强抗干扰能力。

（4）降低卫星能耗。

GPS 卫星采用在同一频段、同一时间、不同地址码识别不同卫星的方式发射信号，这种信号多址方式也称为码分多址（CDMA）技术。

1. C/A 码

C/A 码能为用户提供标准定位服务（SPS），具有一定的抗干扰能力。C/A 码相关参数如下：

（1）码长周期：$m_0 = 2^{10} - 1 = 1023$ bit。

（2）码率：$f_C = 1.023$ MHz。

（3）码元宽度：$\tau_C = \dfrac{1}{f_C} = 9.7752 \times 10^{-7}$ s。

（4）时间周期：$T_0 = m_0 \times \tau_C = 1$ ms。

（5）码长度：$L_C = C_0 \times \tau_C = 3 \times 10^8 \text{ m/s} \times 9.7752 \times 10^{-7} \text{ s} = 293$ m（其中 C_0 为光速概略值）。

由于 C/A 码的码长周期很短，只有 1 023 位，时间周期 1 ms，C/A 码易于粗测/捕获。一旦 C/A 捕获卫星后，即可获得该卫星的导航电文，通过导航电文提供的 Z 计数信息，可降低 P（Y）码的捕获时间。由于 C/A 码的码长度比 P（Y）码大一个数量级，若 C/A 码序列对齐误差为码长度的 1/100 ~ 1/10，误差为 2.93 ~ 29.3 m，因此采用 C/A 测距和定位精度比采用 P 码精度低。

2. P（Y）码

P（Y）码是一种提供精密定位服务（PPS）的军用码，属于保密的精测码，可以为美国军方及授权用户提供更高精度的导航定位服务，并且具有比 C/A 码更强的抗干扰能力和保密性。P（Y）码完整时间周期约为 266.4 天或者说 38.058 星期，这不符合实际需求，因此一般采用截短周期为 1 星期，每一周重复或更换一次，每周期计时起点为 GPST 周日 00:00 时。P（Y）码的相关参数如下：

（1）码长周期：完整：$2.354\ 7 \times 10^{14}$ bit；截短：$6.187\ 1 \times 10^{12}$ 6.1871×10^{12} bit。

（2）码率：$f_P = 10.23$ MHz。

（3）码元宽度：$\tau_P = \dfrac{1}{f_P} = 9.775\ 2 \times 10^{-8}$。

（4）时间周期：完整：$T_0 = m_0 \times \tau_P = 266$ d 9 h 45 min 55.5 s；截短：7 d。

（5）码长度：$L_P = C_P \times \tau_P = 3 \times 10^8$ m/s $\times 9.775\ 2 \times 10^{-8}$ s $= 29.3$ m。

捕获 P（Y）码之前，往往需先捕获 C/A 码。

3. 现代化新增信号

2005 年，现代化的 GPS 卫星 BLOCK-ⅡR-M 开始广播新型码型，包括 L2 载波上的民用信号 L2C 及 L1、L2 载波上的军用 M 码，L2C 是用来为民用用户接收机提供双频信号，以消除电离层延迟误差。2010 年，BLOCK-ⅡF 型卫星开始广播 L5 波段上的民用信号 L5，未来为民航用户在内的生命安全类应用提供服务；计划今后将在 BLOCK-Ⅲ 型卫星上广播 L1C 码。

2.4.1.3　载波

导航电文和伪随机码进行模二加运算后的扩频信号，利用二进制相移键控（BPSK）技术，调制至 L 波段的 L1、L2、L5 三个载波频率。

GPS 信号的时间基准和传输计时都以基准频率 $f_0 = 10.23$ MHz 为基础，该基准频率由原子频标产生。载波 L1、L2、L5 的频率都是基准频率的整数倍，其中 L1 = 1 575.42 MHz 是基准频率的 154 倍，L2 = 1 227.60 MHz 是基准频率的 120 倍，L5 = 1 176.45 MHz 是基准频率的 115 倍，如表 2.4 所示。

表 2.4　GPS 载波频率

频段名称	基准频率的倍数	频率/MHz	波长/cm	分配的带宽/MHz
L1	154	1 575.42	19.0	24
L2	120	1 227.60	24.4	24
L5	115	1 176.45	25.5	24

目前，GPS 信号主要调制在 L1 和 L2 两载波上发送，在 BLOCK-ⅡF 型卫星上新增了 L5 频段。而 L3 = 1 381.05 MHz 和 L4 = 1 379.913 MHz 两频段为美国军方服务，并用于核探测系统（NDS）和 NDS 分析软件（NAP）。

2.4.1.4　GPS 卫星信号的产生

由于 GPS 信号采用 CDMA 扩频和多址方式，因此每一颗卫星（相同类型卫星）所发射的信号都相同。在 L1、L2 载波上，GPS 所发射的信号表达式如下所示

$$\begin{cases} S_{L1}(t) = A_P D(t) P(t) \cos(2\pi f_{L1} t + \theta_{L1}) + A_{CA} D(t) CA(t) \sin(2\pi f_{L1} t + \theta_{L1}) \\ S_{L2}(t) = B_P D(t) P(t) \cos(2\pi f_{L2} t + \theta_{L2}) \end{cases} \tag{2.8}$$

式中，A_P 为调制在 L1 载波上的 P（Y）码的振幅，A_{CA} 为调制在 L1 载波上的 C/A 码的振幅；$D(t)$ 为导航电文；$P(t)$ 为 P（Y）码，$CA(t)$ 为 C/A 码；f_{L1} 为载波 L1 的频率 1 575.42 MHz，θ_{L1} 为载波 L1 的初始相位。类似的，B_P 为调制在 L2 载波上的 P（Y）码的振幅；f_{L2} 为载波 L2 的频率 1227.60 MHz，θ_{L2} 为载波 L2 的初始相位。

2.4.2　GPS 信号的捕获、跟踪和解码

GPS 用户接收机导航定位，首先需捕获、跟踪、解码可见 GPS 卫星信号，包括导航电文、测距码和载波相位。对于导航型 GPS 用户接收机，须利用解算的导航电文求解发射时刻每颗卫星的位置，并由此解算用户接收机到每颗可见卫星的伪距及伪距变化率等，最后求解处用户接收机导航定位结果，如图 2.13 所示。对于测量型 GPS 用户接收机，还需要求解接收机到每颗可见卫星的载波相位（包括整周数和小数部分），再用载波相位观测值精确求解用户接收机所处的精确位置。

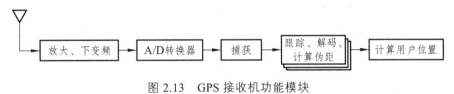

图 2.13　GPS 接收机功能模块

2.5　GPS 导航定位原理与接收机

2.5.1　GPS 导航定位原理

GPS 卫星所发射的用于导航定位的信号，属于单向发射信号，因此用户接收机只需要接收信号而不需要发射任何信号，即可求解获得导航定位结果，因此 GPS 导航定位方式属于无源定位方式。

理论上来说，只要用户接收机收到 3 颗信号质量良好、卫星几何布局合理的 GPS 信号，即可测定到每一颗卫星的距离，这种利用信号到达时间所获得的距离称为伪距（ρ_i）。但是，因为用户接收机时钟误差较大，导致用户接收机测定的伪距与真实几何距离（r_i）之间的差异很大，所以导航定位结果误差很大甚至无法使用。

为了获得更为精确的导航定位结果，一种简单有效的方法是再引入一颗卫星，用户接收机通过观测并获得 4 颗信号质量良好、卫星几何布局合理的 GPS 信号，则可消除由用户接收机时钟误差所带来的导航定位精度差的困扰。因此，通常情况下，导航定位用户均采用四星定位原则进行导航位置解算。

采用四星定位原则，用户接收机至观测卫星之间的伪距 ρ_i 与真实几何距离 r_i 之间的关系由下式来表示

$$\rho_i = C_0 \tau_i = r_i + C_0 \tilde{\tau} \ , \quad i = 1, 2, \cdots \tag{2.9}$$

接收机与第 i 颗星的实际距离 r_i 为

$$r_i = \sqrt{(x - x_{si})^2 + (y - y_{si})^2 + (z - z_{si})^2}, \ i = 1, 2, \cdots \tag{2.10}$$

其中，接收机位置直角坐标（x，y，z）形成三个变量。将距离 r_i 代入式（2.10），可得到

$$C_0\tau_i = \sqrt{(x-x_{si})^2 + (y-y_{si})^2 + (z-z_{si})^2} + C_0\tilde{\tau}, \ i=1,2,\cdots \tag{2.11}$$

用户接收机需要求解所处位置的三维坐标以及用户接收机时钟误差 $\tilde{\tau}$，利用接收机测定的来自 4 颗观测 GPS 卫星的时间延迟所获得的伪距值，采用四元联立方程组即可求解三维坐标及时钟误差这 4 个未知数，四星定位的原理图如图 2.14 所示，四元方程组如下：

$$\begin{cases} C_0\tau_1 = \sqrt{(x-x_{s1})^2 + (y-y_{s1})^2 + (z-z_{s1})^2} + C_0\tilde{\tau} \\ C_0\tau_2 = \sqrt{(x-x_{s2})^2 + (y-y_{s2})^2 + (z-z_{s2})^2} + C_0\tilde{\tau} \\ C_0\tau_3 = \sqrt{(x-x_{s3})^2 + (y-y_{s3})^2 + (z-z_{s3})^2} + C_0\tilde{\tau} \\ C_0\tau_4 = \sqrt{(x-x_{s4})^2 + (y-y_{s4})^2 + (z-z_{s4})^2} + C_0\tilde{\tau} \end{cases} \tag{2.12}$$

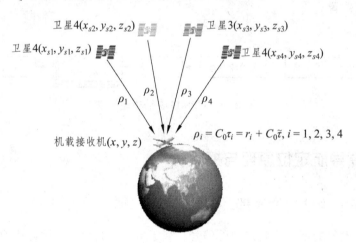

图 2.14　GPS 四星定位原理

利用四元方程组求解用户接收机的直角位置（x，y，z）及时钟偏差 $\tilde{\tau}$，需要将其转换为 WGS-84 坐标（λ，φ，h），即为用户所需要的导航定位结果。

2.5.2　GPS 接收机

2.5.2.1　GPS 接收机的技术指标

GPS 接收机的主要技术指标如下。

1. 通道数

通道数表示 GPS 接收机可以同时并行接收和处理 GPS 卫星信号的最大卫星数量，目前航空型接收机通常为 12 通道接收机。

2. 信号种类

民用信号包括 L1 载波 C/A 码信号、L2 载波 L2C 信号、L5 载波民用信号，军用信号包括 L1 和 L2 载波 P（Y）码信号和 M 码信号。未来在 GPS BLOCK-Ⅲ卫星上将广播 L1 载波的 L1C 信号。

3. 定位精度

ICAO 附件 10《航空电信》中规定，民用航空领域机载 GPS 导航定位接收机采用 C/A 码定位提供标准定位服务（SPS）时，在 95% 的飞行时间内全球平均值水平定位精度须优于 13 m（95%），垂直定位精度须优于 22 m（95%）。如果采用 DGPS 或其他增强系统，用户将获得更高的导航性能。对于 P（Y）码用户，将获得水平米级左右的精密定位服务（PPS）。

4. 时间同步精度

时间同步精度表示输出时间同步秒脉冲与 UTC 时间的同步精度，对于 SPS 来说，接收机的时间同步精度为 40 ns（95%）。

5. 位置数据更新率

普通 GPS 接收机位置输出率通常为每秒 1 次，高动态 GPS 接收机可获得更高更新率。

6. 启动时间

GPS 接收机启动时间是指接收机从开始加电到获得满足要求的定位结果所需要耗费的时间，启动方式不同，启动时间随之不同。GPS 接收机启动方式分为冷启动、温启动和热启动三种方式。

冷启动是指在一个陌生环境下启动 GPS 接收机，要获得满意的定位结果耗时较长，启动通常约 1.5 min。接收机初次使用，或者电池耗尽导致星历信息丢失，或者关机状态下将接收机移动 1 000 km 以上时接收机启动都是属于冷启动方式。

温启动是指距离上次定位时间超过 2 h，但接收机仍然保存有星历数据情况下的启动。温启动时间介于冷启动和热启动之间，通常需要 45 s 左右。

热启动是在上次关机后接收机位置未作过多移动，并且距上次定位后关机时间小于 2 h 的情况下启动，GPS 接收机可以使用保存有效星历数据进行位置解算，启动时间约 15 s。

目前很多高性能 GPS 接收机采用启动加速相关技术后，启动时间得到一定程度的缩短。

7. 接收机灵敏度

接收机能捕获的卫星信号的最小功率，称为接收机捕获灵敏度；接收机能跟踪的卫星信号的最小功率，称为接收机跟踪灵敏度。在民用接收机中使用了相关器，接收机灵敏度大大提高。

8. 输入输出接口

接收机应具有一个或两个串行数据输入/输出接口。

9. 工作电源要求

工作电源要求包括电压种类、范围、功耗。

10. 环境要求

环境要求包括工作温度、湿度、存储温度、冲击和振动条件。

11. 可靠性指标

可靠性指标用设备平均故障间隔时间（MTBF）表示。

12. 维修性指标

维修性指标用设备平均故障修复时间（MTTR）表示。

2.5.2.2　GPS 接收机的分类

（1）按 GPS 接收机安装在不同运载体（其他卫星、导弹、飞机、汽车、舰船）上的安装位置分类：星载、弹载、机载、车载、船载、手持等。

（2）按用途分类：测量、导航定位、授时等。

测量接收机：用于大地测量、工程测量，属于测后数据处理；

导航定位接收机：用于陆海空天运载体的导航、定位，属于实时动态数据处理；

授时接收机：用于时间的测定和频率控制，属于实时数据处理。

（3）按码型分类：P 码、C/A 码、M 码、新民用码和无码等。

P 码接收机：将载波 L1 或 L2 上的 P（Y）码作为伪随机码的接收机，提供精密定位服务（PPS），同时也能接收 L1 载波上的 C/A 码；

C/A 码接收机：将 C/A 码作为伪随机码的接收机，提供标准定位服务（SPS）；

M 码接收机：除了能接收传统军用码 P（Y）码，还将 L1 或 L2 载波上的 M 码作为伪随机码的接收机；

新民用码接收机：除了能接收传统民用码 C/A 码，还将 L2C 或 L5 码作为伪随机码的接收机；

无码接收机：仅用载波相位作为测距信号的接收机。这种测距接收机虽然已在市场上消失，但无码测量技术仍用于测地领域，且有了较大的改进和发展。

（4）按测量方法分类：多普勒法、伪距法、载波相位法等。

多普勒法接收机：以卫星信号多普勒频移积分（即相位差）作为观测值的接收机；

伪距法接收机：以 GPS 信号从卫星到用户接收机之间的伪距作为观测值的接收机；

载波相位法接收机：以 GPS 信号从卫星到用户接收机之间的载波相位作为观测值的接收机。

（5）按频率分类：单频、双（多）频等。

单频接收机：仅使用第一载波（L1）的接收机；

双（多）频接收机：同时使用两个或以上载波（L1、L2、L5）的接收机；

（6）按保密程度分类：军用、民用等。

军用接收机：可接收和处理 P（Y）码及 M 码的接收机，主要为军事和政府等特殊用户服务，要求保密度高；

民用接收机：可接收和处理 C/A 码、L2C 码、L5 的接收机，主要为民用用户服务，保密程度没有军用接收机高。

2.5.2.3　GPS 接收机的选择

GPS 接收机的制造商在全世界有数百家，其生产的 GPS 接收机有众多类型和不同功能，用于各种领域。对于不同用户，其所选 GPS 接收机要求不同，特别是对于高速、高空运行的航空用户来说，对 GPS 接收机的要求更高，其具体要求如下：

（1）在高速动态（包括速度和加速度）运行下，仍能维持其导航性能。

（2）位置、速度和时间（PVT）的精确程度。

（3）导航定位数据更新率，特别是基于卫星导航的精密进近要求提高其更新率。

（4）是否需具备差分 GPS（DGPS）能力，包括局域差分和广域差分技术，提高其定位精度。

（5）导航数据的存储容量，能存储多少个航路点、航线、程序、机场信息。

（6）是否具备较高的抗干扰能力，能否在恶劣的信号多径环境中工作。

（7）是否满足国家的坐标规定，或是需要转换为 WGS-84 坐标。

（8）是否有合适的 I/O 装置，以满足数据的输入输出及显示，控制显示单元是集成的还是外置的。

（9）便携性、经济性、物理尺寸和功耗等要求。

2.5.3　GNS430 机载导航仪

GNS430 是由 GAMMIN 公司生产的航空型 GPS 机载导航仪，装载在民用航空器上的 GNS430 将多种航空电子设备集于一身。GNS430 通常集成的设备包括 12 通道 GPS 接收机、VHF 通信收发机、VOR/LOC 导航接收机、GS 导航接收机等。其主要特点是集成化高、功能多、定位精度高、操作方便、体积小、重量轻等。

2.5.3.1　GNS430 主要技术参数

GNS430 的主要技术参数如下：

1. 物理参数

尺寸：159 mm×279 mm×67 mm；

质量：3.0 kg。

2. 功率

输入功率：28VDC（早期的 430 系列及所有的 430A 些列），14 或 28VDC（430 系列）；

通道数：12 个。

3. 工作环境

温度： − 20 ~ +55°C；

高度： − 1 500 ~ 50 000 ft；

相对湿度：95%，不可压缩。

4. GPS 性能

接收机通道数：12 通道；

启动时间：12 s（热启动）、45 s（冷启动）；

更新率：每秒一次，持续更新；

精度：定位精度 15 m（95%），速度精度 0.1 kt（95%）；

速度和加速度：最大速度：999 kt，最大加速度：6g。

5. 甚高频通信性能

波道数：760 个（以 25 kHz 为间隔）或 2 280 个（8.33 kHz 为间隔）；

频率范围：118.00 ~ 136.975 MHz；

发射功率：最小 10 W（430 系列），最小 16 W（430A 系列）。

6. 无线电导航性能

甚高频全向信标台（VOR）频率范围：108.00～117.95 MHz；

航向台（LOC）频率范围：108.10～111.95 MHz；

下滑台（GS）频率范围：329.15～335.00 MHz。

7. 其他

接口：符合 ARINC 429，Aviation RS-232 标准要求，可接入 CDI/HSI、RMI、高度传感器、燃油传感器等；

数据卡：Jeppesen 导航数据库卡、地形数据库卡。

2.5.3.2　GNS430 控制显示面板

GNS430 的控制显示面板如图 2.15 所示，其各个按键的说明如下：

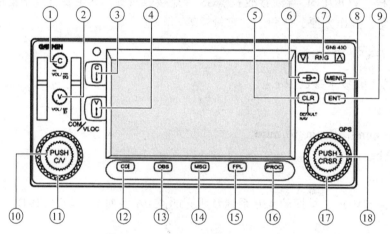

图 2.15　GNS430 的控制显示面板

① COM（通信）音量旋钮：调整通信音量大小，按下该旋钮，可进行自动消噪处理。

② VLOC（甚高频全向信标台/航向台）音量旋钮：调节所选 VOR/LOC 台的音量。按下该旋钮，可进行电台识别。

③ COM 频率转换键：主用和备用通信频率之间的转换。按下该键并保持一会儿，当前使用频率自动调谐为应急频率 121.500 MHz。

④ VLOC 频率转换键：主用和备用导航频率之间的转换。

⑤ CLR（清除）键：清除信息、取消刚才键入的信息或移除页面菜单。

⑥ Direct-to（直飞）键：用户可输入一个目标航路点并建立直飞至该航路点的航路。

⑦ RNG（缩放）键：调整地图范围，利用向上或向下的箭头按钮可放大或缩小屏幕显示的比例。

⑧ MENU（菜单）键：显示与选项相关的菜单，该菜单允许使用者调出额外的功能，或对当前显示的页面更改设置。

⑨ ENT（确认）键：确认某项操作或输入数据完成，还可以用于确认选择和信息输入。

⑩ 左小旋钮（COM/VLOC）：调谐通信/导航接收机的备用频率（kHz）。按下该旋钮键，可在通信和导航频率之间进行转换，用于选择调整通信或导航频率。

⑪ 左大旋钮（COM/VLOC）：根据选择调整的通信或导航频率，调谐通信/导航接收机的备用频率（MHz）。

⑫ CDI（航道偏离指示器）键：GPS 卫星或地面信标台（VLOC）之间切换导航源，输出信息至屏幕上的 HSI 或 CDI 上。

⑬ OBS（预选航道）键：使用"选择 OBS 航道"弹出窗口或在 HSI/CDI 上的外置 OBS 旋钮来设置预选航道。

⑭ MSG（信息）键：显示系统信息，以及重要的告警和提示信息。

⑮ FPL（飞行计划）键：允许飞行员创建、编辑、激活、调出飞行计划，以及存取进近、离场、进场程序。

⑯ PROC（程序）键：从飞行计划中选择或移除进近、离场和进场程序。

⑰ 右大旋钮：用于选择页面，当光标激活时，大旋钮可在页面上移动光标。

⑱ 右小旋钮：用来选择页面中的子页面。当光标激活时，光标激活位置允许键入数据或选择所列选项，如选择预定的字母或数字。

2.6 GPS 导航定位误差

导致产生 GPS 导航定位误差的主要原因有两个：一是测量误差，二是干扰。

2.6.1 测量误差

GPS 导航定位测量误差主要分为三类：与卫星相关的误差、与信号传播相关的误差、与接收机相关的误差。

2.6.1.1 与卫星相关的误差

与卫星相关的误差主要包括卫星的星历误差、星钟误差及相对论效应。

1. 星历误差

星历误差是指利用广播星历计算的卫星空间位置与卫星实际位置之间的偏差。星历误差是测量误差中的主要误差之一。产生星历误差的原因有：

（1）轨道摄动：轨道摄动的复杂性和不稳定性，难以用一个完全精确的广播星历来描述。

（2）监测站监测质量：监测站的数量、位置分布、监测信号的质量、观测值数量和精度。

（3）用户得到的星历是估计值：广播星历是控制段对卫星位置的估计，由于用户接收机所接收的广播星历并非是 GPS 信号发射时刻的实时值，而是参考时刻的估计值，这一转换计算难免会产生误差。

减小星历误差的主要方法有差分修正法和参数修正法。差分修正法利用地面 GPS 基准站测量、计算并向周边广播差分修正量，使周边差分 GPS 用户接收机获得更高精度的导航定位结果。参数修正法在 GPS 接收机信号处理过程中引入卫星星历修正参数，使用户接收机获得更高精度的导航定位结果。

2. 星钟误差

星钟误差是指 GPS 星载原子钟与 GPST 之间的偏差。由于卫星导航定位是以时间为基础，一旦出现星钟误差，将会导致伪距测量误差及发射信号偏差。星钟误差是测量误差中的主要误差之一。

减小星钟误差的主要方法有差分校正法和参数校正法。

3. 相对论效应

相对论效应是由于卫星时钟和用户接收机存在高速相对运动而产生的相对时钟误差现象。

由于 GPS 的原子频标为 10.23 MHz，为了补偿相对论效应的影响，应将 GPS 卫星时钟频率设置为

$$f_{RS} = 10.23 \times (1 - 4.449 \times 10^{-10}) = 10.229\ 999\ 995\ 45\ （MHz） \tag{2.16}$$

经相对论效应补偿后，在轨卫星时钟频率就能达到标准值 10.23 MHz。

2.6.1.2　与信号传播相关的误差

卫星信号传播误差包括电离层延迟误差、对流层延迟误差和多径效应。

1. 电离层延迟误差

电离层延迟误差是因为 GPS 卫星信号穿透电离层时，卫星信号在电离层中传播时信号因为折射导致传播路径发射变化所引起的误差。电离层延迟误差是测量误差中的主要误差之一。

减少电离层延迟误差的方法主要有双频观测校正法、模型校正法和差分校正法三种。

2. 对流层延迟误差

对流层延迟误差是因为 GPS 卫星信号在对流层传播时发生折射现象所引起的误差。对流层延迟误差是测量误差中的主要误差之一。

减少对流层影响的方法主要有差分校正法和模型校正法。

3. 多径效应误差

多径效应误差是因为 GPS 卫星信号除直达用户接收机外，还可能因为接收机天线周围其他反射体（如飞机机翼、山体、建筑物等）一次或多次反射卫星信号，这些信号与直达信号一起到达接收机天线，使用户接收机收到信号混叠所引起的测距误差。

在一般反射环境下，多径效应对测码伪距的影响可达米级，对测相伪距影响达厘米级。在高反射环境中，影响显著增大，可能导致卫星信号失锁或载波相位发生周跳。

改善多径效应误差的措施包括：

（1）要选好 GPS 接收天线周围的环境。应避开反射系数较大的反射面，如水面、平坦光滑的硬地面和平整的建筑表面。

（2）选择造型适宜、屏蔽良好的天线，如扼流圈天线。

（3）适当延长观测时间，削弱多径效应的周期性影响。

（4）改善 GPS 接收机的电路设计。

2.6.1.3 与接收机相关的误差

与接收机相关的误差包括时钟误差、观测误差和天线相位中心的位置误差等。

1. 时钟误差

时钟误差是指用户接收机时钟与卫星原子钟之间存在的时间同步误差。一般用户 GPS 接收机时钟精度远低于 GPS 星载原子钟精度。消除用户时钟误差的主要方法：一是在导航型 GPS 用户接收机进行位置解算时引入时钟误差并进行解算，二是测量型 GPS 用户接收机采用载波相位差分的方法消除用户接收机时钟误差。

2. 观测误差

观测误差是指接收机系统分辨率及天线安装精度等引起的误差。接收机系统软硬件分辨率，是指对 GPS 卫星所发射的 PRN 码、载波相位跟踪锁定精度，如有偏差将引起观测误差。天线安装误差，是指天线对中误差、天线整平误差以及量取天线相位中心高度误差等。

3. 天线位置偏差

天线位置偏差包括 GPS 接收机天线安装偏差和天线相位中心偏差。计算位置时需要使用 GPS 接收机天线安装的准确位置，同时要求天线相位中心一定要和天线的几何中心对准。

2.6.2 干扰

引起 GPS 产生导航定位误差的原因，除以上所述各种测量误差外，还来源于各种信号干扰，干扰是造成 GPS 导航性能下降的主要原因。

2.6.2.1 干扰的分类

根据干扰源信号所处的频率位置分类，分为系统内干扰、系统间干扰和系统外干扰；根据干扰源发射干扰目的分类，分为人为干扰和无意识干扰。

1. 系统内、系统间和系统外干扰

系统内干扰，是指 GPS 系统同一卫星发射的不同类别信号之间的干扰、或不同卫星发射的相同或不同类别信号之间的干扰。系统间干扰，是指同处于 L 波段的 GNSS 系统中不同卫星导航系统（GPS、GLONASS、Galileo、BDS 等）所发射的信号之间的相互干扰。系统外干扰，是指由非卫星导航系统的其他干扰源发，如雷达、DME、移动通信信号所造成的干扰。

2. 人为干扰和无意识干扰

人为干扰，是指具有一定目的的干扰技术。对于民用 C/A 信号而言，人为干扰技术包括阻塞式干扰、欺骗及选择可用性干扰（SA）等。

选择可用性（SA）技术，是 GPS 主权国家在 GPS 民用 C/A 码上加入人为干扰来限制民用用户导航定位性能的干扰技术，星钟抖动（δ 技术）和星历扰动（ε 技术）两种干扰方式。星钟抖动是指在 GPS 信号原子频标基准频率 10.23 MHz 上人为引入一个高频抖动的干扰技术。该干扰将导致 GPS 载波信号、伪随机码等信号精度下降，使 C/A 码单点定位水平位置精度低于 100 m，垂直测高精度降至 200～300 m。星历扰动是指对 GPS 信号导航电文人为地引入一个慢偏移，导致广播的星历精度由原来的 15 m 左右降低到 75 m 以上。该干扰将导致用

户接收机计算的伪距产生误差，导致定位精度下降。对于 SA 干扰，可通过差分 GPS（DGPS）技术降低甚至消除。美国政府于 2000 年 5 月 1 日，宣布暂停使用 SA。SA 的暂停使用大大提高了民用用户的导航定位服务的精度，刺激了民用领域的应用。

无意识干扰是在电子通信领域的一种普遍现象，这种干扰是由于工作频率附近的其他电子通信设备发出的干扰信号被接收机接收。GPS 工作的 L 波段附近存在多种电子通信、导航系统工作频率，特别是在 L2、L5 波段附近。例如，测距机（DME）、战术空中导航（TACAN）、二次雷达（SSR）、自动相关监视（ADS）系统和 Galileo 的 E5A、E5B 频率都工作在 GPS 系统的 L5 波段附近，而地球探测卫星、一次雷达、空间搜索、GLONASS 的 L2 波段和 Galileo 的 E6 频率也工作在 GPS 系统的 L2 频段附近。这些电子通信导航系统，多多少少会对 GPS 用户接收机产生一定的影响。

2.7 差分 GPS 技术

2.7.1 DGPS 技术基本原理

DGPS 技术，是指一种利用已知精确地理坐标基准站观测卫星信号并求得差分修正值，将该值直接或通过同步通信卫星发送给覆盖区域的用户，以便用户修正 GPS 信号的测量误差，提高定位精度的一种定位增强技术。

DGPS 技术主要利用星历误差、星钟误差、电离层延迟误差、对流层延迟误差具有空间相关性和时间相关性这一特点来实现。也就是说，同一时间处在同一区域内的不同接收机接收来自同一组卫星的观测值，其包含的上述 4 种误差成分近似相等或相关。DGPS 技术的基本原理示意图如图 2.16 所示。

用户接收机与 DGPS 基准站之间的距离称为基线距离。基线距离越近，同一组卫星同时到达用户与基准站接收机的传播路径越相似，因此，两接收机之间的时空相关性就越强，差分校正值将更加有效地消除测量误差。

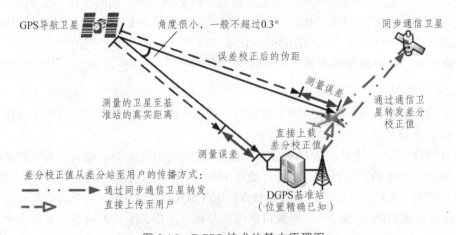

图 2.16 DGPS 技术的基本原理图

图 2.16 中，DGPS 基准站通过数据链路将差分校正值上传至用户的方法主要有两类：一

类是直接广播给基准站周围的用户，这种系统往往称为局域差分系统；另一类是先上载到同步通信卫星，再广播给更大区域范围的用户。无论哪种方式，其广播的信息包括：

差分校正值：用户可利用该值校正其观测值。

时钟校正值、星历数据校正值：用户可利用该值来取代广播的星钟和星历数据。

基准站原始观测值：GPS 可见卫星至基准站的观测值 —— 伪距和载波相位。

完好性数据：每颗可见卫星是"可用"还是"不可用"，或者所提供的校正值的精度统计数据。

其他数据：包括基准站的确切位置、气象数据和工作状态。

2.7.2　DGPS 技术消除的误差

DGPS 技术，能基本消除差分基准站与用户接收机之间的公共误差，这些公共误差主要包括星历误差、星钟误差、电离层延迟误差、对流层延迟误差等，不能消除多径效应误差和与接收机相关的误差。与此同时，DGPS 还能消除由于 SA 干扰所引起的误差。

2.7.3　DGPS 系统的分类

DGPS 系统根据不同运行环境和方式，及所需的服务性能不同，可采取多种分类方法。

1. 根据系统服务的地理范围分类

根据系统服务的地理范围，DGPS 可分为局域差分、区域差分和广域差分三种。

局域差分系统基线较短，一般为几十至几百千米，但其能为覆盖范围的用户提供高精度的导航定位服务，精度能小于米级。广域差分系统具有较长的基线，覆盖区域能达到上千千米，甚至能覆盖全球，但其定位精度一般低于局域差分。区域差分系统的服务覆盖范围介于局域差分系统与广域差分系统的覆盖范围之间，一般能达到上千千米。

2. 根据差分校正值的不同分类

根据差分校正值的不同，DGPS 可分为位置差分、伪距差分和载波相位差分等几种。

位置差分系统是将基准站接收机的实时计算位置与已知的精确地理位置之间的误差作为位置修正值。采取位置差分修正值时，要求用户接收机和基准站接收机观测卫星的组合和采取的定位算法要一致，因此位置差分系统极少被采用。

伪距差分系统是将基准站的伪距观测值同卫星与基准站的实际距离比较，二者的差值作为差分修正值，用于用户接收机校正其伪距观测值。伪距差分系统一般能提供分米级的定位精度。后续章节中所涉及的地基增强系统（GBAS）和星基增强系统（SBAS）中，均采用伪距差分技术。

载波相位差分系统是将基准站的载波相位观测值直接发给用户，与用户的载波相位观测值一起进行差分运算，提供精密观测服务的系统。由于载波相位作为测量值比伪距要精确得多，因此载波相位差分系统的定位精度很高，一般能提供毫米级的相对定位精度。

3. 根据用户接收机的定位结果形式不同分类

根据用户接收机定位结果形式不同来区分，DGPS 可分为绝对差分和相对差分。

绝对差分系统的基准站位置必须事先精确已知，用户接收机可利用差分系统直接求解其与基准站同处一个坐标系的位置。

相对差分系统的基准站的地理位置坐标无需精确已知，用户接收机只确定其相对于基准站的位置。相对差分的定位结果实际上是接收机相对于基准站的位置向量，也称为基线向量。

4. 根据用户接收机的运动状态不同

根据用户接收机的运动状态不同，DGPS可分为静态差分和动态差分。

静态差分的用户接收机一般是相对于基准站是静止不动的，特别是像测绘等静态应用的接收机。载波相位观测值的静态定位是一种精度最高的定位方式，其定位精度能达到毫米级。

动态差分的用户接收机相对于基准站是运动着的，因此用户接收机须快速求解载波相位整周模糊度才能完成实时定位。目前，采用实时动态（RTK）技术的载波相位动态差分测量方式可获得厘米级相对定位精度。

5. 根据用户定位的实时性要求不同分类

根据用户定位的实时性要求不同，DGPS可分为实时处理和测后处理。

一般来说，短基线系统、动态差分系统属于实时差分系统，而长基线系统、静态差分系统属于测后处理系统。

2.8 GPS 现代化

现有的传统 GPS 系统方案是在 70 年代构筑 GPS 系统时提出来的，现在已过去近 40 年，需要对 GPS 系统进行改进，以提高 GPS 系统性能和扩充改进系统功能。GPS 现代化就是随着 GPS 的深入应用而提出来的。

GPS 系统现代化的目的包括：提高导航性能，满足用户需求；提高 GPS 信号的抗干扰能力；独立捕获导航信号；提高系统的生存能力；提高系统的技术竞争力等。

GPS 现代化的内容包括：关闭 SA 功能；增发新的 GPS 信号；增加新的载波 L5；实现卫星在轨自主更新星历能力；发射新一代卫星；地面控制段的现代化。

思考题

1. 地心地固坐标系和 WGS-84 坐标系各自有什么特点？

2. 哪些时间属于原子时系统？哪些时间属于世界时系统？GPS 时间和 UTC 时间各自有什么特点？

3. 卫星基本的轨道参数有哪些？什么是轨道摄动？轨道摄动的影响因素有哪些？

4. GPS 系统由哪几部分组成？

5. 地面控制段主要由哪三部分组成？每一部分的主要功能是什么？

6. GPS 卫星信号中包括哪三种成分？

7. 传统 GPS 信号的测距码主要有哪两种？分别有什么特点？

8. GPS 卫星信号基准频率是多少？GPS 卫星信号载波频率有哪些？每个载波频率上发射了哪些测距码信号？

9. GPS 接收机在进行单点绝对定位时，为什么必须收到 4 颗以上信号质量良好卫星信号？

10. GPS 接收机可以分为哪些类型？民用航空机载 GPS 导航定位接收机有属于哪些类型接收机？

11. GPS 导航定位过程中，引起导航定位的误差原因有哪两种？测量误差有哪些类型，各有什么特点？

12. GPS 干扰有哪两种类型？什么是 SA 干扰？SA 干扰有哪两种技术，每种干扰技术的特征是什么？

13. 差分 GPS（DGPS）技术的基本原理是什么？DGPS 技术可以消除哪些误差，不能消除哪些误差？

14. GPS 现代化的基本目的、基本内容是什么？

第3章 全球导航卫星系统

3.1 概述

全球导航卫星系统（Global Navigation Satellite System, GNSS）作为一个广义的导航卫星系统概念，是指可以为全球用户提供连续无缝覆盖导航定位服务的卫星导航系统的总称，包括所有在轨工作的导航卫星系统及其增强系统。随着世界各国和地区卫星导航系统的建设，GNSS 系统的组成及内涵也在不断发展和丰富。

在 ICAO 发布的《航空电信》（附件 10）（第一卷）（第 6 版）中，所定义的 GNSS 系统由 GPS、GLONASS 两大系统星座及其增强系统组成。在《GNSS 手册》（ICAO DOC 9849）（第 2 版）中指出，随着欧洲"伽利略"（Galileo）和中国"北斗"（BeiDou NavigationSatallite System，BDS）两大全球导航卫星系统的建设，可以预见未来 Galileo 和 BDS 也将纳入 GNSS 系统，并且将实现系统间互操作和兼容运行，以提高 GNSS 系统的导航性能。

目前在《航空电信》和《GNSS 手册》中定义的 GNSS 系统，核心星座包括 GPS 星座和 GLONASS 星座；增强系统包括机载增强系统（ABAS）、星基增强系统（SBAS）、地基增强系统（GBAS）。另外地基区域增强系统（GRAS）也是一种卫星导航增强系统，但是目前 GRAS 没有正式纳入 GNSS 增强系统中。

在民用航空飞行运行过程中，利用机载 GNSS 接收机，可以为航空器提供定位、导航和授时（PNT）服务。利用安装在地面、卫星和/或航空器上的 GNSS 相关增强系统和设备，可以获得更高等级的导航性能服务，以满足民航不同飞行阶段、不同运行等级的需要。

在本书第 2 章中，已经对 GNSS 系统中 GPS 系统作了介绍，本章将就 GNSS 系统中其他系统及相关增强系统做进一步介绍。

3.2 GLONASS 系统

GLONASS 是俄语 "Global'naya Navigatsion-naya Sputnikovaya Sistema"、英语 "Globle Navigation Satelltie System" 的缩写。早在 1957 年苏联就开始研究如何将卫星用于导航，1963 年提出了建设第一代苏联低轨道导航卫星 "Cicada" 系统的计划，1967 年发射了第一颗名为 "Cosmos-192" 的卫星，1979 年该系统建成并由 4 颗卫星组成。2008 年，"Cicada" 和 "Cicada-M" 系统服务被 GLONASS 系统替代，该系统终止运行。

在前期导航卫星系统研究的基础上，苏联提出了 GLONASS 系统研究和建设计划，其研发周期与美国 GPS 系统几乎重叠。在苏联解体后，GLONASS 系统由俄罗斯所有并承担继续建设和维护的任务。1993 年 9 月 24 日，俄罗斯联邦总统发布政府令，正式宣布 GLONASS 系统开始运行，但事实上直到 1995 年该系统 24 颗（第一代卫星）卫星才组网成功，通常认为这是 GLONASS 系统完全建成的时间。

1996 年至 1998 年，由于建设和维护经费问题，GLONASS 系统可用卫星数量逐渐减少，至 2002 年仅有 7 颗在轨卫星提供导航服务。近年来，俄罗斯在 GLONASS 系统上增加了建设和维护经费投入，在轨卫星数量逐渐增多。2017 年 3 月 7 日 GLONASS 在轨卫星数运行状态是：卫星总数 27 颗，其中正常运行卫星 24 颗。预计不久，随着 GLONASS 系统的完善及现代化，该系统导航性能将进一步增强。

3.2.1 参考系统

3.2.1.1 坐标系统

GLONASS 的坐标参考系统为 PZ-90 系统，该坐标系统是一个地心系统。坐标系定义为：坐标系原点位于地球中心，Z 轴指向国际地球自转服务组织（IERS）推荐的协议地球北极，X 轴指向地球赤道面和格林威治子午面的交点，Y 轴按右手法则构成。PZ-90 坐标系与 WGS-84 相比较，其坐标参数差异较小，具体参数如表 3.1 所示。

表 3.1　GPS 与 GLONASS 系统坐标系比较

参数	GPS（WGS-84）	GLONASS（PZ-90）
地球自转速率/（rad/s）	$7.92\ 115\times10^{-6}$	$7.92\ 115\times10^{-6}$
万有引力常数/（m^3/s）	$398\ 600.5\times10^9$	$398\ 600.44\times10^9$
大气引力常数/（m^3/s）	0.35×10^9	0.35×10^9
光速/（m/s）	299 792 485	299 792 485
椭球长半轴/m	6 378 137	6 378 136
椭球扁平率	1/298.257 223 563	1/298.257
赤道引力加速度/（m/s^2）	9.780 328	9.780 328

3.2.1.2 时间系统

与 GPS 采用原子时系统不同，GLONASS 采用世界时作为时间标准，跟踪俄罗斯维持的世界协调时（UTC）（SU），但 GLONASS 时与 UTC 时间差 3 个小时（即莫斯科时与格林威治时之间的时差）。同时，GLONASS 时与 UTC 时之间还存在小于 1 ms 的偏差，该偏差通过导航电文发布时间修正参数来进行校正。

由于 UTC 时间存在跳秒问题，因此导致 GLONASS 时间不连续。当发生跳秒时，必须采用相应的跳秒处理技术措施才能保证系统的正常工作。处理跳秒有两种方式：一是接收机采用相应跳秒措施，二是卫星星历周期不要跨越跳秒瞬间。

3.2.2 系统组成

GLONASS 系统由三部分组成，即空间段（卫星星座）、控制段（地面控制站）和用户段

（用户接收机）。

3.2.2.1 空间段

GLONASS 星座由 24 颗（第一代卫星）卫星组成一个完整星座，在轨卫星分布在三条轨道上，如图 3.1 所示。GLONASS 卫星三条轨道平面的交升点赤经彼此相距 120°，每条轨道上分布 8 颗卫星，卫星等间隔分布、纬度间隔为 45°。卫星运行轨道离地平均高度为 19 100 km，轨道倾角为 64.8°，每颗卫星沿轨道运行一周周期约为 11 h 15 min 44 s。

图 3.1　GLONASS 卫星轨道及分布图

GLONASS 系统在长期研究、建设、维护和现代化过程中，先后发射了 80 多颗卫星，包括 GLONASS、GLONASS-M、GLONASS-K、GLONASS-K2 等不同性能的卫星，这些卫星具有不同的性能，其主要性能参数如表 3.2 所示。

表 3.2　GLONASS 系统卫星主要性能

性能参数	GLONASS 卫星	GLONASS-M 卫星	GLONASS-K 卫星	GLONASS-K2 卫星
部署时间	1982—2005	2003—2016	2011—2018	2017 以后
状态	已退役	在轨工作	通过在轨测试	研究中
轨道参数	高度 19 100 km，倾角 64,8°，周期 11 h 15 min 44 s			
星座卫星数/颗	24			
轨道面数量/个	3			
轨道卫星数/颗	8			
设计寿命/年	3.5	7	10	10
卫星质量/kg	1500	1415	935	1600
卫星钟稳定性	5×10^{-13}	1×10^{-13}	1×10^{-13}	1×10^{-14}
信号多址方式	FDMA	FDMA (+CDMA)	FDMA 和 CDMA	FDMA 和 CDMA

3.2.2.2　控制段

目前 GLONASS 系统的地面控制段由俄罗斯军方管理，由 1 个地面控制中心、4 个指令跟踪站、4 个激光跟踪站、1 个监测网组成。

地面控制中心，包括 1 个轨道计算中心、1 个计划管理中心和 1 个坐标时间保障中心。地面控制段主要任务是：接收处理来自各指令跟踪站和激光跟踪站的数据，完成精密轨道计算，产生导航电文，提供坐标系时间保障，并向指令跟踪站发送导航电文和控制指令，实现对整个系统的管理和控制。

4 个指令跟踪站均分布在俄罗斯境内，每站设有 C 波段无线电测量设备，跟踪测量视野内的 GLONASS 卫星，接收卫星遥测数据，并将所测得的数据发送给地面控制中心处理。同时，将来自地面控制中心的导航电文和遥控指令，向空中卫星发射。

4 个激光跟踪站中有 2 个站与指令跟踪站同址，另 2 个分别设在乌兹别克斯坦和乌克兰境内。激光跟踪站跟踪测量视野内的卫星，并将所测量的数据送给地面控制中心处理，主要用于卫星轨道校正。

系统还建设有 1 个 GPS/GLONASS 监测网，该监测网独立工作，主要监测 GPS/GLONASS 系统工作状态和完好性。

3.2.2.3　用户接收机

用户接收机接收 GLONASS 卫星信号，测量视界内 4 颗以上信号质量良好的卫星的伪距和伪距变化率，处理导航电文，实现定位、测速和授时功能。导航电文载有卫星的时空位置（星历）、时间和历书信息，历书信息包含整个星座的信息。

GLONASS 标准精度信号提供民用标准信号定位服务，单点绝对定位精度近年来在不断改进，在 95% 概率下，其水平定位精度 2006 年 2 月约为 50 m、2007 年 2 月约为 36 m、2008 年 2 月约为 30 m、2009 年 2 月约为 20 m、2010 年 4 月约为 14 m。目前 GLONASS 民用标准信号水平定位精度（95%）约为 14 m、垂直定位精度约为 25 m，与 GPS 定位精度相当。

3.2.3　信号结构

3.2.3.1　信号类型

GLONASS 作为军民共用系统，为俄罗斯军方及授权用户提供高精度信号，为民用用户提供免费标准信号。GLONASS 卫星发射信号的载波频率，和 GPS 信号一样也位于 L 波段。为区别起见，GLONASS 载波频率用 G 来表示，分别有 G1、G2、G3 三个频率段。

为便于理解和叙述方便，本书沿用部分参考文献中的方法，将 GLONASS 卫星发射的高精度信号称为 P 码、标准精度信号称为 C/A 码。与 GPS 相似，在早期的 GLONASS 卫星上，C/A 码只调制在 G1 载波上，而 P 码调制在 G1 和 G2 载波上。从 2004 年第一颗 GLONASS-M 卫星工作以来，在 G1 和 G2 载波上，均调制有 C/A 码和 P 码。P 码没有加密，但是 P 码的导航信息没有正式发布，因此非授权用户很难完整翻译 P 码。所以俄罗斯国防部不建议非授权用户使用 P 码，因为在没有预先通知非授权用户的条件下，P 码结构可能会变更。

现代化后的 GLONASS-K 卫星，将提供第三载波频率 G3，还包括第三民用测距码（C/A）和军用测距码（P2）。第三载波频率的使用，将提高系统可靠性和精度。第三频率预计将包括差分星历数据和时间改正数据，将实现至少在俄罗斯境内移动用户达到亚米级定位精度。要实现全球连续接收现代化 GLONASS 卫星信号，目前看来还需要几年时间。

GLONASS 卫星发射的标准精度信号（C/A 码）的伪随机码（PRN）速率为 0.511 MHz，高精度信号（P 码）的伪随机码（PRN）速率为 5.11 MHz。GLONASS 在标准精度信号上，从来不施加人为干扰（类似于 GPS 的 S/A 干扰）来故意降低导航定位精度。

3.2.3.2　载波频率

GLONASS 卫星采用频分多址（FDMA）方式，每颗卫星发射不同的载波频率。不同卫星的信号载频规定为

$$f_{1k} = f_1 + k\Delta f_1 = 1\,602 + 0.562\,5k (\text{MHz}) \quad （\text{G1 频段}） \tag{3.1}$$
$$f_{2k} = f_2 + k\Delta f_2 = 1\,246 + 0.437\,5k (\text{MHz}) \quad （\text{G2 频段}） \tag{3.2}$$
$$f_{3k} = f_3 + k\Delta f_3 = 1\,204.704 + 0.423k (\text{MHz}) \quad （\text{G3 频段}） \tag{3.3}$$

式中，k 是 GLONASS 卫星的频率通道号，Δf_1、Δf_2、Δf_3 表示两相邻通道卫星信号载波频率增量。

GLONASS 最初分配了 24 个频率通道（$k = 1,2,3,\cdots,24$），但由于导航信号频率与邻近无线电天文频率及卫星通信服务频率相互干扰，因此俄罗斯从 1998 年开始，逐渐减少 GLONASS 卫星信号通道的分配，将通道数限定为 12 个。

3.2.3.3　伪随机码

GLONASS 信号包括 C/A 码和 P 码两类测距码，采用相位正交的方式调制在载波频率上，因此 C/A 码和 P 码是相互同步的。C/A 码的码周期为 1 ms，P 码的码周期为 1 s。同时，导航电文和测距码一起，通过二相制相移键控（BPSK）调制在载波频率上。GLONASS 系统采用 FDMA 多址方式，因此通用的伪随机序列可以用于所有卫星。

3.2.3.4　导航电文

导航电文为用户接收机提供卫星轨道、卫星健康状况、改正数和其他信息。GLONASS 导航电文码率为 50 bit/s。C/A 码和 P 码分别有不同的导航电文，C/A 码的导航电文是公开的，P 码的导航电文没有公开。

GLONASS 标准精度信号（C/A 码）导航电文包括超帧、帧和串。一个超帧持续 2.5 min，分为 5 个帧，每帧 30 s。一帧包括该传输卫星的即时数据和所有其他卫星的非即时数据。每帧的基本数据单元为 15 个串，每个串 100 bits。一个串包括 85 bits 数据和一个时间标志。

高精度信号（P 码）的导航电文更长，包含更多的精密信息。导航电文包含一个超帧，该超帧由 72 帧组成，每帧由 5 个长度为 100 bits 的串组成。

3.3　Galileo 系统

欧洲全球导航卫星系统（European global navigation satellite system）即伽利略定位系统（Galileo Positioning System），简称 Galileo 系统，是欧盟（EU）正在建设的卫星定位系统，是继美国 GPS 、俄罗斯 GLONASS 系统及中国 BDS 导航卫星系统之外，第四个可供民用的

全球定位系统。Galileo 系统是由欧盟和欧洲航天局（EASA）倡议建立的欧洲全球导航卫星系统。

20 世纪 90 年代初，欧洲提出在第一代全球导航卫星系统（GNSS-1），即为 GPS 和 GLONASS 提供增强服务的"欧洲静止轨道导航重叠服务"（EGNOS）系统基础上，建设下一代全球导航卫星系统（GNSS-2），该计划即伽利略（Galileo）计划。

GNSS-1 为欧洲用户提供了卫星导航区域增强服务，在一定程度上提高了 GNSS 的导航性能，该增强服务系统依赖于 GPS 和 GLONASS 系统导航卫星。出于欧洲自主、自治和竞争等目的，考虑到地区利益和战略需求，欧洲决定建设符合多方利益并满足相关需求的 Galileo 全球卫星导航系统。

2002 年 3 月 26 日，由欧盟 15 国交通部长会议一致决定正式启动 Galileo 系统的建设。原计划该系统于 2008 年建成，但是由于多种原因建设进度一再推迟，目前计划于 2018 完成全部 30 颗卫星的全部布局。

3.3.1　参考系统

3.3.1.1　坐标系统

Galileo 系统采用地心直角坐标框架，定义为伽利略地形参考框架（GTRF）。GTRF 将与国际地形参考框架（ITRF）相固连，ITRF 由国际地球自转服务（IERS）组织建立并维持。

如前所述，GPS 采用 WGS-84 坐标系，该坐标系也是 ITRF 框架下的一种坐标系。Galileo 采用 GTRF 坐标系，与 WGS-84 比较其误差预计为厘米数量级，说明基于 WGS-84 和基于 GTRF 坐标系分别得到的导航定位结果，误差在厘米量级。对于包括民用航空在内的多数导航用户，完全满足参考坐标系的相互兼容性。

3.3.1.2　时间系统

Galileo 系统时（GST）是一个连续的原子时系统，要求在任意一年内，GST 与 TAI（国际原子时）的时间偏差小于 50 ns（95%）。由于世界协调时（UTC）存在跳秒问题，而 GST 是一个连续时不存在跳秒问题，只有当 GST 与 UTC 偏差积累达到 1 s 后，UTC 才会插入跳秒。因此，装备了 Galileo 授时接收机的用户，在任意 24 小时内，能够预测和估计 UTC 时间，并且估计误差可以控制在 30 ns（95%）以内。

GST 计算由地面控制段精密授时设施实现，由全体原子频标（AFS）维持，主控时钟为氢原子钟。GST 相对于 TAI 和 UTC 的偏差，将加载到导航电文中广播给用户。

3.3.2　系统服务

欧洲在设计 Galileo 系统时，就充分考虑了用户需求、运行需求和应用需求等问题，因此采用了面向服务的方式进行设计。

从服务等级来看，根据用户的需求，可以分为四个等级：

（1）只依赖空间卫星信号的自主服务，该服务独立于其他系统并向全球用户开放。

（2）利用局域增强或辅助信息，提供局域增强自主服务。

（3）利用 EGNOS 系统和 Galileo 系统组合，提供完好性更高的广域增强服务。

（4）Galileo 与 GNSS 其他系统组合，提供更高性能的服务。

从服务对象和内容来看，Galileo 系统可以提供五种类型的服务：

1. 公开服务

公开服务（OS）是面向所有用户提供的免费服务，类似于 GPS 所提供的民用服务（即 C/A 码服务）。导航完好性监视由用户接收机可采用 RAIM 技术来实现。

2. 商业服务

商业服务（CS）是为商业付费服务，商业服务利用加密导航电文来提高服务质量，用户须授权才能获取加密电文。

3. 生命安全服务

生命安全（SoL）服务与公开服务使用相同的信号，但额外增加了系统完好性信息，以便提供有保障的服务。生命安全服务频率在航空无线电导航服务（ARNS）频率之外，因此能够提供最大化的信号保护。

民航、铁路、航海等领域都是 SoL 服务领域，针对每个领域有不同的标准，以满足用户集团使用需求。对于民航领域，Galileo 导航卫星系统所提供的 SoL 服务，可以满足各个飞行阶段的需要，包括精密进近的需要。

4. 公共特许服务

公共特许服务（PRS）提供连续的、稳定的、加密信号，服务对象为保护级别更高的政府授权用户。PRS 加密信号具有抗干扰和反欺骗能力，即使在危机情况下，其他服务都无效、或者信号人为阻塞时，PRS 服务均有效。

PRS 信号是加密的，对该服务的访问将通过一个政府许可的安全密钥发送机制进行控制。

5. 搜索和救援服务

Galileo 系统的搜索和救援（SAR）服务，是欧洲对国际 COSPAS-SARSAR 系统的贡献，符合国际海事组织（IMO）和 ICAO 的需求与规定。

Galileo 卫星上装备有相关转发器，允许将遇难信标报警信息转发给 SAR 组织。同时，转发器还将 SAR 组织收到救援信号的确认信息，反馈给等待救援的用户。Galileo 提供的 SAR 服务，其信息实时传递延迟小，对救援对象的定位精度将精确到 10 m 以内。

3.3.3 系统组成

Galileo 系统的总体架构，与 GPS 和 GLONASS 相似，分为空间段、地面段和用户段三部分。

3.3.3.1 空间段

伽利略系统空间段由 30（24+6）颗卫星组成，分布在三个近圆中轨道面上，如图 3.2 所示，每根轨道上分布 10 颗卫星，轨道倾角为 56°，轨道平均高度 23 200 km 左右，卫星运行周期为 14 h 4 min 45 s。截止到 2016 年 11 月，共发射了 18 颗 Galileo 卫星。2017 年 3 月底，共有 11 颗 Galileo 卫星可用，其他卫星或退役、或故障、或正在测试中。

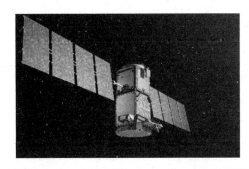

图 3.2　Galileo 卫星及运行轨道示意图

3.3.3.2　地面段

Galileo 地面段主要由两部分组成：地面控制段（GCS）和地面任务段（GMS）。GCS 控制和管理卫星星座，GMS 执行控制系统控制、完好性确认、服务播发等。地面段包括：2 个地面控制中心（GCC）、5 个遥测跟踪与控制（TT&C）站、9 个 C 波段上行注入站（ULS），以及大约 40 个地面跟踪站（GSS），如图 3.3 所示。两个地面控制中心 GCC，位于德国上普法芬霍芬和意大利福齐诺。TT&C 站与 ULS 和 GNSS 一般是并置站，部分单独设置。

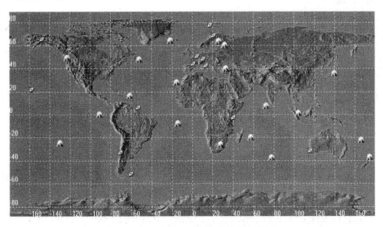

图 3.3　Galileo 系统地面段布局

3.3.3.3　用户段

用户段即用户接收机。由于 Galileo 系统可以提供不同类型的服务，因此用户接收机根据不同服务类型，其技术标准和设计功能也有所不同。同时，考虑到该系统与其他导航卫星系统的互操作性，用于接收机设计时可采用兼容设计方法。

3.3.4　信号结构

Galileo 系统的信号设计考虑了多种影响因素，其中包括信号的捕获和跟踪特性、与其他 GNSS 信号的互操作性、抗干扰能力和多路径效应等。

3.3.4.1　载波频率

Galileo 系统载波频率以及其他时间基准，均以 $f_0 = 10.23$ MHz 为基础。频率信息如表 3.2

所示，所列频段由卫星导航系统和非无线电导航服务共享。

表 3.2　Galileo 频率

频段名称	基准频率的倍数	频率/MHz	波长/cm	ITU 分配的带宽/MHz
E1	154	1 575.420	19.0	32.0
E6	125	1 278.750	23.4	40.9
E5	116.5	1 191.795	25.2	51.2
E5a	115	1 176.450	25.5	24.0
E5b	118	1 207.140	24.8	24.0

在以上信号频段中，E5a 和 E1 这两个频段专门选取了与 GPS 相同的频率，以便增加 Galileo 系统和 GPS 系统的互操作性和兼容性。GLONASS 系统 G3 载波与伽利略系统的 E5b 共用。E1 和 E5 频率差异很大，有助于计算电离层修正量。利用 E5a 和 E5b 之间的频率差，可获得波长为 9.8 m 的组合频率，适用于载波相位整周模糊度求解。

3.3.4.2　信号调制

Galileo 系统定义了很多不同的测距码和导航电文格式，以满足系统服务的各种需求。在 E5A、E5b、E6、E1 四个频段上定义了 10 种导航信号。信号包含三种不同的测距码：自由访问测距码（未加密公开码）、商业加密测距码、政府加密测距码。

所有在轨卫星信号均采用码分多址（CDMA）方式发射扩频信号，并参考不同的功率谱相互区分。

3.3.4.3　导航电文

Galileo 系统导航电文由地面段生成并上传到卫星上。导航电文设计了五种不同的数据：定位导航数据、完好性数据、附加数据、公共安全数据和 SAR 操作数据。

导航数据包含定位必需的参数，如星历信息、卫星钟读数、卫星代码、卫星状态标志和历书信息。星历信息包含开普勒参数和星历参考历元，共有 16 个参数，总数据量为 356 bit。星历信息有效时间为 4 h，每 3 h 更新一次。解调钟读数，可获得卫星信号与 GST 的关系。

3.4　BDS 系统

北斗卫星导航系统（BeiDou Navigation Satellite System，BDS）是中国正在建设的自主研发、独立运行的全球导航卫星系统。

BDS 系统建设分三步，第一步是 2004 年建成"北斗导航实验系统"；第二步是 2012 年底建成 BDS 区域系统，并为中国及周边地区提供定位测速和授时（PVT）服务；第三步计划在 2020 年底建成 BDS 全球系统，并为全球用户提供 PVT 服务。

2004 年 4 月，由 3 颗同步卫星组成的北斗卫星导航实验系统建成并投入使用，标志着我国成为继美、俄之后世界上第三个拥有自主卫星导航系统的国家。目前，我国正稳步推进北斗卫星导航系统的全球建设，该系统建成后，将为包括民用航空领域在内的全球用户提供良好的 PNT 服务。

3.4.1 北斗导航实验系统

"北斗"计划最早于 1983 年，由中国科学院陈芳允院士首次提出，其初衷是为中国海上船只提供导航服务。1994 年，我国正式立项建设双星快速定位通信系统（即"北斗一号"，一代系统），2000 年开始发射试验卫星，2004 年 4 月"北斗一号"试验卫星系统建成并投入使用。

"北斗一号"为北斗导航试验系统（BNTS），采用卫星无线电测定服务（RDSS）原理工作。该系统包括 4 颗 GEO 卫星（2 颗工作卫星、2 颗备用卫星），卫星发射频率位于 L 波段、接收频率位于 S 波段。

"北斗一号"具有三大功能：① 快速定位功能，可为服务区域内用户提供全天候、高精度、快速实时定位服务，定位精度 20 ~ 100 m，定位原理如图 3.4 所示；② 短报文通信功能，用户终端具有双向报文通信功能，用户可以一次传送 40 ~ 60 个汉字的短报文信息；③ 精密授时功能，可向用户提供 20 ~ 100 ns 精度时间同步服务。

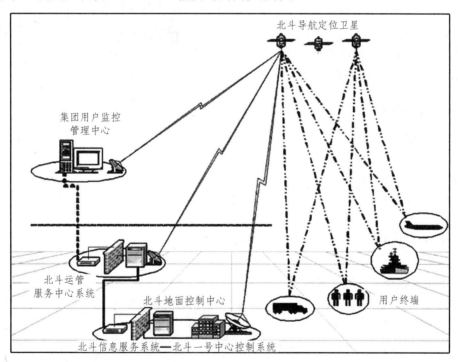

图 3.4 "北斗一号"工作原理图

3.4.2 北斗卫星导航系统

2006 我国开始建设北斗卫星导航系统（即"北斗二号"）。"北斗二号"包括覆盖中国及周边地区的北斗卫星导航系统区域系统（即"二代系统"），以及覆盖全球的北斗卫星导航系统全球系统（即"三代系统"）。

BDS 集成了 RDSS（卫星无线电测定服务）和 RNSS（卫星无线电导航服务）技术，不仅具有 GPS 等 RNSS 功能，为用户提供 PNT 服务，还具有利用短报文通信及位置报告功能的 RDSS 服务。BDS 建成后，我国已成为继美国、俄罗斯之后第三个拥有自主全球卫星导航系统的国家。

BDS 系统由空间段、地面控制段和用户段三大部分组成。

3.4.2.1　空间段

如图 3.5 所示，北斗空间段由 5 颗地球静止轨道（GEO）卫星和 30 颗非地球静止轨道（Non-GEO）卫星（共 35 颗）组成。Non-GEO 卫星由 27 颗中圆地球轨道（MEO）卫星和 3 颗倾斜地球同步轨道（IGSO）卫星组成。

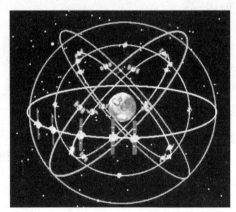

图 3.5　北斗星座布局图

5 颗 GEO 卫星轨道高度 35 786 km，分别定点于东经 58.75°、80°、110.5°、140°和 160°；27 颗 MEO 卫星轨道高度 21 528 km，轨道倾角 55°，均匀分布在 3 个轨道面上，每根轨道 9 颗卫星；3 颗 IGSO 卫星轨道高度 35 786 km，均匀分布在 3 个倾斜同步轨道面上，每根轨道 1 颗卫星，轨道倾角 55°，3 颗 IGSO 卫星星下点轨迹重合，交叉点经度为 118°，相位差 120°。截止到 2016 年 6 月，我国已发射 23 颗 BDS 卫星，其中 7 颗 GEO 卫星、8 颗 MEO 卫星、8 颗 IGSO 卫星。

3.4.2.2　地面控制段

地面控制段负责 BDS 系统导航任务的运行控制，由主控站、时间同步/注入站和监测站等组成。

主控站（Master Control Stations）是北斗系统的运行控制中心，主要任务包括：

（1）收集各时间同步/注入站、监测站的导航信号检测数据，进行数据处理，生成导航点位等。

（2）负责任务规划与调度、系统运行管理与控制。

（3）负责星地时间观测比对，向卫星注入导航电文参数。

（4）卫星有效载荷监测和异常情况分析等。

时间同步/注入站（Time Synchronization/Uplink Stations）主要负责完成星地时间同步观测，向卫星发射相关导航电文参数。

监测站（Monitoring Stations）对卫星导航信号进行连续观测，为主控站提供实时观测数据。

3.4.2.3　用户段

用户段包括北斗兼容其他卫星导航系统的芯片、模块、天线等基础产品，以及终端产品、应用系统与应用服务等，包括民航机载北斗导航仪/接收机等。北斗导航接收机的导航定位原理与 GPS 导航接收机基本原理相同。

BDS 系统建成后，将为全球用户提供定位、测速和授时（PVT）公开服务，并为我国及周边地区用户提供定位精度优于 1 米的广域差分服务，以及 120 个汉字/次的短报文通信服务。

BDS 服务功能和性能指标如下：

主要功能：定位、测速、单双向授时、短报文通信；

服务区域：全球；

定位精度：水平优于 10 m，垂直优于 10 m；

测速精度：优于 0.2 m/s；

授时精度：优于 50 ns。

3.4.3 坐标和时间系统

3.4.3.1 坐标系统

北斗系统采用 2000 中国大地坐标系（CGCS2000）。CGCS2000 大地坐标系的定义如下：

（1）原点位于地球质心。

（2）Z 轴指向国际地球自转服务组织（IERS）定义参考极（IRP）方向。

（3）X 轴为 IERS 定义的参考子午面（IRM）与通过原点且同 Z 轴正交的赤道面的交线。

（4）Y 轴与 Z、X 轴构成右手直角坐标系。

CGCS2000 原点也用作 CGCS2000 椭球的几何中心，Z 轴用作该旋转椭球的旋转轴。CGCS2000 参考椭球定义的基本常数为：

（1）长半轴：a = 63 781 37.0 m。

（2）地球（包含大气层）引力常数：μ = 3.986 004 418 × 10^{14} m³/s²。

（3）扁率：f = 1/298.257 222 101

（4）地球自转角速度：e = 7.292 115 0 × 10^{-5} rad/s

3.4.3.2 时间系统

北斗系统的时间基准为北斗时（BDT）。BDT 采用国际单位制（SI）秒为基本单位连续累计，不闰秒，起始历元为 2006 年 1 月 1 日协调世界时（UTC）00 时 00 分 00 秒，采用周和周内秒计数。BDT 通过 UTC（NTSC）与国际 UTC 建立联系，BDT 与 UTC 的偏差保持在 100 ns 以内（模 1 s）。BDT 与 UTC 之间的闰秒信息在导航电文中播报。

3.4.4 信号规范

3.4.4.1 信号结构

BDS 在 L 波段和 S 波段发射服务信号，服务信号包括测距码和导航电文。在 L 波段 B1、B2、B3 频点上，发射公开服务信号信号和授权服务信号。各频点频率段如下：

B1 频点（公开服务）：1 559.052 ~ 1 591.788 MHz。

B2 频点（公开服务）：1 166.220 ~ 1 217.370 MHz。

B3 频点（授权服务）：1 250.618 ~ 1 286.423 MHz。

BDS 公开服务信号分为 B1 信号和 B2 信号。B1、B2 信号由 I、Q 两个支路的"测距码+导航电文"正交调制在载波上构成，分别为 B1I、B1Q、B2I 和 B2Q 信号。

3.4.4.2　信号特征

B1I 信号和 B2I 信号的载波频率在卫星上由共同的基准时钟源产生。BDS 信号工作频率位于 L 波段，其中 B1I 信号的标称载波频率为 1 561.098 MHz，B2I 信号的标称载波频率为 1 207.140 MHz。

卫星发射信号采用正交相移键控（QPSK）调制，信号复用方式为码分多址（CDMA），信号极化方式为右旋圆极化（RHCP）。

3.4.4.3　导航电文

根据信息速率和结构不同，导航电文分为 D1 导航电文和 D2 导航电文。D1 导航电文速率为 50 b/s，D2 导航电文速率为 500 b/s。MEO/IGSO 卫星播发 D1 导航电文，GEO 卫星播发 D2 导航电文。卫星导航电文更新周期为 1 h。

BDS 公开服务导航电文信息主要包含：

（1）卫星星历参数。

（2）卫星钟差参数。

（3）电离层延迟模型改正参数。

（4）卫星健康状态。

（5）用户距离精度指数。

（6）星座状况（历书信息）等。

3.4.5　系统服务

北斗卫星导航系统，致力于为全球用户提供高质量的定位、导航和授时服务，包括"公开服务"和"授权服务"两种方式。

1. 公开服务

公开定位服务为全球免费提供定位、测速和授时（PVT）服务，水平定位精度优于 10 m（95%），垂直定位精度优于 10 m（95%），测速精度 0.2 m/s，授时精度 50 ns。

2. 授权服务

为获得授权的有高精度、高可靠卫星导航需求的用户，提供更优的定位、测速、授时和通信服务以及系统完好性信息。

3.5　GNSS 导航性能

GNSS 系统性能是针对 GNSS 为海陆空天的运载体提供的 PVT 及定位导航和授时（PNT）服务所提出的概念。GNSS 系统性能可分为三类：

（1）第一类是导航服务性能。这主要是 ICAO 对民用航空 GNSS 导航空间信号（SIS）提出的性能要求，包括精度、完好性、连续性和可用性这 4 个指标。这 4 个性能指标并非独立，而是相互联系的。对于民用航空导航定位而言，为确保 GNSS 导航定位结果真实可信并且能满足飞行运行的要求，在 4 个性能指标中，完好性性能指标最重要。

（2）第二类是增值服务性能。GNSS 增值服务是其导航服务的扩展服务功能，包括授时、通信及位置报告等一系列增值业务功能。GNSS 接收机不仅能解算运动载体置信息，而且能获得接收机时钟与 GNSS 系统时钟之间的偏差，用户可利用该偏差值修正接收机本地时钟，实现 GNSS 授时功能。同时，部分 GNSS 系统还能提供通信和位置报告（监视）功能，比对 BDS 短报文通信功能、基于 GNSS 导航定位结果的 ADS-B（广播式自动相关监视）监视功能等，以实现对对航空器等运动载体的实时位置监视。

（3）第三类是高维服务性能。高维服务性能，也可称为集成服务性能，包括了系统集成、系统信息融合，以及抗干扰能力、抗欺骗能力、安全性、自主性、排异性、信号的捕获性等性能指标。

本节主要介绍的是 GNSS 导航性能，这是 GNSS 系统性能的基础，对于民用航空等高精确导航定位应用至关重要。

3.5.1 精度

GNSS 导航定位精度与多种因素有关，包括本书第 2 章所述的测量误差、干扰等，同时还涉及参与导航定位解算的导航卫星几何布局、导航性能增强技术及增强系统等。

本节重点介绍在单点绝对定位过程中，导航卫星几何布局对 GNSS 导航定位精度的影响。

3.5.1.1 精度的概念

精度（accuracy）是指在 95%（2σ）概率下，用户接收机解算位置与其实际位置之间的偏差。精度是一个统计概念，GNSS 导航定位原理表明，该精度可以利用均方根距离（d_{rms}）和圆概率误差（CEP）这两个概念来描述。

均方根距离（d_{rms}）用于描述水平精度，其定义为

$$d_{rms} = \sqrt{\sigma_x^2 + \sigma_y^2} \tag{3.4}$$

式中，σ_x^2 和 σ_y^2 分别表示定位误差沿水平方向 x、y 轴的标准差。

圆概率误差（CEP）定义为一个圆的半径，并且以接收机天线实际相位中心为圆心，计算位置以一定概率落在这一圆内，在没有特殊说明的情况下通常默认为 95%（2σ）概率。

3.5.1.2 几何精度因子和卫星几何分布

几何精度因子（GDOP）是测量误差的方差被放大为定位误差的方差的系数，表示用户接收机和 GNSS 卫星之间的几何布局对定位误差、授时误差的影响大小的度量值。

GDOP 可以分解为位置精度因子（PDOP）和时间精度因子（TDOP）。其中位置精度因子（PDOP）分解为水平精度因子（HDOP）和垂直精度因子（VDOP）。

各种精度因子之间的关系为

$$GDOP^2 = PDOP^2 + TDOP^2 \tag{3.5}$$

$$PDOP^2 = HDOP^2 + VDOP^2 \tag{3.6}$$

在相同的测量条件下，各种 DOP 值越小，其定位误差就越小，精度就越高。尽管不同的接收机采取了不同的定位算法，但是 DOP 值都是通过最小二乘法计算得到，因此只要在定位

算法中采用了同一组可见卫星，并且卫星离地球距离较远，其计算的 DOP 值大致相等。

GDOP 值与卫星和用户接收机的相对几何分布紧密联系。如图 3.6 所示，如果用户接收机与参与定位的两颗卫星在同一平面上（事实上对民用航空用户不会出现这种情况），两颗卫星就可以确定用户的位置，其定位误差为测量误差弧线交叉阴影区域。图 3.6（a）中几何布局阴影误差区域面积较小，而图 3.6（b）中由于两卫星距离太近，测量误差阴影面积较大。

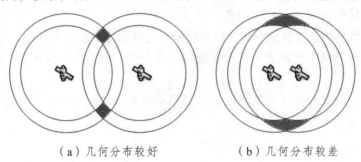

（a）几何分布较好　　　　　　　　（b）几何分布较差

图 3.6　二维平面定位中的卫星几何分布

如前所述，GNSS 定位基于 4 星定位原理，导航卫星与用户接收机之间的三维位置关系如图 3.7 所示。如图 3.7（a）所示，当卫星集中分布在某一区域或一条直线上，其几何分布较差，GDOP 值较高；如图 3.7（b）所示，当卫星分散分布在用户的四周，其几何分布较好，GDOP 值较低。GDOP 与定位误差之间存正比关系，即 GDOP 越大、定位误差越大，GDOP 越小、定位误差越小。最佳 GDOP 和几何布局是，4 颗参与定位的导航卫星中，一颗位于天顶、仰角为 90°，其他 3 颗连线成正三角形分布、仰角为 60°，此时 4 颗卫星与用户接收机之间所构成的六面体体积最大、GDOP 最小。

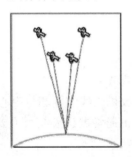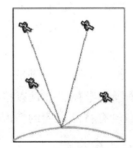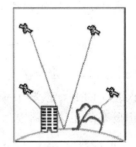

（a）较差的 GDOP　　　（b）较好的 GDOP　（c）较好的 GDOP 但卫星不可见

图 3.7　三维位置定位中的卫星几何分布

另外，可见卫星数量对 GDOP 也有影响。可见卫星数量越多，通常可供选择的卫星越多，GDOP 值越小。如图 3.7（c）所示，如果卫星被地面障碍物（如高山等）遮蔽，即使天上卫星有良好的几何分布，但是对用户来说没有实际意义。因此，在 PBN 运行中如果在签派放行前 RAIM 预测或 RNP 值预测时，分析沿飞行计划路线导航卫星几何布局及 GDOP 值，是预测工作重要内容。

3.5.2　完好性

完好性（interity）反映了导航定位结果的可信程度。完好性是指导航系统发生故障或误差超限、无法提供可靠的导航定位服务时，系统及时向用户发出系统不可用的告警、或关闭系统的能力。

在民用航空领域，虽然完好性异常发生概率很小，但是出现这种异常不仅意味着导航精度可能下降，甚至会危及飞行运行安全，因此民航飞行运行过程中必须密切关注 GNSS 导航完好性。

出现完好性异常的主要原因包括卫星时钟异常、卫星电子设备故障、广播卫星星历数据错误、电离层或大气层异常、信号多径效应大、接收机故障、信号受到干扰等。

在飞行运行过程中，机载导航系统完好性，通常可通过完好性风险、告警门限、告警时间 3 个指标来描述：

1. 完好性风险

完好性风险（IR）是指在飞行运行过程中，系统发生性能降低或故障引起误差超过告警门限值、发出完好性告警的概率。其定义式有两种，一种是根据时间来定义的

$$完好性风险 IR = 发生完好性告警概率/单位航行时间 \tag{3.7}$$

另一种是根据特定飞行阶段的飞行任务来定义的

$$完好性风险 IR = 完好性告警概率/每次特定阶段的航行任务 \tag{3.8}$$

2. 告警门限

告警门限（AL）是指在特定的航行阶段，引起完好性告警的计算位置和用户实际位置之间最大允许的最大误差。告警门限分为水平告警门限（HAL）和垂直告警门限（VAL）。

3. 告警时间

告警时间（AT）是指发生导航系统故障到系统发出完好性告警所需的时间。

3.5.3 连续性

连续性（continuity）是指航空器（或其他运载体）在运动过程中，导航系统提供所需精度、完好性的连续服务能力。连续性用某一单位时间内连续服务的概率来描述，计算公式如下

$$连续性 = 1 - 服务中断概率/单位时间 \tag{3.9}$$

服务中断可分为两种情况，即计划内中断和计划外中断。对卫星导航而言，计划内中断主要原因是导航卫星定期维护，计划外中断主要原因是一颗或多颗卫星发生故障。

3.5.4 可用性

可用性（availability）是指导航系统为用户机提供可用的导航服务时间与该飞行阶段总时间的比值，用下列式子来表示

$$可用性 = 用户可使用的导航服务时间/运行总时间 \tag{3.10}$$

可用性与可见卫星数量、飞行区域、卫星几何分布、卫星仰角、周围电磁环境、接收机设备等密切联系。在高山峡谷飞行过程中，由于可见卫星数量减少、可用卫星仰角增大、卫

星信号多路径干扰增大等原因，可能导致可用性下降。在电磁环境复杂、或有人为干扰的环境飞行，也可能导致卫星导航可用性下降，或中断导航定位服务。

3.5.5　ICAO 性能要求

ICAO 针对民用航空器在不同的飞行阶段和运行的需求。在附件 10 中，GNSS 空间信号（SIS）性能要求主要包括精度、完好性、告警时间、连续性、可用性等，详细要求如表 3.3 所示。

表 3.3　GNSS 空间信号性能要求

典型运行	水平精度（95%）	垂直精度（95%）	完好性	告警时间	连续性	可用性
航路	3.7 km (2.0 n mile)	N/A	$1-1\times10^{-7}/h$	5 min	$1-1\times10^{-4}/h\sim$ $1-1\times10^{-8}/h$	0.99 ~ 0.999 99
航路，终端区	0.74 km (0.4 n mile)	N/A	$1-1\times10^{-7}/h$	15 s	$1-1\times10^{-4}/h\sim$ $1-1\times10^{-8}/h$	0.99 ~ 0.999 99
起始进近、中间进近、非精密进近、离场	220 m (720 ft)	N/A	$1-1\times10^{-7}/h$	10 s	$1-1\times10^{-4}/h\sim$ $1-1\times10^{-8}/h$	0.99 ~ 0.999 99
类精密进近（APV-I）	16.0 m (52 ft)	20 m (66 ft)	$1-2\times10^{-7}/app$	10 s	$1-8\times10^{-6}$ /任意 15s	0.99 ~ 0.999 99
类精密进近（APV-II）	16.0 m (52 ft)	8.0 m (26 ft)	$1-2\times10^{-7}/app$	6 s	$1-8\times10^{-6}$ /任意 15s	0.99 ~ 0.999 99
CAT I 精密进近	16.0 m (52 ft)	6.0 ~ 4.0 m (20 ~ 13 ft)	$1-2\times10^{-7}/app$	6 s	$1-8\times10^{-6}$ /任意 15s	0.99 ~ 0.999 99

在附件 10 中，针对不同飞行阶段对 GNSS 系统完好性告警门限的具体要求如表 3.4 所示。

表 3.4　GNSS 完好性告警门限

典型运行	水平告警门限	垂直告警门限
航路（海洋/陆地低密度）	7.4 km (4 n mile)	N/A
航路（陆地）	3.7 km (2 n mile)	N/A
航路，终端区	1.85 km (1 n mile)	N/A
非精密进近（NPA）	556 m (0.3 n mile)	N/A
类精密进近（APV-Ⅰ）	40.0 m (130 ft)	50 m (164 ft)
类精密进近（APV-Ⅱ）	40.0 m (130 ft)	20.0 m (66 ft)
CAT I 精密进近	40.0 m (130 ft)	15.0 ~ 10.0 m (50 ~ 33 ft)

表 3.3 和 3.4 表明，在运行等级越高的飞行阶段，对 GNSS 空间信号导航性能要求越高，对于 CAT I 精密进近和 CAT Ⅱ/Ⅲ 类精密进近，导航要求更高。

3.6 GNSS 增强系统

ICAO 在附件 10《航空电信》和《GNSS 手册》中，目前所定义的 GNSS 系统包括两个核心星座，即美国的 GPS 和俄罗斯的 GLONASS 系统星座。

为提高卫星导航系统的导航性能，尤其是提高卫星导航精度和完好性，以满足民用航空用户不同飞行阶段、不同导航应用和导航规范的需求，在卫星导航接收机单点绝对独立定位的基础上，利用外部辅助和差分技术，ICAO 定义了三种类型增强系统，以增强卫星导航性能。

GNSS 增强系统包括：机载增强系统（ABAS）、星基增强系统（SBAS）、地基增强系统（GBAS）。

3.6.1 ABAS 增强系统

3.6.1.1 ABAS 概述

自 20 世纪 90 年代初 GPS 系统建成以来，由于卫星导航接收机价格相对便宜、导航精度较高、用户使用简单直观等原因，卫星导航逐步在民用航空领域推广使用。在 GPS 导航应用初期，由于 GPS 民用信号存在 S/A 干扰，导航性能低，所以 GPS 仅作为民航航空目视飞行规则（VFR）和仪表飞行规则（IFR）飞行运行的辅助导航设备。

为了提高 GPS 导航性能以满足高性能用户的需求，从 20 世纪 80 年代开始，国际上就着手研究卫星导航性能增强技术，特别是卫星导航完好性增强技术。

增强卫星导航完好性的方法主要有三种途径：卫星自主完好性监控（SAIM）、星基增强系统（SBAS）和地基增强系统（GBAS）、机载增强系统（ABAS）。SAIM 技术将在 GPS BLOCK Ⅲ 卫星上应用，首颗卫星计划于 2014 年发射。SBAS 和 GBAS 两种增强技术和系统，将在后续内容中述及，本节首先介绍 ABAS 技术和系统。

ABAS 系统采用如下技术来提高和增强的 GNSS 或者航空器导航系统的性能（精度、完好性、连续性和可用性）：

（1）接收机自主完好性监视（RAIM）和故障探测和排除（FDE）技术，使用冗余 GNSS 信息来提供 GPS 数据完好性。

（2）航空器自主完好性监视（AAIM）技术，使用附加机载传感器信息来提供 GPS 数据完好性的技术。

（3）导航传感器信息综合技术，将 GNSS 和其他机载导航传感器集成，来提高改进的航空器导航系统性能。

3.6.1.2 ABAS 技术

ABAS 系统的主要目的是为了增强或者集成包含机载航空器信息的 GNSS 系统。经过增强或集成后，确保满足附件 10 中对空间信号（SIS）的性能要求，如表 3.3 所示。

1. RAIM 和 FDE 技术

RAIM 技术在 20 世纪 80 年代出现，到 90 年代成熟，先后出现了几种典型算法。普遍采用的 RAIM 算法，是基于当前历元观测量的"快照"（Snapshot）方法。基于 Snapshot 模式的算法主要包括 Lee Y C 于 1986 年提出的距离比较法、Parkinson 于 1988 年提出的最小二乘残差法，以及 Sturza 于 1988 年提出的奇偶矢量法。这三种算法检测效果良好并且等效，其中奇偶矢量法被普遍使用，成为美国航空无线电委员会（RTCA）推荐使用的模式，并被"LAAS 系统最低航空性能标准"（RTCA SC-159）推荐为 RAIM 基本算法。

RAIM 算法及功能嵌入在机载卫星导航接收机内部。该算法利用观测到的冗余卫星测距信息，采用一致性校验方法来探测故障卫星，并向机组发出告警信息。RAIM 技术采用导航卫星故障探测（FD）算法，因此 RAIM 算法也可以称为 FD 算法。

在正常情况下，导航接收机只要观测到 4 颗以上卫星，就可以进行导航解算，但是如果仅仅观测到 4 颗可见卫星，当其中有一颗或多颗卫星故障或者信号不好，则无法感知或者检测。FD 算法要求至少观测到 5 颗以上可见卫星，通过组合发现大位置误差。在给定飞行模式下可以探测到故障，但是并不能确定是哪颗卫星故障。

RAIM 可用性要求与飞行运行类型和飞行阶段密切有关。在 PBN 运行时，与 RAIM 相关的问题主要涉及 PBN 导航规范。RNP 运行时，机载系统必须具备机载性能监视和告警（OPMA）功能，OPMA 功能包含 RAIM 监控功能等。如果 RAIM 监控结果满足运行要求，意味着此时卫星导航完好性符合要求，这种情况通常叫"RAIM 可用"（RAIM Available），GARMIN430 型 GPS 导航仪上 RAIM 状态如图 3.8 所示。当导航完好性不满足运行要求时，将出现 RAIM 告警，通常称为"RAIM 不可用"（RAIM Unavailable）、或者"失去 RAIM"、或者"GPS 主用失去"（GPS Primary Lost）。

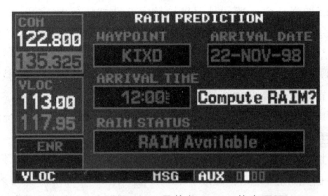

图 3.8　GARMIN430 导航仪 RAIM 状态页面

有两类显著事件可能引起 RAIM 告警：

（1）第一类事件是视野内没有几何构型合适并且数量足够的卫星。此时如果有 4 颗可见卫星并且几何布局和信号良好，可能位置估计仍然精确，但却失去了接收机完好性检测功能，比如检测卫星失效的能力。

（2）第二类事件是接收机探测到卫星故障，该类型告警将导致失去 GNSS 导航能力。即使在熟悉的进近中出现 RAIM 告警，机组也必须立即终止 GNSS 最后进近引导。

由于 RAIM 技术与卫星遮蔽角密切相关，因此 GNSS 接收机对于遮蔽角（Mask Angle）设置不同，计算结果可能也不相同。在 TSO-C129A 中规定为 7.5°，在 TSO-C145（ ）/146（ ）中规定为 5°，在 DOC 9613 中规定为 5°。在部分 B737-800 上加装的 MMR 设置为 2°，一般接收机默认值为 5°。

FDE 技术和算法最少需要 6 颗可见卫星，如图 3.9 所示，利用冗余卫星信号进行导航解算，不仅可以探测卫星故障，还可以发现并排除故障卫星，以便使用无故障卫星进行导航解算，其导航结果可以支持正常导航。

FD 和 FDE 算法的输入参数，包括测量噪声的标准差、观测卫星的几何构型、接收机预设的卫星遮蔽角，以及允许的最大虚警和漏检概率。算法输出参数是水平保护等级（HPL）。HPL 是以航空器真实位置为中心的一个圆的半径，确保在指定完好性要求（概率）下，航空器水平位置落在该圆内。

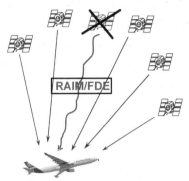

图 3.9　RAIM 和 FDE 算法示意图

2. AAIM 技术

AAIM 使用包括来自 GNSS、惯性导航等多种导航传感器的位置估计冗余信息，为卫星导航提供至少等同于 RAIM 的完好性监控能力。一个典型例子是，当 RAIM 不可用但是 GPS 定位信息仍然有效时（只有 4 颗符合要求的可见卫星），可以使用惯性导航系统或者其他导航传感器，来检测 GPS 数据的完好性，但机载系统必须要有 FMC 等相关处理设备。AAIM 机载增强功能可通过 FAA TSO-C115A 来认证。

当没有足够可见卫星数时，在 FMC 中可使用气压高度表作为一个附加信息源参与 RAIM 解算，此时卫星数量可以减少一个。当有足够可见卫星时，气压辅助可以进一步提高导航可用性。

3. 导航传感器信息集成技术

机载其他导航传感器的信息，可以和 GNSS 信息集成来提高导航系统的性能，比如：

（1）在短时间卫星几何构型较差、或在机动飞行时航空器遮挡 GNSS 天线时，使用惯性导航系统或其他导航传感器作为定位设备。

（2）飞行管理系统使用包括 GNSS 在内的多导航传感器数据，增强和提高航空器导航可用性。

3.6.1.3　ABAS 功能应用

1. GNSS 接收机

目前以 GPS 为主用的 GNSS 接收机主要分为四种类型，即 GPS 接收机、GPS/ABAS 接收机、GPS/SBAS 接收机和 GPS/GBAS 接收机。

（1）GPS 接收机，符合 TSO-C129（ ）技术标准的机载 GNSS 设备，可以是一种独立使用的导航定位接收机，也可以是现代大中型运输机上使用 FMS 的 GNSS 导航传感器（MMR 接收机）。该型接收机可以分为 A1/A2、B1/B2/B3/B4、C1/C2/C3/C4 不同等级。

（2）GPS/ABAS 接收机，符合 TSO-C196（ ）技术标准的机载 GNSS 设备，通常作为机载 FMS 的 GNSS 导航传感器（MMR 接收机）。该型接收机具备 GNSS 导航性能机载增强功能，可以采用气压辅助以增强 FDE 可用性。

（3）GPS/SBAS 接收机，符合 TSO-C145/146（ ）技术标准的机载 GNSS 设备，是一种能够获得 WAAS/SBAS 增强服务的 GPS 机载设备。符合 TSO-C145（ ）标准的 GPS/SBAS 机载设备作为 FMS 的 GNSS 导航传感器使用，符合 TSO-C146（ ）技术标准的 GPS/SBAS 机载设备可以独立使用。

（4）GPS/GBAS 接收机，符合 TSO-C161（ ）技术标准的机载 GNSS 设备，是一种能够获得 LAAS/GBAS 增强服务的 GPS 机载设备。GPS/GBAS 接收机通常将 GBAS 功能集成到 MMR 接收机中。

以上四种类型 GPS 接收机中，虽然符合 TSO-C129（ ）技术标准 B 类和 C 类设备标准已由 TSO-C196（ ）替代，但是 TSO-C196（ ）不能完全替代 TSO-C129a，因此原来已获得 TSO-C129（ ）批准的机载 GPS 设备仍然可以继续生产。与此同时，一些机载 GPS 设备，可能同时符合多个 TSO 技术标准，比如同时符合 TSO-C129（ ）/145（ ）/161（ ）技术标准。

2. SA 干扰对 RAIM 的影响

施加 SA 干扰后，由于水平导航定位误差将增加到百米级，会大大降低 GPS 导航的可用性，ABAS 增强的 GPS 接收机使用将受到极大限制。

取消 SA 干扰，对于基本 GNSS 接收机来说并不能获得好处。GPS 卫星星座包含最少运行数量 24 颗卫星时，航路 RAIM 可用性的平均值为 99.99%，非精密进近为 99.7%；航路 FDE 可用性平均值为 99.8%，非精密进近为 89.5%。

取消 SA 干扰后，SBAS 接收机、GBAS 接收机也可获得好处。航路 RAIM 可用性增加到 100%，非精密进近增加到 99.998%；航路 FDE 可用性为 99.92%，非精密进近为 99.1%。

3. 飞行高度对 RAIM 和 FDE 的影响

由于导航卫星运行轨道的特性，低仰角卫星可能会受到高山等地形遮蔽，因此在中高度飞行时 RAIM 和 FDE 可用性将略有降低，在高高度飞行时 RAIM 和 FDE 可用性略有提高。使用多 GNSS 星座（如 GPS+GLONASS）卫星，或者 SBAS 卫星作为附加测距源，能提高 RAIM 和 FDE 的可用性。

3.6.1.4　GPS 接收机在进近中的应用

早期 GPS 主要用于航路、终端区和非精密进近运行。随着 RNAV、RNP、PBN 技术的不断完善和推广使用，各种类型 GPS 接收机可以作为气压辅助垂直导航类精密进近程序（APV）水平主用导航设备使用。

1. GPS 覆加进近

在 GPS 应用早期，一些国家允许采用打点的方式使用 GPS 引导来执行 VOR、VOR/DME、NDB 和 NDB/DME 等非精密进近程序，这种进近称为"GPS 覆加"（GPS overlay）进近，如图 3.10 所示。在不必设计新的进近程序的情况下，机组利用 GPS 导航可获得更高的导航精度，并建立更好的情景意识。这种做法被视为过渡期，早期可为用户带来利益。

使用 GPS 引导，机组沿传统导航设施定义的航迹飞行，遵守传统进近的能见度和最低下降高度（MDA）标准。但是一些 VOR 和 NDB 进近程序，不适合覆加 GPS 进近程序，因为某些进近航段与区域导航数据编码不匹配。GPS 覆加进近不是从飞行员的角度考虑的，因为原始的 NPA 程序并非为区域导航系统设计的。

图 3.10　美国 TUCSON 机场 NDB/DME 覆加 GPS 进近图

2. GPS 独立进近

在许多机场专门设计了一种新的 GPS 独立式（stand-alone）进近程序，进近程序标识为 "GPS"，该类型程序是 RNP APCH 程序的前身，如图 3.11 所示。

"独立式"是指 GPS 导航接收机提供位置信息和导航功能，并提供与预选航道之间的航迹偏差。该类型程序可为进近跑道提供有效的飞行航迹，并且向飞行员提供精确的位置信息。多数 GPS 独立式进近提供直线引导，其安全性优于盘旋进近。

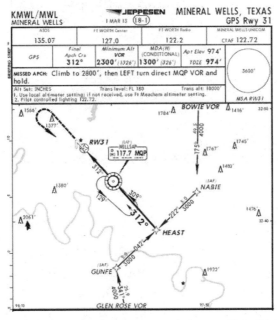

图 3.11　美国 MINERAL WELLS 机场 GPS 独立进近图

3. APV 进近

随着 PBN 技术的全面推广应用，GNSS/ABAS 接收机（或者 MMR）作为飞行管理系统（FMS）的导航传感器，逐步广泛用于 RNP 进近中。根据《PBN 手册》（ICAO DOC 9613）的定义，水平导航使用 GNSS、垂直导航使用气压高度的 APV 进近程序，规范后的标识为"RNAV(GNSS)"，进近程序类型属于 RNP APCH 进近程序，程序构型为"Y"型或者"T"型程序。台北松山机场 RNP APCH 进近图中，进近程序为"T"型程序。RNP APCH 和 RNP AR APCH 进近程序中，GPS 接收机作为唯一水平导航源使用。该部分内容请参考后续第 6 章内容。

3.6.2 SBAS 增强系统

星基增强系统（Satellite-based augmentation system，SBAS）是一种导航增强信息来自于空间 SBAS 卫星的增强系统。SBAS 的目的，是为广域范围内航空用户提供比 GPS 独立导航性能更优的导航定位服务。当前 SBAS 除了能提供满足航路飞行、终端区进离场、非精密进近导航性能需求外，还能提供 APV I/II 进近服务。

3.6.2.1 SBAS 系统组成及架构

SBAS 系统主要由空间部分、地面部分和机载部分组成，如图 3.12 所示。空间部分，包括 GNSS 核心星座以及多颗 SBAS 同步卫星等。地面部分，包括一组分布在主要服务区的广域参考站，一个或者多个主控站，一个或者多个卫星上行链路地面地球站（或上行注入站），以及连接地面单元的通信网络。机载部分，包括机载 SBAS 接收机及相关组件。

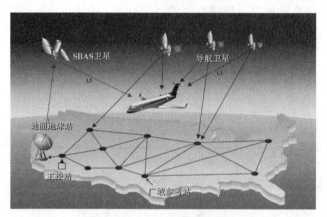

图 3.12　SBAS 系统组成

SBAS 的系统基本组成部分的基本功能是：

（1）广域参考站，接收和监测电离层网格内卫星信号。

（2）主控站，收集、处理参考站数据，生成 SBAS 报文。

（3）上行链路地面地球站，发送报文到 SBAS 同步轨道卫星。

（4）星载发射机，在 GPS 的 L1 频率上广播 SBAS 报文。

SBAS 接收机，接收 GNSS 核心星座导航信号，接收 GEO 卫星的增强信号，并进行处理和导航解算。

截止到目前为止，针对 GPS 系统已经建成并正在运行的 SBAS 系统主要有四个：欧洲静地导航重叠服务（EGNOS）、美国广域增强系统（WAAS）、日本多功能交通卫星星基增强系统（MSAS），以及印度的 GPS 辅助和 GEO 增强的导航系统（GAGAN）。SBAS 系统拟定服务区域，如图 3.13 所示。

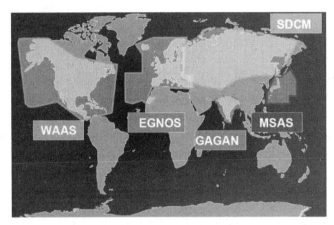

图 3.13   SBAS 多系统拟定服务区域

3.6.2.2   SBAS 基本原理

SBAS 的地面参考站，连续跟踪接收来自可视 GPS 卫星的所有信息，处理后将其发送给主控站。主控站使用参考站网络测量的位置信息，计算星钟误差、电离层延迟等修正量和完好性信息等，然后将信息格式化成报文发给上行注入站。上行注入站将报文调制后，向 SBAS 的 GEO 卫星发射。GEO 卫星收到增强信号后，利用 GPS 的 L1 载波通过民用码（C/A），广播修正量和完好性信息。

SBAS 使用 L1 和 L2 双频来估算电离层延迟，广播预定电离层网格内电离层延迟修正量。在网格点之间，SBAS 接收机采用插值的方法，计算到每颗可视卫星的电离层修正量。

除了时钟、星历和电离层修正量外，SBAS 还评估和广播不确定性修正参数。不确定性修正参数包括用户差分距离误差（UDRE）和网格电离层垂直误差（GIVE）。每颗卫星的 UDRE，描述了时钟和星历修正量的不确定性。每个电离层网格点的 GIVE，描述了在网格点周围的电离层修正的不确定性。

SBAS 接收机结合这些在伪距测量以及电离层延迟模型中的误差修正参数（比如 UDRE 和 GIVE），计算导航解算的模型。利用该计算模型，SBAS 接收机的导航定位结果，其精度、完好性将得到大大增强。

利用 L1 载波和民用码（C/A），广播修正量和完好性信息，这种设计使 SBAS 的 GEO 卫星相当于 GPS 卫星，供 SBAS 接收机作为附加测距源使用，但是基本型 GNSS 接收机不能使用接收该附加测距信号。同时该设计还可以让 GPS 用户接收机不作任何改装，便可以接收到 SBAS 卫星信号用于导航解算。

利用每颗导航卫星差分修正量、完好性信息，以及 GEO 卫星提供的附加测距信息，SBAS 与独立卫星星座（如 GPS 星座）、ABAS 相比，能提供更高的服务可用性。同时整个 SBAS 系统有冗余备份（参考接收机，主站，通信网络，上行注入站和 GEO 卫星），目的是使系统具有高连续性和高可靠性。

3.6.2.3　SBAS 航电设备

GPS/SBAS 接收机按照能够提供的导航服务性能和功能，可以分为四个不同等级，分别是：

1 级 SBAS 接收机：提供航路、终端区、LNAV 飞行运行性能。

2 级 SBAS 接收机：提供 1 级 + LNAV /VNAV 飞行运行性能。

3 级和 4 级 SBAS 接收机：2 级+APV I 和 II 飞行运行性能。

不同等级的 SBAS 接收机，由于采用的导航定位解算模型和信息源不同，将得出不同的三维位置。当选择一个进近程序后，同一位置计算得到的水平和垂直偏差也不同。

与无增强功能的 GNSS 接收机相比，SBAS 航电设备提供了一些额外运行能力，包括：

（1）采用取消 SA 干扰的传感器设计。

（2）具备 RIAM 和 FDE 功能。

（3）利用 GEO 卫星测距的能力。

（4）当 GEO 卫星下行链路不可用时，仍然能作为改进型 ABAS 传感器。

（5）提供垂直引导的能力等。

如图 3.14、图 3.14 所示，CNX80 和 GARMIN400W 为符合 TSO-C146A 的两种 SBAS 导航仪。

图 3.14　CNX80 型 SBAS 导航仪

图 3.15　GARMIN400W 型 SBAS 接收机面板

3.6.2.4　SBAS 运行及服务

SBAS 利用 GEO 卫星，向用户提供可视 GPS 卫星的差分修正量、完好性信息和附加测距信号。与 ABAS 相比，SBAS 能提供更高等级的服务。在一定卫星布局的情况下，SBAS 能支持类精密进近（APV）进近和 CAT I 精密进近。表 3.5 列举了 SBAS 能提供的服务类型，以及 GEO 卫星提供的修正量内容。

表 3.5　SBAS 服务类型

SBAS 服务类型	修正量内容	支持的最高等级服务
GNSS 卫星状态和 GEO 测距	无修正量	非精密进近
基本差分修正量	时钟和星历	非精密进近
精密差分修正量	时钟、星历、电离层	APV I / II，CAT I

SBAS 提供的服务，涉及覆盖区和服务区两个概念。覆盖区指 SBAS 的 GEO 卫星发射信号的覆盖区域；服务区指在覆盖区内提供 SBAS 增强服务的区域。SBAS 的主权国家，为服务区内能提供的运行类型负责。

3.6.3　GBAS 增强系统

地基增强系统（Ground-based augmentation system，GBAS）是一种导航增强信息来自于地面发射机的卫星导航增强系统。GBAS 的主要目的，是为机场附近的 GNSS 信号提供精度和完好性增强服务，以支持精密进近和着陆运行。

GBAS 所提供的进近服务，能满足 CAT I 精密进近的要求，并提供水平、垂直偏差指引。GBAS 还具备支持 CAT II/III 精密进近服务能力，同时可以为机场场面运行提供服务。GBAS 所提供的终端区进离场服务，支持水平区域导航运行，垂直高度使用气压高度信息，并且进离场程序可以与最后进近航迹/跑道不关联。

GLS（GNSSLanding System）是一种基于 GBAS 的星基精密进近着陆引导系统。实施 GLS 进近着陆，其操作和显示与 ILS 类似。要执行 GLS 进近着陆，除机场终端区须合理安装 GBAS 系统外，航空器还必须具备 GBAS 功能的接收机、飞行管理计算机（FMC）、自动驾驶（A/P）、GLS 进近显示显示器、GLS 进近导航控制面板，以及其他执行星基精密进近和着陆的相关功能等。

3.6.3.1　GBAS 系统组成

GBAS 系统是全球导航卫星系统（GNSS）的组成部分，由硬件和软件组成，为机场周围为进离场、进近着陆和场面运行提供导航性能增强服务。如图 3.16 所示，GBAS 系统的组成包括三个部分：卫星子系统、地面站子系统、机载子系统。

1. 卫星子系统

GBAS 的卫星子系统，包含 GNSS 的核心星座，即 GPS 和 GLONASS 星座，以及可供选择使用的 SBAS 系统的 GEO 卫星。

卫星子系统的主要功能，是为用户接收机提供卫星状态、定位和授时信号。可视卫星至少 4 颗，以满足接收机定位的要求。GBAS 可以提供 GPS 卫星独立增强信号，也可以提供 GLONASS 和 SBAS 卫星的增强信号。

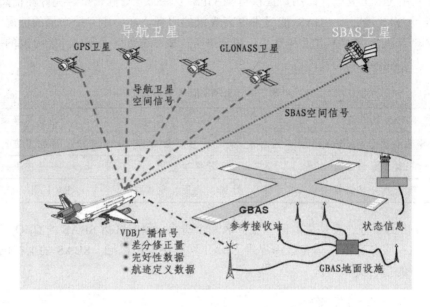

图 3.16　GBAS 系统组成结构图

2. 地面子系统

GBAS 地面站子系统，由一组参考接收机、一台或多台 VHF 数据广播电台（VDB）和其他地面设施组成。参考接收机一般为 3 台或者 4 台，并安装在合适的位置。GBAS 地面设备的配置和安装方法，在附件 10 第 1 卷、RTCA DO-245 和 ED-95 等中有详细描述。

截止到 2015 年底，通过 FAA 认证的针对 GPS 系统的 GBAS 地面站子系统有 Honeywell 的 SmartPath[TM] 等。图 3.17 为该地面子系统架构。

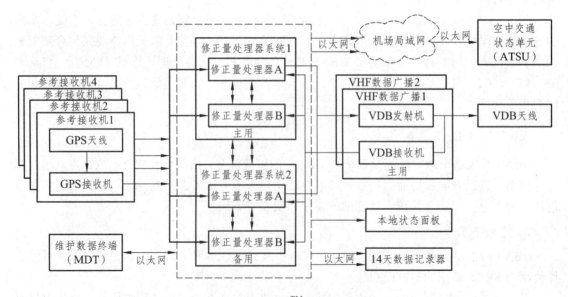

图 3.17　SmartPath[TM] 地面系统架构

1）地面参考接收机布局

地面参考接收机通常由 3 部或者 4 部参考接收机组成，用于跟踪、接收并解码空间 GNSS 卫星信号，测量视野内的每颗 GNSS 卫星、SBAS 卫星的伪距和伪距变化率。

由于存在潜在的多路径信号，因此参考接收机一定要安装在开阔地带，以尽量减少多路径信号的干扰。如图 3.18 所示，澳大利亚悉尼机场安装的 GBAS 地面参考站，就是安装在机场跑道附近开阔地带。

如果安装 3 部接收机，接收机天线通常为正三角形几何布局；如果安装 4 部参考接收机，通常按正四边形几何布局。这种天线布局的目的，是利用各参考接收机天线直线构成的基线，在信号处理时形成几何约束，以提高解算精度和解算速度。参考接收机使用多路径抑制天线，可减小多路径信号的干扰。

图 3.18　悉尼机场 GBAS 地面设施安装位置

2）地面 VHF 广播台

GBAS 利用 VHF 频段，向机场周边广播 GNSS 地面增强信号。所使用的 VHF 频段与 VHF 导航频段重叠，即 108～117.975 MHz。最低指定频率为 108.025 MHz，最高指定频率为 117.975 MHz，频率间隔（信道间隔）25 kHz，信号采用 D8PSK 调制和 TDMA 多址方式。

VDB 发射机安装在机场内或者附近，通常选择开阔地带或者候机楼顶上，确保广播信号在每一条进近程序的决断高位置没有遮挡。发射机采用全向天线，向周边广播伪距修正量、完好性参数，以及各种与本地有关的数据，如大气修正模型和最后进近航迹（FAS）数据等。

VDB 广播的伪距修正量和完好性参数只能适用于一定范围。VDB 天线高约 10 m，采用水平极化方式与机载接收机兼容，有效距离半径以地面参考站中心位置为基准，通常要求距离每一进近程序决断高（DH）点 6 km 以内。

3）地面子系统功能

地面子系统的主要功能归纳起来包括：

（1）计算所有可视卫星伪距观测值。

（2）计算每一颗可视卫星的伪距测量修正量平均值。

（3）预测可用性。

（4）监视和探测完好性风险。

（5）VHF 广播有效卫星伪距修正量和误差边界。

（6）VHF 广播本地电离层、对流层修正数据。

（7）VHF 广播进近航迹等。

3. 机载子系统

GBAS 机载子系统包含 GPS 天线、GBAS 接收机或者多模式接收机（MMR），以及控制显示单元。GBAS 机载子系统，完成导航信号和增强信号的接收、处理和导航解算，并提供相关参考和指引信息。其主要功能包括：

（1）GNSS 接收机功能：接收、跟踪、解码 GNSS 卫星信号。

（2）VDB 接收机功能：接收和解码 GBAS 地面子系统广播的电文。

（3）导航处理功能：接收 GNSS 接收机伪距观测值，利用地面广播的 VDB 差分修正量，计算伪距差分位置。

（4）进近指引功能：计算实际航迹与地面广播的进近航迹之间的偏差，向飞行管理系统输入偏差信息，并在相关仪表上提供指引信息。

（5）复飞决断功能：执行精密进近和非精密进近时，提供继续进近和复飞决断参考信息。

3.6.3.2 GBAS 提供的服务

GBAS 系统提供两种服务：精密进近服务和定位服务。精密进近服务，即 GBAS 着陆系统（GLS）所提供精密进近引导服务。定位服务，为精密进近提供三维位置信息，也为终端区运行提供两维水平位置信息服务。

GBAS 地面子系统有三种架构，不同架构支持提供不同类型和等级的服务。在某一机场采用哪种架构，取决于该机场所需要的服务类型和服务等级。地面子系统能提供的服务类型包括：

（1）只支持 CAT I 精密进近。

（2）支持 CAT I 精密进近，且广播附加星历误差的位置边界。

（3）既支持 CAT I 精密进近，也支持 GBAS 定位服务，同时广播附加星历误差的位置边界。

3.6.3.3 GBAS 航电设备

GPS/GBAS 航电设备，可以是独立式导航定位设备，也可以是 MMR 架构设备。现代大中型运输机上，通常采用具备 GBAS 功能的 MMR 架构设备，作为 FMS 的导航传感器使用。

图 3.19 所示为空客飞机典型 GBAS CAT I MMR 机载系统架构。

图 3.20 所示为 MMR、FMS 和自动飞行控制系统（AFCS）之间的关系图。图中的导航位置，可以来源于 GPS/RAIM 独立式接收机，也可以来源于有差分修正的 GBAS 或者 SBAS 接收机。FMS、MMR 和 AFCS 都有双套备份。

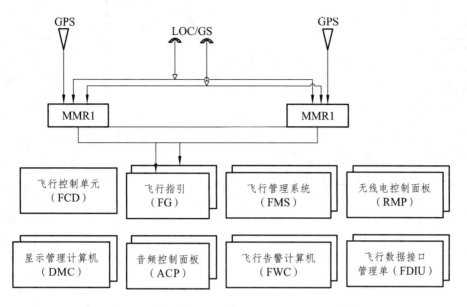

图 3.19 典型空客飞机 GBAS CAT I MMR 架构

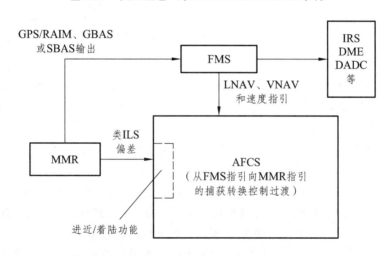

图 3.20 MMR、FMS 和 AFC 互联结构图

3.6.3.4 GLS 系统

1. GLS 系统架构

卫星着陆系统（GNSS Landing System，GLS），是一种基于 GBAS 导航性能增强的卫星着陆系统，包括实现精密进近和着陆的 GBAS 系统，以及与之相关的航空器功能。B737NG 机型 GLS 架构，如图 3.21 所示。在 B737NG 系列飞机上，利用 MMR 来实现 GBAS 增强功能。在商用运输飞机上，MMR 是集成 GBAS 功能的首选加装包，因为 MMR 易于将 GBAS 功能集成到已经存在的 ILS 着陆系统架构上。同时，已有的机载 ILS 或者 VOR 天线，可用.于接收 GBAS 的 VDB 数据，而不需要重新安装 VDB 接收天线。

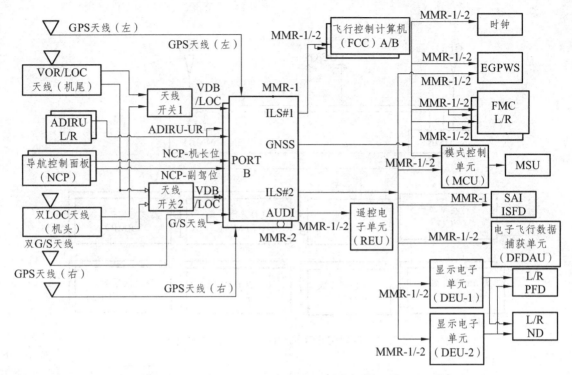

图 3.21　B737NG GLS 系统架构

2. 导航控制及选择

当实施 GLS 进近时，安装有 MMR 的航空器其 GLS 功能主要由 MMR 和 FMS 来共同完成。当 GLS 工作时，MMR 同时支持：① 利用预选参考航迹偏差，提供仪表着陆功能；② 基本 PVT 导航输出。

MMR 向 FMS 输出的基本 PVT 值与 GPS 天线位置有关。一般飞机上有两幅 GPS 天线，并且安装在两个不同位置，MMR 维持两个不同位置解算。

对于已经建立 GLS 进近运行能力的机场，通过选择通道号来实施 GLS 进近，通道号可在导航控制面板（NCP）上调定，可以在其他机载设备（如 MCDU 进近选择页面）上选择。B737NG 上安装的导航控制面板如图 3.22 所示。在该控制面板上，机组可以选择不同的进近模式（ILS/VOR/GLS），也可以输入 ILS/VOR 频率，并通过输入 GLS 通道号来选择 GLS 进近程序。

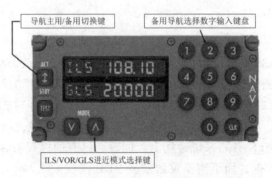

图 3.22　B737NG 机型 GLS 进近选择控制面板

GLS 进近程序通道号为 5 个数字，一个通道号对应唯一一个最后进近航段（FAS）数据块，亦即对应唯一一个 GLS 进近程序；同理，每一个 GLS 进近对应唯一通道号。GLS 进近程序通道号范围为 20001～39999。图 3.23 为德国 BREMEN 机场的 GLS 进近图，图中标注的 GLS 通道号为 21990。通道号选定后，GBAS 机载子系统将自动调定一个对应的 VHF 频率，接收地面 VDB 广播的期望最后进近航段（FAS）数据块。

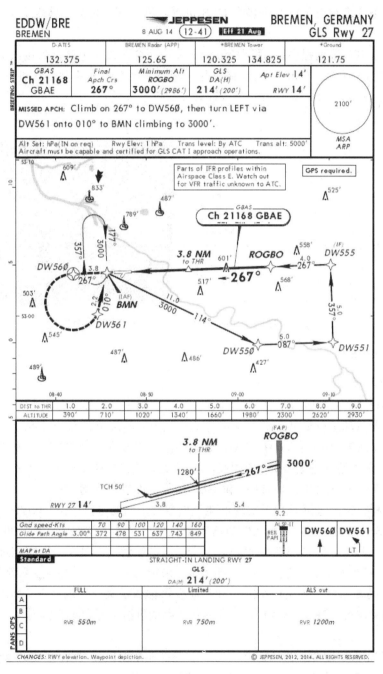

图 3.23　德国 BREMEN 机场的 GLS 进近图

图 3.24 是一个典型 FMS 的 MCDU 进场和进近程序代码选择页面，以及 PFD 显示界面。在该 MCDU 页面上，机组可以选择一个进近程序。ILS 进近程序代码前面三个字母为 ILS（如 ILS32R），GLS 进近程序代码前三个字母为 GLS（如 GLS32RA）。在 MCDU 页面上的 GLS 程序代码，与在 NCP 上输入的 GLS 程序五字通道号相对应。

值得注意的是，同一进近等级，比如 CAT I 精密进近，一条仪表跑道对应一个 ILS 进近程序，但是一条仪表跑道可以对应多个 GLS 进近程序。这一特征也体现了 GLS 进近的灵活性。

当选择一个 ILS 进近程序后，可以通过 FMS 自动调谐或人工调谐来接收 ILS 信号；当选择一个 GLS 进近程序后，FMS 则自动接收并匹配该程序 FAS 数据块。在进近过程中 PFD 和 ND 上显示的。GLS 与 ILS 偏差和引导信息对飞行机组来说是相同的，以此满足 GLS 类 ILS 进近的要求。

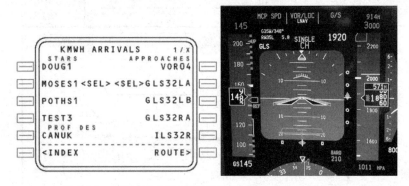

图 3.24　典型 GLS 进近 MCDU 选择及 PFD 显示界面

3.6.3.5　GLS 进近

1. GLS 进近基本原理

按照 ICAO《全天候运行手册》（Doc 9365）《中国民航机场运行最低标准制定与实施准则》和《航空器机场运行最低标准的制定与实施规定》的规定，精密进近分为 CAT I / II / III 类共五个等级。截至 2015 年 12 月，FAA 批准实施的 GLS 进近为 CAT I 精密进近，未来目标是提供 CAT II / III 类精密进近服务。中国民航局于 2015 年 12 月发布了《卫星着陆系统（GLS）运行批准指南》（AC-91-FS-2015-29），供 GLS 运行批准提供指南。

与 ILS 一样，GLS 进近是为了实现低能见度条件下精密进近着陆。GLS 进近与 ILS 进近原理不同。ILS 进近通过接收地面 LOC/GS 台的调幅信号，比较被调信号（90 Hz 和 150 Hz）信号幅度强弱，来判定航空器偏离预定航向道/下滑道的偏差。GLS 进近实施过程中，通过接收地面 VDB 广播的最后进近航段（FAS）数据块，来定义一个虚拟航向道/下滑道；利用 GBAS 接收机/MMR 的高精度三维定位结果，计算航空器偏离定义航迹的情况；计算结果向 FMC 输入，并在相关仪表（PFD、ND）上显示，显示信息包括水平和垂直偏差，以及跑道入口的距离等。

GLS 进近程序由 FAS 航迹来定义。FAS 航迹剖面是一条直线航线，水平航迹是一条大圆航线，利用着陆入口点/虚拟入口点（LTP/FTP）、飞行航迹对准点（FPAP）、跑道入口交叉高（TCH）和下滑角（GPA）来定义。这些 FAS 参数由广播的数据块或者机载导航数据库来提供。

2. GLS 进近服务区

ILS 在地面安装有提供航向台和下滑台，为航空器提供 LOC 和 GS 引导信号，信号接收和使用有范围限制。由于 GBAS 广播的增强信号有服务区域限制，一般仅适用于机场参考接收机中心周边 23 n mile，所以 GLS 进近也有服务区域限制，GLS 的服务区域比 ILS 略小。GLS 进近服务区分为水平服务区和垂直服务区。在有效服务区内，GBAS 系统满足相关等级进近精度、完好性和连续性要求。

1）水平服务区域

GLS 水平服务区域，如图 3.25 所示，该区域始于着陆入口点（LTP）/虚拟入口点（FTP）两侧 137 m（450 ft）处，沿最后进近航段向两侧扩张至±35°，距 LTP/FTP28 km（15 n mile）处；沿最后进近航段向两侧扩张至±10°，距 LTP/FTP37 km（20 n mile）处。在水平方向，GBAS 和 GLS 保障距 LTP 点 23 n mile 以内运行的导航性能。

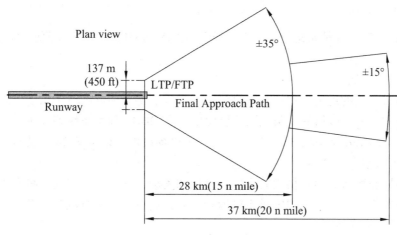

图 3.25　GLS 水平服务区域

2）垂直服务区域

GLS 垂直服务区域，如图 3.26 所示，从 LTP/FTP 的水平面以上 0.3 ~ 0.45GPA，向上扩展至大于 1.75GPA 或者 7°。GPA 即下滑角，标准值为 3°。服务高度高于入口标高 30 ~ 3 000 m。由于服务水平距离与下滑角和高度有关，因此该距离是一个不确定值。

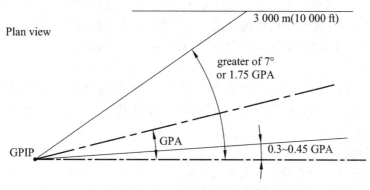

图 3.26　GLS 垂直服务区域

3. GLS 进近实施

GLS 进近中，GBAS 机载设备为水平航道偏离和垂直下滑道偏离提供比例引导，同时计算航空器距跑道入口交叉点（TCP）距离。GLS 进近程序始于最后进近定位点（FAF）、终止于决断高。进近过渡可采用传统方式在 FAF 与 GLS 衔接，也可与 PBN 程序衔接。

当航空器进入到 GBAS 进近引导服务扇区时，将截获虚拟 GLS "航向道"，并驱动航道杆产生偏离。与 ILS 类似，GLS 进近时先截获"航向道"然后再截获"下滑道"。

由于 GBAS 机载设备能连续计算航空器到跑道入口的距离，因此也能连续计算水平和垂直偏航偏差，航向道满偏为 2°，下滑道满偏为 0.36°。

在 GLS 进近的任何阶段，如果 GBAS 服务等级下降到不能再满足所需的性能等级，机载系统将出现告警，仪表指示也与实际偏差不一致。在比例引导扇区内精密进近时，AFCS 将 ILS 与 GBAS 同等对待。

4. GLS 进近优势

与传统 ILS 和 MLS 精密进近相比较，基于 GBAS 的 GLS CAT I 精密进近具有典型优势，这些优势归纳起来包括：

1）运行成本降低

GBAS 通过广播的进近数据块，来灵活定义进近航迹。因此在一条仪表跑道上，可以建立多种进近方式。一个机场的多条跑道，仅使用一套 GBAS 地面系统即能满足精密进近运行要求。目前 Honeywell 公司的 SmartPath™ 在一个机场最多可以定义 26 个精密进近航迹。

2）多类型航空器混合运行

可以为不同类型航空器提供独立进场、进近和离场引导。在固定翼飞机和直升机混合运行模式下，直升机运行独立于固定翼飞机运行，可提高直升机运行流量。

3）运行环境要求较低

由于 ILS 和 MLS 地面设备对安装位置和环境要求较高，因此在有地形和建筑区限制的机场，可能不能安装相关地面设施，难以建立 ILS 和 MLS 精密进近能力。相比较而言，GBAS 地面设备对安装位置和运行地理环境的要求较为灵活，在 ILS 运行困难的机场，更容易建立 GLS 进近，实现类 ILS 的 CAT I 精密进近。

4）缩小进近间隔

GBAS 信号比 ILS 信号更稳定，最后进近航迹上后面飞机的信号不会受前面飞机遮挡，可以在一定程度上缩小进近中前后机间隔。GLS 进近不存在航向道和下滑道弯曲问题，因此 GLS 进近更符合 CAT II/III 等高等级精密进近对导航信号的要求。

5）多路径干扰小

GBAS 地面广播的 VDB 信号对障碍物反射及多路径效应没有 ILS 信号敏感，没有敏感区和临界区，因此 GBAS 对机场建筑结构和障碍物要求要低一些，航空器地面滑行及机场内车辆运行线路规划更加灵活。

6）测距更精确

在最后进近阶段，GLS 在数据交叉点（DCP）范围内，为航空器提供连续指引。采用高精度定位所获取的距入口距离，其精度高于 DME 测距精度。GLS 运行不需要指点标或 DME 台，因此运行更加经济。

7）降低 VHF 频率需求

GBAS 与 ILS 相比，降低了对 VHF 频率的要求。GBAS 同一 VHF 频率理论上最多可支持 48 个进近程序，而一组 ILS 频率只能支持一个 ILS 精密进近。

8）支持曲线最后进近

根据运行要求和空域情况，GLS 进近程序可与 RNP 程序 RF 航段衔接，实现曲线进近。未来 GLS 曲线进近程序可以根据临时情况定制，并实施利用 VDB 将数据块发送给进近航空器。这一特点提高了管制的灵活性，能增加机场流量。GLS 曲线进近是一种高级进近程序，目前还没有正式运行，相关技术还在研究中。

5. GLS CAT II/III 运行

虽然基于 GBAS 的 GLS 进近目前仅批准了 CAT I 精密进近运行，但是随着技术的发展和研究的深入，未来 GLS 将支持 CAT II/III 精密进近运行要求。

GBAS 用于 GLS CAT II/III 精密进近存在的主要问题，是精密进近对 GPS 系统和空间信号的依赖程度过高。民用航空机载 GNSS 接收机主要依靠单一频率（L1 载波）的 C/A 码来实现导航，如果有意或无意对该信号进行干扰，则会导致 GLS 进近无法实施。因此在一段时期内，机场内仍然需要备份其他进近引导系统。

3.6.3.6 GBAS 其他运行服务

1. GBAS 进离场服务

GBAS 系统所提供的导航定位服务，并非只用于进近，同时也支持 PBN 运行中 RNAV 和 RNP 导航规范运行，包括进场、离场飞行阶段，并且可以获得更好的导航性能。

2. GBAS 类精密进近服务

基于气压辅助垂直导航（Baro-VNAV）的 RNP 进近过程中，如果机载 GNSS 接收机能够获得 GBAS 服务，则 RNP 进近可以获得更优的水平引导，可以降低 RNP 进近中导航系统误差（NSE）。

3. GBAS 复飞程序

在起始复飞和中间复飞阶段，可以通过获得 GBAS 服务，为复飞航空器提供更精确的飞行引导。

4. GBAS 机场场面应用

由于 GBAS 可以提供高精度导航定位服务，GBAS 还可以为机场场面运动中的航空器提供导航定位和引导服务。这些应用和预期效益包括：

（1）机场场面数字式地图显示，以增强地面滑行过程中飞行机组的情景意识。

（2）在极低能见度情况下，为场面运动的航空器和车辆提供引导，以提高地面运行的安全性和可靠性。

（3）GBAS 增强后 ADS-B 所提供的监视精度大大提高，可以监视场面运动航空器，提高低能见度下 ATC 的情景意识。

（4）最优跑道滑出，以减少跑道占用时间。

思考题

1. 什么是 GNSS? 目前《GNSS Manual》和 ICAO 附件 10 中定义的 GNSS 系统，主要包括哪些系统?

2.《GNSS Manual》和 ICAO 附件 10 中定义的 GNSS 的增强系统有哪三种?

3. GLONASS 系统由哪几部分组成? GLONASS 星座至少由多少颗卫星构成? 分别分布在几根轨道上? 每根轨道至少多少颗卫星?

4. GLONASS 系统时间系统、坐标系统、发射载波频率和多址方式分别是什么?

5. Galileo 系统由哪几部分组成? GLONASS 星座至少由多少颗卫星构成? 分别分布在几根轨道上? 每根轨道至少多少颗卫星?

6. Galileo 系统的时间系统、坐标系统、发射载波频率和多址方式分别是什么?

7. 从服务对象和内容上看, Galileo 系统能提供哪些类型的服务? 各种类型的服务对象分别是谁? 有哪些特点?

8. 北斗卫星导航系统建设分几步走? 北斗导航试验系统（BNTS）采用什么工作原理? 北斗导航卫星系统（BDS）采用什么工作原理?

9. BDS 系统由哪些部分组成? BDS 的时间系统、坐标系统、发射载波频率和多址方式分别是什么?

10. BDS 空间星座如何构成? BDS 星座至少由多少颗卫星构成? 分别分布在几根轨道上? 每根轨道至少多少颗卫星?

11. BDS 与 GPS、GLONASS 比较, 除具备导航定位、测速、授时能力外，还具备什么特殊功能?

12. 衡量 GNSS 空间信号（SIS）的主要性能参数有哪四种? 每一种性能如何定义? 对民用航空导航而言哪一个性能参数最重要?

13. RAIM 算法中, FD 算法和 FDE 算法分别至少需要几颗卫星? 一般来说, 接收机进行 RAIM 算法时, 通常默认卫星遮蔽角是多少度?

14. 什么情况下, 才能发生 "RAIM 不可用"（RAIM Unavailable）的告警?

15. GNSS 接收机有哪些类型? 分别具备哪些主要功能?

16. AAIM 技术的基本原理是什么? AAIM 的位置估计冗余信息主要来自哪些传感器? AAIM 技术可减少 RAIM 算法中对卫星数的要求么?

17. 简述 SBAS 系统的工作原理。SBAS 系统由哪几部分组成? 全球主要的 SBAS 系统有哪些?

18. SBAS 接收机分为哪四级? 每一级能提供怎样的运行能力?

19. SBAS 的服务区和覆盖区在运行上有何区别?

20. GBAS 系统由哪几部分组成? 地面站子系统和机载子系统的主要功能分别是什么?

21. GBAS 地面站子系统安装的参考接收机的布局一般是什么几何形状? VDB 数据传输具体频率范围是多少?

22. GBAS 系统能提供哪两类服务? SBAS 和 GBAS 对应的差分技术分别是什么? 哪种增强技术提供的导航定位结果精度更高?

23. MMR 主要能接收处理哪些导航源的信号?

24. GBAS 进近程序的通道号为几位数？飞行员可通过哪些方式来选择实施 GLS 进近程序？GLS 进近最高可支持哪类精密进近？

25. GLS 进近和 ILS 进近比较，在水平及垂直导航信号来源、航向道下滑道建立上有何区别？

26. GLS 进近的优势有哪些？

第 4 章　惯性导航系统

惯性导航技术是一门综合了机电、光学、数学、力学、控制及计算机等多个学科的高端技术，它被广泛应用于航空、航天、航海和许多民用领域。惯性导航系统（简称惯导系统）（Initial Navigation System，INS）目前已成为多种航行载体上主用导航系统之一。尽管目前存在有多种先进的导航系统（如 GPS 等），但是惯导系统由于具有完全独立自主导航的特点，可以为民用航空器提供导航和姿态参数，因此惯导在当今导航技术领域中仍然占有不可替代的地位，是现代大中型主流民用航空器上必须加装的导航系统，可以为航空器提供导航和姿态等多种参考信息。

4.1　概述

4.1.1　惯导系统的发展

1923 年，德国科学家舒勒发现了舒勒原理，并将该原理应用于惯导系统。舒勒原理表明，如果可以将陀螺平台的调整周期设计为 84.4 min，则陀螺平台不受载体运动的影响而始终保持在当地水平面。但限于当时的技术水平限制，舒勒原理在技术上无法实现，但该原理对惯导技术的发展奠定了基础。

第二次世界大战末期，德国在 V-2 火箭上首次安装了初级惯导系统，并利用陀螺仪来稳定火箭的姿态和航向，推动了惯导系统及技术的发展。

1949—1950 年，美国麻省理工学院仪表实验室和北美航空公司，先后研制出惯性导航平台，首次在技术上实现了较完善的三轴陀螺平台的惯导系统，把惯导系统的研究推进到一个快速发展阶段。

20 世纪 50 年代到 60 年代，惯导系统开始在军事领域使用，并得到了较大的发展。20 世纪 70 年代，由于计算机技术的发展，平台式惯导系统已经达到了成熟普及阶段，并成为现代化的导航系统，广泛应用于多种运动载体上。

在 20 世纪 60 年代后期，惯导系统开始进入民用航空领域并扮演重要的角色。在 GPS 等全球导航卫星系统未建成之前，惯性导航系统成为越洋跨水飞行和边远地区飞行最有效的导航源。即使是在 GPS 广泛应用于民用航空的今天，惯性导航系统仍然具有其他导航系统不可替代的优势和地位，并且是大中型民用航空器姿态信息的主要来源，同时也是越洋及跨水飞行和边远陆地飞行中卫星导航系统的唯一导航备份系统。可以预见在今后相当长的时期内，惯导系统都将在民用航空领域继续扮演不可替代的角色。

随着惯性敏感元件和制造工艺的不断改进，当前民用航空主流机型上加装的惯导系统主要使用较高精度的激光陀螺捷联式惯导系统，该类系统通常称为惯性基准系统（Initial Reference System，IRS）。在当前普遍使用飞行管理系统（FMS）的大中型民用航空器上，IRS 是 FMS 众多主用导航传感器之一。

4.1.2 惯性导航基本原理

惯性导航原理建立在牛顿经典力学定律基础之上。从本质上说，惯导系统就是一个根据连续测量载体运动的加速度，并通过积分推算速度和位置的系统。

牛顿第二定律明确了运动载体加速度、质量和所受作用力三者之间的关系。如果一个力 F 作用在一个物体上，这个力将使物体沿着力的方向产生加速度，加速度 a 的大小与物体的质量成反比，即：

$$F = m \cdot a \tag{4.1}$$

上式中，F 为外作用力，m 为物体的质量，a 为物体产生的加速度。

惯导系统利用惯性敏感元件（加速度计和陀螺仪），测量运动载体相对惯性空间的线运动和角运动。根据牛顿运动定律，在给定初始条件下，对运动载体的加速度经过一次积分可以解算出速度，经过二次积分可获得位置，即：

$$V = V_0 + \int_0^t a \cdot dt \tag{4.2}$$

$$S = S_0 + \int_0^t V dt = S_0 + V_0 t + \int_0^t (\int_0^t a dt) dt \tag{4.3}$$

上式中，a 为飞机加速度，V 为飞机速度，S 为飞机位移。上面运算公式是基于一维运动，同理该公式可推广到三维运动中进行计算。

4.1.3 惯导系统的分类

根据平台的类型，惯导系统可分为平台式惯导系统（Platform INS）和捷联式惯导系统（Strap-down INS）。

平台式惯导系统具有实体的陀螺稳定平台。平台的作用是跟踪选定的导航解算坐标系，为加速度计和陀螺仪提供测量的参考基准。在平台式惯导系统中，平台的框架能隔离飞机的角振动，仪表工作条件较好。

平台能直接建立导航坐标系，计算量小，容易补偿和修正仪表的输出，但结构复杂，尺寸大。

捷联式惯导系统是在平台式惯导系统基础上发展而来的，惯性敏感元件（陀螺仪和加速度计）直接装在运动载体上。捷联式没有实际的惯性物理平台，惯性敏感元件直接固连在飞机上，通过计算机的解算，实现类似平台式惯导系统的惯性平台功能。其解算过程和解算方法称为"数学平台"，是一个虚拟平台。由于捷联式惯导系统没有机械平台，因此结构大为简化，且体积小、重量轻、成本低。

4.1.4 惯导系统的特点

惯导系统与无线电导航系统不同，既不接收外界的无线电信号，也不向外辐射电磁波，因此具有独特的性能及优势。

4.1.4.1 惯性导航系统优点

（1）惯性导航系统是一种自备式导航系统。

（2）系统校正后短时间内精度高。

（3）具有全天候、全方位工作能力及很好的隐蔽性。

（4）能够测量姿态参数和导航参数。

（5）具有很快的响应特性：能够及时测量快速机动运动载体的运动参数，测量参数更新频率高。

（6）广泛用于航空、航天、航海等诸多领域，实现对不同运动载体在不同工作环境下的精确导航、制导与控制。

4.1.4.2 惯性导航系统缺点

1）误差随时间积累

惯导系统通过对时间积分获得速度、位置等参数，而惯性敏感原件（陀螺仪和加速度计）的误差随时间迅速累积，导致惯导系统在经过使用前的校正后，其测量误差会随工作时间增加而增加。

2）系统价格相对较高

随着航空、航天、航海等对惯导系统的精度要求越来越高，系统制造研发和生产成本也很高。因此高精度惯导系统价格相对较为昂贵，使用成本高。

近年来，现代导航技术又出现了一个重要的发展方向，即将两种或两种以上的导航系统组合成为组合式导航系统。根据组合导航数据融合理论，将各种不同导航系统的导航信息融合在一起，给出运动载体导航参数的最佳估计值，可以采用低成本导航组件获得较为理想的导航性能。

4.2 惯性导航基础知识

4.2.1 常用坐标系

在惯性导航中，敏感元件安装在飞机上，测量相对惯性空间的运动参数，此时需要使用第 2 章中介绍的地心惯性坐标系。同时飞机在地球附近运动时，一方面飞机相对于地球有运动，另一方面地球相对惯性空间又有运动，这涉及非惯性坐标系的使用。以下简要介绍两种常用的非惯性坐标系。

4.2.1.1 地理坐标系

地理坐标系又称东北天坐标系，用于确定运动载体相对于地球的位置。该坐标系原点 O 位于运动载体的质心，x_t 轴沿当地纬线指向东，y_t 轴沿当地子午线指向北，z_t 轴沿当地地理垂线指向上方，与 x_t、y_t 轴构成右手直角坐标系，如图 4.1 所示。

通常对于在地球表面运动的航空器来说，最主要的导航参数就是相对地球的即时位置和即时速度。研究三维导航定位时，航空器的位置通常用经度 λ、纬度 L 和离地高度 H 表示。要确定纬度、经度和高度，需要利用惯性敏感元件测量的东（E）、北（N）、天（U）三个方向的加速度，在经过积分处理后参考初始状态和初始位置获得。当然，在东北天坐标系中确定的位置，还必须要经过坐标系转换才能得到纬度、经度和高度坐标。

地理坐标系相对惯性参考系的转动角速度应包括两部分：一是地理坐标系相对地球坐标系的转动角速度；二是地球坐标系相对惯性参考系的转动角速度。

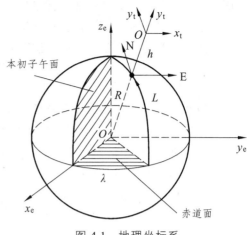

图 4.1　地理坐标系

同时，从地理坐标系三个坐标轴的指向规定可以看出，随着飞机位置变化，三个坐标轴的指向会随之变化。由此可见，地理坐标系不仅会随地球的自转而转动，且飞机的运动也将引起地理坐标系的转动。

4.2.1.2　机体坐标系

机体坐标系固连在航空器机体上，参考该坐标系可以确定姿态信息。该坐标系原点 O 位于机体的质心，x_b 轴沿机体横轴指向右侧，y_b 轴沿机体纵轴指向前方，z_b 轴沿机体的竖轴指向上方，如图 4.2 所示。

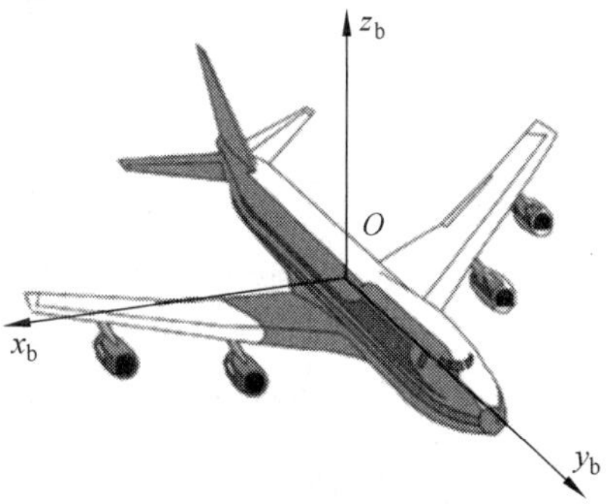

4.2.2　方向余弦矩阵

众所周知，一个向量的三个方向的余弦分别是这个向量与三个坐标轴之间的角度的余弦。因此，两个坐标系之间的角度关系可以用一个方向余弦矩阵来表示。

图 4.2　机体坐标系

4.2.2.1　矩阵形式

由坐标系 $Ox_1y_1z_1$ 转换至 $Ox_0y_0z_0$ 的方向余弦矩阵形式如下：

$$\boldsymbol{C} = \begin{bmatrix} \cos\alpha_1 & \cos\alpha_2 & \cos\alpha_3 \\ \cos\beta_1 & \cos\beta_2 & \cos\beta_3 \\ \cos\gamma_1 & \cos\gamma_2 & \cos\gamma_3 \end{bmatrix} \tag{4.4}$$

式中，$\cos\alpha_1$、$\cos\alpha_2$、$\cos\alpha_3$ 分别为 x_1 轴对 $Ox_0y_0z_0$ 的方向余弦；$\cos\beta_1$、$\cos\beta_2$、$\cos\beta_3$ 分别为 y_1 轴对 $Ox_0y_0z_0$ 的方向余弦；$\cos\gamma_1$、$\cos\gamma_2$、$\cos\gamma_3$ 分别为 Z_1 轴对 $Ox_0y_0z_0$ 的方向余弦。

方向余弦矩阵为一个正交矩阵，正交性也是方向余弦矩阵的重要性质之一。利用方向余弦矩阵，可以方便地实现多个相同原点的坐标系之间的矩阵变换。

惯导系统中，惯性元件输出的载体运动参数是基于惯性坐标系测量的，根据导航任务的不同，必须将其转换为基于非惯性坐标系（如地理坐标系）的参数。要进行这种转换，就需要用到方向余弦矩阵。方向余弦矩阵有时也被称为旋转矩阵，在某些应用场合称为姿态矩阵。

常用的求解方向余弦矩阵的方法有两种，即欧拉角法和四元素法。

4.2.2.2　欧拉角法求解

欧拉角法是平台式惯性导航系统计算机软件求解方向余弦矩阵常用的方法。在航空器上，令转动顺序为 $z \to x \to y$，三次顺序旋转角度 ψ、θ、γ 即航向角、俯仰角和坡度角，即可得到东北天坐标系 $Ox_t y_t z_t$ 变换到飞机坐标系 $Ox_b y_b z_b$ 的方向余弦矩阵 $\boldsymbol{C}$。

假定从坐标系 $Ox_t y_t z_t$ 经下面三次旋转，得到坐标系 $Oxyz$，如图 4.3 所示。

$$Ox_0 y_0 z_0 \xrightarrow{\text{绕}Oz_0\text{轴负向旋转}\psi\text{角}} Ox_1 y_1 z_0 \xrightarrow{\text{绕}Ox_1\text{轴旋转}\theta\text{角}} Ox_1 y_2 z_2 \xrightarrow{\text{绕}Oy_2\text{轴转}\gamma\text{角}} Oxyz$$

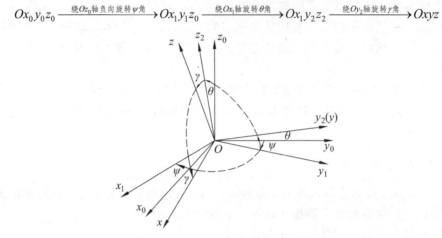

图 4.3　坐标轴旋转示意图

根据前面介绍的方向余弦矩阵的传递性，$Ox_0 y_0 z_0$ 到 $Oxyz$ 的方向余弦矩阵 $\boldsymbol{C}$ 为

$$\boldsymbol{C} = \begin{bmatrix} \cos\psi\cos\gamma + \sin\psi\sin\theta\sin\gamma & -\sin\psi\cos\gamma + \cos\psi\sin\theta\sin\gamma & -\cos\theta\sin\gamma \\ \sin\psi\cos\theta & \cos\psi\cos\theta & \sin\theta \\ \cos\psi\sin\gamma - \sin\psi\sin\theta\cos\psi & -\sin\psi\sin\gamma - \cos\psi\sin\theta\cos\gamma & \cos\theta\cos\gamma \end{bmatrix} \quad （4.5）$$

需要注意的是，最终的方向余弦矩阵不仅取决于每次单独转动角即欧拉角的大小，还和转动顺序有关。顺序不同，欧拉角也不同，姿态变换结果也不同。顺序固定时，两个坐标系之间的欧拉角是唯一的，航空器最后姿态也将唯一确定。

4.2.2.3　四元数法求解

由理论力学知识可知，绕定点转动的刚体的角位置，可以通过依次转过三个欧拉角的三次转动而获得，也可以通过绕某一瞬时轴转过某个角度的一次转动而获得。通过转一次转动而获得方向余弦矩阵的方法，即使用最广泛的四元数法。

四元数法的核心思想，是先求解姿态四元数微分方程，再由姿态四元数确定航向角和姿态角。

利用四元数法求解方向余弦矩阵，需要四个微分方程，较欧拉角微分方程多一个方程，但进行数值计算求解时只需要进行加减乘除运算，所以求解过程的计算量要比欧拉角法少得多。

四元素法的优势在于计算量小、存储量少，仅需要进行简单的四元数规范化处理，便可以保证姿态矩阵的正交性，因而成为一种普遍采用的方法。

当运行飞机姿态变化比较剧烈，或伴有角振动时，四元数法会产生严重的姿态漂移误差，所以只能用于工作环境平缓和缓慢运动的运动载体。

4.2.3　比力及比力方程

4.2.3.1　比力概念

分析任一物体的受力时，任何物体所受的外力包括各种天体（如地球、太阳、月亮等）的引力 F_g 和作用于该物体的其他力（非引力 f_m）。

若机载惯性敏感原件相对于惯性空间的加速度为 a_i。根据牛顿定律有

$$\frac{F_g}{m} + \frac{f_m}{m} = a_i \tag{4.6}$$

式中，m 为物体的质量。

加速度计测量的不是运动载体的运动加速度，而是载体相对惯性空间的绝对加速度和引力加速度之差，这个差值被称为比力。因此有时又把加速度计叫做比力计。

如在平台式惯导系统中，加速度计的敏感轴安装在平台的稳定轴向上，其输出为敏感轴向的比力分量，计为 f，于是有

$$f = \frac{f_m}{m} = a_i - \frac{F_g}{m} = a_i - G \tag{4.7}$$

式中，G 为单位质量物体所受到的引力，即引力加速度。

4.2.3.2　比力方程

载体相对于地球运动，地球又相对惯性空间运动。比力方程表明了运动载体、地球系和惯性系三者之间的关系。

在惯导系统中，加速度计被安装在航空器上基于某一测量坐标系。比如，对平台式惯导系统，安装在与平台固连的平台坐标系中；对于捷联式惯导系统，直接安装在机体坐标系中。假设安装加速度计的测量坐标系为平台坐标系 p 系，其相对地球坐标系的转动角速度记为 ω_{ep}，根据哥氏定理，航空器上加速度计受到的比力表达式为

$$f = \frac{\mathrm{d}v_{ep}}{\mathrm{d}t} + (\omega_{ep} + 2\omega_{ie}) \times v_{ep} - g \tag{4.8}$$

式中，$\dfrac{\mathrm{d}v_{ep}}{\mathrm{d}t}$ 是飞机相对地球坐标系的加速度，是惯导系统需要提取的有用信息；$\omega_{ep} \times v_{ep}$ 为法向加速度；$2\omega_{ie} \times v_{ep}$ 是载体相对速度 $\dfrac{\mathrm{d}v_{ep}}{\mathrm{d}t}$ 与牵连角速度 ω_{ie} 引起的哥氏加速度；而 g 为重力加速度。

上式反映了比力与载体相对加速度之间的关系，称为比力方程。比力方程是惯导系统的一个基本运算方程。

如果令

$$a_b = (2\omega_{ie} + \omega_{ep}) \times v_{ep} - g \tag{4.9}$$

将式（4.9）代入（4.8），有

$$\frac{dv_{ep}}{dt} = f - a_b \tag{4.10}$$

从测量加速度的角度看，a_b 是比力中不希望有的成分，惯导中称之为有害加速度。导航计算中需要的是载体相对加速度 $\dfrac{dv_{ep}}{dt}$，但加速度计本身不能分辨载体相对加速度和有害加速度，因此必须从加速度计所测得的比力中补偿掉有害加速度，才能得到 $\dfrac{dv_{ep}}{dt}$，经过进一步计算获得载体相对地球的速度和位置等导航参数。

4.2.4　舒勒原理

德国数学家舒勒于 1923 年首次提出舒勒原理。该原理指出，一个垂线装置（如单摆），如果其固有振荡周期等于 84.4 min，则携带该单摆的运行飞机在地球表面以任一方式运动时，此单摆将不会受到运行飞机加速度的干扰，这样的单摆称为舒勒摆。舒勒摆的振动周期 T_s 称为舒勒周期，且

$$T_s = 2\pi\sqrt{\frac{R}{g}} = 84.4 \text{ (min)} \tag{4.11}$$

式中，R 是地球半径（m），g 为地球表面的重力加速度（m/s^2）。

舒勒摆的摆动角频率 ω_s 称为舒勒角频率，且

$$\omega_s = 2\pi / T_s = \sqrt{\frac{g}{R}} \tag{4.12}$$

由舒勒摆的摆角运动方程可知，若舒勒摆相对当地地理垂线的初始偏角和初始角速率都为零，则舒勒摆始终与当地地理垂线重合，不受加速度干扰；否则，舒勒摆将围绕当地地理垂线以周期 T_s 在零位附近来回做等幅震荡摆动。

当单摆的摆长 $l = R$（即摆长等于地球半径）时，单摆将具有抗干扰能力，这是个理想的数学摆，事实上是不可能实现的。

舒勒原理的重要意义在于，任何惯导装置只要能使它的振荡周期满足 $T_s = 2\pi\sqrt{R/g}$ $= 84.4$（min），它就具有抗干扰能力。对于航空器上加装的惯导系统来说，通过选择恰当参数使系统满足舒勒原理，实现惯性平台跟踪当地水平面，实现载体姿态测量的方法，称为舒勒调谐。

4.3　惯性元件

4.3.1　概述

惯性测量和敏感元件，主要包括加速度计和陀螺仪。惯性元件作为是惯性导航、制导和

测量系统的核心部件，广泛应用于各个领域。目前惯性元件的研究和开发，主要有以下几个发展趋势：

（1）使用新的材料和工艺，选用硅片、石英或光电材料等新型材料。

（2）采用新原理、新结构。

（3）轻量化、小型化、微型化和低功耗。

4.3.2 加速度计

加速度计是检测运动载体在惯性空间中线运动的敏感元件，用于确定运动载体速度、位置等线运动导航参数，是惯性（数学）平台初始校准和惯性导航必不可少的组成部分。

加速度计检测运动载体沿某方向的线加速度，并测量与加速度成比例的电信号，经过计算（一次积分和二次积分）获得运动载体运动轨迹（即速度和运动距离）。

各种加速度计的工作形式虽然不同，但其工作原理都是以牛顿第二定律为基础的。如前所述，加速度计又叫比力计。

4.3.2.1 加速度计的基本测量原理

加速度计的一个简化模型通常由检测质量（也称敏感质量）、支承、电位器、弹簧、阻尼器和壳体组成。检测质量受支承的约束只能沿一条轴线移动，这个轴被称为输入轴或敏感轴。当仪表壳体随着运载体沿敏感轴方向作加速运动时，根据牛顿定律，具有一定惯性的检测质量力图保持其原来的运动状态不变。它与壳体之间将产生相对运动，使弹簧变形，于是检测质量在弹簧力的作用下随之加速运动。当弹簧力与检测质量加速运动时产生的惯性力相平衡时，检测质量与壳体之间便不再有相对运动，这时弹簧的变形反映被测加速度的大小。电位器作为位移传感元件把加速度信号转换为电信号，以供输出。

4.3.2.2 加速度计的分类

加速度计测量加速度的原理和方法很多，如机械、电磁、光学、放射线等。因此，从不同的角度可以把加速度计分为不同类型。

按检测质量块的位移方式分为：线性加速度计（检测质量作线位移）和摆式加速度计（检测质量绕支承轴转动）。

按支承方式分为：宝石支承、挠性支承、气浮、液浮、磁悬浮和静电悬浮等。

按测量系统的组成形式分为：开环式和闭环式。

按工作原理分为：振弦式、振梁式和摆式积分陀螺加速度计等。

按输入轴数目分为：单轴、双轴和三轴加速度计。

按传感元件分为：压电式、压阻式和电位器式等。

4.3.3 陀螺仪

陀螺仪敏感运动载体在惯性空间中的角运动，是惯导系统中最重要、技术相对复杂的组件。陀螺仪不仅是运动载体姿态测量的重要组件，也是导航参数测量的核心元件，是惯导系统的关键组成部分。

陀螺仪的精度决定惯导系统的精度。近年来，随着现代科学技术的发展，各种新型陀螺仪已广泛应用，出现了很多新型的新技术陀螺仪，其中激光陀螺仪是应该最为广泛的陀螺仪，被广泛应用于民用航空器上。

4.3.3.1 陀螺仪的定义和组成

凡是绕回转体对称轴作高速旋转的刚体，均被称为陀螺。将陀螺安装在框架装置上，使陀螺的自转轴有角转动的自由度，是一种传统意义的陀螺仪。

以上陀螺仪的定义是一种狭义的定义。随着科技的发展，越来越多的物理现象都可以产生陀螺效应。广义来说，凡是能够产生陀螺效应的装置（能产生陀螺效应的不一定是高速旋转的物体）都可以称为陀螺仪。

陀螺仪可以按不同的标准分为不同的类型。按工作原理是否依据经典力学，可以分为两大类。以经典力学为基础的陀螺仪，有刚体转子陀螺仪、震动陀螺仪、流体转子陀螺仪等；以近代物理学为基础的陀螺仪，有激光陀螺仪、超电导陀螺仪及核磁共振陀螺仪、光纤陀螺仪等。

以经典的刚体转子陀螺仪为例，陀螺仪的基本部件有：

（1）陀螺转子（常采用同步电机、磁滞电机、三相交流电机等拖动方法来使陀螺转子绕自转轴高速旋转，并且其转速近似为常值）。

（2）内、外框架（或称内、外环，它是使陀螺自转轴获得所需角转动自由度的结构）。

（3）附件（是指力矩马达、信号传感器等）。

根据经典力学陀螺仪框架数目和自由度的不同，经典力学陀螺仪分为：

（1）单自由度陀螺仪，如图 4.4 所示。它只有一个框架，使转子自转轴具有一个转动自由度。这种陀螺仪通常用于测定姿态角速度。

（2）二自由度陀螺仪，如图 4.5 所示。它具有内、外两个框架，使转子自转轴具有两个转动自由度。这种陀螺仪通常用于测定飞行器的姿态角。

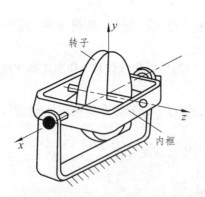

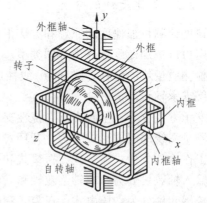

图 4.4　单自由度陀螺仪结构示意图　　图 4.5　二自由度陀螺仪结构示意图

二自由度陀螺仪在惯导平台中使用较多，主要有速率陀螺仪和积分陀螺仪两种。

速率陀螺仪是直接测定运载器角速率的二自由度陀螺装置。它的均衡陀螺仪的外环固定在运载器上并令内环轴垂直于要测量角速率的轴。当运载器连同外环以角速度绕测量轴旋进时，陀螺力矩将迫使内环连同转子一起相对运载器旋进。陀螺仪中有弹簧限制这个相对旋进，而内环的旋进角正比于弹簧的变形量。由平衡时的内环旋进角即可求得陀螺力矩和运载器的角速率。

积分陀螺仪与速率陀螺仪的不同之处只在于用线性阻尼器代替弹簧约束。当运载器作任意变速转动时，积分陀螺仪的输出量是绕测量轴的转角(即角速度的积分)。

4.3.3.2 陀螺仪的基本特性

陀螺仪具有进动性和稳定性两个重要特性。陀螺仪的进动性和稳定定性，可以使陀螺仪的主轴保持在给定的方位上，从而测量运动载体相对于给定方位的角位移和角速度。

陀螺仪具有的保持给定方位并能反映载体角位移或角速度的能力，称为陀螺效应。因为陀螺仪的陀螺效应，使之在各种载体的导航和稳定系统中，成为载体角位移初始信息的传感器。

1. 进动性

陀螺仪最主要的特性就是进动性。陀螺转子轴转动方向与外力矩的作用方向不一致而是与之相垂直的性质称为陀螺仪的进动性。

以下以二自由度陀螺仪为例，介绍进动性。

当陀螺转子高速自转时，其具有动量矩 H，当在内环轴上加外力矩 M 想使之绕内环轴转动时，会发现陀螺仪反而绕着外环轴转动，如图 4.6 所示。反过来，在外环上加外力矩 M 想使陀螺仪绕外环轴转动，可是结果陀螺仪并不是绕着外环轴转动，而是绕着与外环轴垂直的内环轴转动，如图 4.7 所示。这就说明了陀螺仪具有进动性。

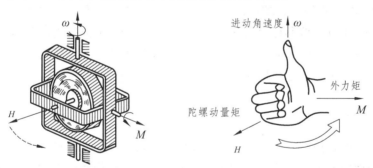

图 4.6　外力矩绕内环轴作用

如图 4.7 所示，进动角速度 ω 的方向可以用右手定则来记忆：伸直右手，大拇指与食指垂直，手指顺着自转轴的方向，手掌朝外力矩的正方向然后手掌与四指弯曲握拳，则大拇指的方向就是进动角速度 ω 的方向。

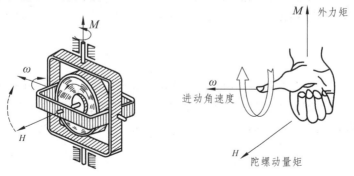

图 4.7　外力矩绕外环轴作用

进动角速度 ω 的大小取决于转子动量矩 H 的大小和外力矩 M 的大小，其计算式为

$$\omega = \frac{M}{H} \tag{4.13}$$

陀螺动量矩 H 等于转子绕自转轴的转动惯量 J_z 与转子自转角速度 Ω 的乘积，因此，上式（4.13）也可写成

$$\omega = \frac{M}{J_z \Omega} \tag{4.14}$$

由上式可以看出，进动角 ω 的大小受到三个因素的影响：外界作用力愈大，其进动角速度也愈大；转子的转动惯量愈大，进动角速度愈小；转子的角速度愈大，进动角速度愈小。

2. 稳定性

稳定性（定轴性）是指陀螺仪具有较强的抗干扰能力。二自由度陀螺仪的转子绕自转轴高速旋转时具有动量矩 H，若不受外力矩的作用，自转轴能相对某一参考坐标系（如惯性空间）保持方向不变，该特性称为陀螺仪的定轴性又叫稳定性。

实际航空器上工作的陀螺仪，不受任何外力矩作用的情况是不存在的。由于结构和工艺不尽完善，总是不可避免地存在干扰力矩，如框架轴上支承的摩擦，陀螺组件的质量不平衡力矩等，都是作用在陀螺仪上的干扰力矩。

在干扰力矩 M_d 的作用下，陀螺仪将产生进动，使自转轴在惯性空间中逐渐偏离原来的方位，陀螺仪的这种方位偏移称为漂移。在干扰力矩作用下的陀螺进动角速度即为漂移角速度，进动的方向即为漂移的方向。陀螺仪的漂移，是影响惯导系统精度的主要因素之一。

根据前面的知识可知，漂移角速度为

$$\omega_d = \frac{M_d}{H} \tag{4.15}$$

虽然在干扰力矩作用下，陀螺仪会产生漂移，但如果动量矩 H 较大，则漂移角速度就很小，自转轴在惯性空间中的方位改变就非常缓慢，这也是陀螺稳定性的又一重要表现。

可以看出进动性与定轴性存在一定关系，若要使陀螺仪获得较高的定轴性，必须大力减小干扰力矩引起的进动（漂移）。

陀螺仪的漂移是引起机载惯导系统产生误差的主要误差源之一。由于漂移的存在，即便起飞前已经对惯导进行了校准，但随时间的累积，漂移量将逐渐增大。这使得航空器在运行过程中，需要采用其他高精度导航源（如 GPS）对惯导进行定时修正位置更新，以持续获取准确的位置参数。

3. 陀螺力矩

由牛顿第三定律（作用力和反作用力定律）可知，当外界对陀螺仪施加力矩使它进动时，陀螺仪也必然存在反作用力矩，其大小与外力矩的大小相等，方向与外力矩的方向相反，并且作用在给陀螺仪施加力矩的物体上。这种陀螺仪进动产生的反作用力矩，简称为陀螺力矩。

4.3.3.3　惯导系统中的陀螺仪

由于惯导系统是一种精密测量系统,因此在惯导系统中使用的陀螺仪比普通陀螺仪表（如

地平仪、姿态航向参考系统）中的陀螺仪要求更高、条件更苛刻。惯导系统所采用的陀螺仪，具有以下特征：

1）精度高

陀螺仪的精度常用漂移率来表示。漂移率指陀螺正常工作后，其自转轴偏离起始位置的速率。惯导系统要求陀螺的漂移不大于 0.01°/h，即工作 1 h，陀螺转子轴偏离起始位置不大于 0.01°。

2）测量范围大

对速度陀螺仪来说，其测量的最大角速度与最小角速度的比值要大。如捷联惯导系统中，要求最大能测 400°/s，最小能测 0.001°/h，其比值高达 1.4×10^9。而常规陀螺的测量范围要低得多。

目前惯导系统常用的陀螺仪，主要可分为机电陀螺仪和光学陀螺仪两类。其中机电陀螺仪有液浮陀螺仪、挠性陀螺仪、动力调谐式挠性陀螺仪、静电陀螺仪等；光学陀螺仪包括激光陀螺仪和光纤陀螺仪。

1. 液浮陀螺仪

液浮陀螺仪是最先研究成功的一种惯性级陀螺仪，转子用液体悬浮方式支承，代替传统的轴承支承，是惯性技术发展史上的一种代表性陀螺仪。

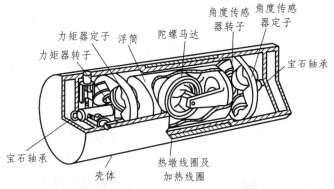

图 4.8　单自由度液浮积分陀螺结构图

2. 动力调谐式挠性陀螺

20 世纪 60 年代动力调谐式挠性陀螺研制成功，典型结构如图 4.9 所示。动力调谐式挠性陀螺属于挠性陀螺仪中的一种，转子采用了挠性方法的支承，是一种双自由度角位置陀螺仪（用于测量角位移）。

动力协调式挠性陀螺仪，具有中等精度、体积小、重量轻、结构简单、成本较低和可靠性高等优点，被广泛应用于航空、航天和航海中。早期民用航空器上使用的 LTN-72 惯导系统中，曾使用该类陀螺仪。

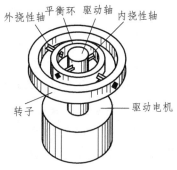

图 4.9　动力调谐挠性陀螺仪

3. 静电陀螺仪

静电陀螺仪是一种典型的转子陀螺仪，属于双自由度角位置陀螺仪（用于测量飞机角位移）。静电陀螺仪在支承结构上用静电支承取代了机械支承。如图 4.10 所示，静电陀螺仪转子做成球形，放置在超高真空的强电场内，由强电场所产生的静电吸力将其支承（悬浮）起来。在工作时，球形转子依靠静电力悬浮在真空电极球腔内高速旋转。

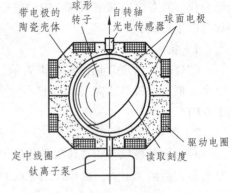

图 4.10　静电陀螺仪原理示意图

静电陀螺仪是一种精度高、结构简单、可靠性高，能承受较大加速度、振动和冲击的惯性级陀螺仪。但由于其需要复杂的超精加工工艺来制造，因此价格最为昂贵，适用于航空、航海、潜艇的惯导系统和导弹制导系统。该型陀螺仪不仅适用于平台式惯导系统，而且特别适用于捷联式惯导系统。

4. 激光陀螺仪

在任意几何形状的闭合光路中，由干涉仪 A 点处的光源产生的光波被光束分离镜分成两束（见图 4.11（a）），一束按顺时针（CW）方向传播，另一束按逆时针（CCW）方向传播。在绕圆环一周后，两束光在最初的光束分离镜处相遇。如果没有旋转，两束光传播路程相等，传播时间相等。

如果干涉仪以恒定角速度 ω 绕垂直于光路的轴线旋转（见图 4.11（b）），两束光返回到光束分离镜的时间则不相等。由于在此时间内，光束分离镜由点 A 移动到点 A′，相对惯性空间顺时针光束比逆时针光束移动距离更长。因此，两束光的传输时间和环路没有旋转时并不一样，且其大小与闭合光路的转动速率成正比，该现象在 1913 年被法国科学家 Sagnac 发现，故被称为萨格耐克效应。

 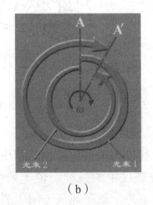

（a）　　　　　　　　　　　（b）

图 4.11　萨格耐克效应示意图

激光陀螺仪（见图 4.12）是基于萨格耐克效应发展起来的一种光学陀螺仪，如上所述，它的原理是利用光程差来测量旋转角速度。

激光陀螺的基本元器件有环形激光器，全反射镜，半透半反射镜。其中，环形激光器由三角形或正方形的石英制成的闭合光路组成，内有一个或几个装有混合气体（氦氖气体）的管子、两个不透明的反射镜和一个半透明镜。用高频电源或直流电源激发混合气体，产生单色激光。

激光陀螺仪的工作原理如图 4.13 所示。因激光陀螺仪采用环形谐振腔，故在腔内产生沿相反方向传播的两束激光，其中一束沿逆时针方向，另一束沿顺时针方向。飞机角速度为零时，整个环形谐振腔不转动，则顺时针、逆时针方向的两束激光光程相等，光差 $L = L_1 - L_2 = 0$。飞机角速度不为零时，若环形谐振腔以角速度 ω 顺时针（正向）转动，则由同一时刻发出的正、反两束光回到原发射点的光程不再相等，顺时针方向光程变长、逆时针方向光程变短，即 $L_1 > L_2$，$L = L_1 - L_2 \neq 0$。通过测量光程差 L 的大小和符号，就可以计算出闭合光路旋转角速度及方向。

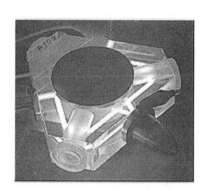

图 4.12　三角环形激光陀螺

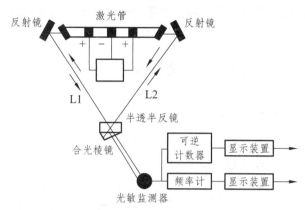

图 4.13　激光陀螺仪工作原理示意图

1975 年激光陀螺仪首次研制成功。由于它具有启动快、结构简单，性能稳定、动态范围宽、可靠性高、不存在机械摩擦、不受重力加速度影响、对加速度与振动不敏感、可直接输出数字量等诸多优点，因而得到了广泛的重视。

激光陀螺没有旋转的转子部件，没有角动量，也不需要方向环框架、框架伺服机构、旋转轴承、导电环、力矩器和角度传感器等活动部件，具有结构简单、工作寿命长、维修方便、可靠性高等优点。在捷联状态工作时，激光陀螺仪在误差源、尺寸、质量、功率和可靠性方面，都表现出明显的优势，使其逐渐成为航空器惯导系统核心的惯性器件。以激光陀螺仪构成的捷联式惯导系统在工程上的应用，是惯性导航技术发展进程中又一个重要的里程碑。

在现代大中型运输机（如波音、空客等），均加装了采用激光陀螺仪的惯导系统，作为航空器主用姿态测量组件、备用导航组件。

5. 光纤陀螺仪

20 世纪 70 年代，低损耗光纤、固态半导体光源和探测器的研发取得了巨大成就，用多匝光纤线圈代替环形激光器，通过多种循环来增强萨格耐克效应具备了物质基础。

光纤陀螺仪是继激光陀螺仪之后发展起来的第二代光学陀螺仪。该型陀螺仪直接继承了萨格耐克干涉仪，通过测量两束等强的激光的相位差来获得载体运动角速度。

与传统的机械陀螺仪相比，光纤陀螺仪具有无运动部件、耐冲击、结构简单、启动时间段、灵敏度高、寿命长等特点。与激光陀螺仪相比，光纤陀螺仪不需要光学镜高精度加工、光腔的严格密封和机械偏置技术，易于制造。

90 年代开始，中低精度的光纤陀螺仪已经商品化，高精度和低成本光纤陀螺仪仍然处于研究之中。低成本的光纤陀螺仪，主要作为角度传感器在汽车导航、机器人等精度要求不高的领域中应用。

4.3.3.4 新型陀螺仪发展概况

随着科学技术的发展，从 20 世纪 90 年代以来，继微米/纳米技术成功应用于大规模集成电路制作后，采用微电子机械加工技术制造的微传感器和微机电系统（MEMS）脱颖而出。在某些应用领域，高精度、高稳定性、微型化的光学和 MEMS 陀螺仪，正逐步取代传统陀螺仪。采用新原理、新技术，发展新型陀螺仪是陀螺技术研究的重要方向，特别是低温物理效应在陀螺研究上的进展使得超高精度陀螺仪的实现成为可能。

4.4 平台式惯导系统

4.4.1 平台式惯导系统的组成

平台式惯导系统主要由三轴稳定平台、惯性测量元件（陀螺仪和加速度计）、导航计算机及接口、控制器和显示器、各种功能的电子线路和电源组成，如图 4.14 所示。

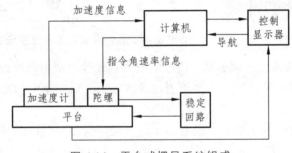

图 4.14 平台式惯导系统组成

1. 加速度计

加速度计用于测量航空器运动的加速度，一般由三个加速度计完成三个方向的测量。

2. 稳定平台

稳定平台由陀螺仪及稳定回路进行稳定，模拟一个导航坐标系，为加速度计提供一个准确的安装基准和测量基准，以保证不管载体姿态发生多大变化，平台相对于惯性参考坐标系的方向始终保持不变，即三个加速度计的空间指向是不变的；从平台环架轴上器（或称角传感器）可获取载体的姿态信息。

3. 导航计算机

导航计算机主要进行积分、相加、乘除和三角函数等数学计算。为了保证平台始终水平和指北，使平台坐标系能够模拟所选定的导航坐标系，需要不断向陀螺施加用于修正平台位置的指令信号，使平台能够按照指令角速率随航空器运动和地球自转转动。

4. 控制显示器

控制显示器向计算机输入航空器初始运动参数和位置参数，显示飞行过程中的导航参数等。

4.4.2 陀螺稳定平台

平台式惯导系统的核心是一个陀螺稳定平台。以陀螺为敏感元件，能隔离基座的角运动，并能使被控对象按照指令旋转的控制系统称为陀螺稳定平台。

陀螺稳定平台的漂移角速度是影响惯导系统位置、速度和方位误差的主要因素。产生平台漂移的原因有很多，其中最重要的因素是陀螺的漂移。另外，陀螺在平台上的安装误差、计算机与平台的衔接程度、外界的干扰等都会引起平台的漂移。

4.4.2.1 陀螺稳定平台的功能

陀螺稳定平台有两个基本功能：即稳定功能和跟踪功能。稳定功能确保在有外界干扰时，稳定平台能自动产生卸荷力矩对消摩擦力矩，同时能产生适当的反旋转对消被基座带动的强制旋转。跟踪功能即产生跟踪指令，使平台按要求的角速度旋转，确保平台的坐标轴指向要求的方位。

4.4.2.2 陀螺稳定平台的舒勒调整

舒勒调谐在地表运动载体惯导系统中具有重要的作用。在近地惯导系统中，平台必须精确跟踪当地水平面，以便精确测定三个轴向的加速度。想要使平台精确跟踪当地水平面，必须使平台不受加速度的干扰，平台的水平控制回路必须满足舒勒调谐条件。

对于一个单通道的惯导系统，平台水平控制回路的舒勒调谐条件为：

$$\frac{k_a k_u k_s}{H} = 1 \qquad (4.16)$$

在惯导系统的实际设计应用中，可以通过调整由加速度计、积分器和陀螺仪组成的平台的水平控制回路的特性及参数，使得平台系统满足舒勒调谐条件。这样，即使运动载体沿同一经线等高度运动时，平台不会因加速度的干扰而偏离当地水平面，以便惯导系统能正常工作。

4.4.3 平台式惯导系统的分类

按照所选定的导航坐标系的不同，平台式惯导系统可分为指北方位惯导系统和自由方位惯导系统。

不同方案的平台式惯导系统，其组成结构是相似的，区别主要在于选用的导航坐标系不同，因而导航参数与指令角速率的计算过程不同，即力学方程不同。当然，对元器件的要求也是不同的。

4.4.4 指北方位惯导系统

这种系统在工作时，ox_p、oy_p 分别指向地理东向和北向，即平台模拟航空器所处位置当地地理坐标系 $ox_t y_t z_t$。

指北方位惯导系统是平台式惯导中最基本的类型。该型惯导系统采用三个单自由度陀螺仪（或两个二自由度陀螺仪）及框架系统构成三轴稳定平台，平台上安装有两个敏感轴互相垂直的加速度计。稳定平台保持水平且固定指北，平台模拟当地地理坐标系，导航参数基于地理坐标系。

4.4.4.1 平台跟踪

指北方位惯导系统跟踪的是航空器所处位置的当地地理坐标系。若不对平台的三个陀螺施加控制力矩，平台的三根轴将相对惯性空间保持稳定，平台处于几何稳定状态，由于地球是一个绕地轴自转的椭球体,在地球表面运动的航空器将无法跟踪地理坐标系及当地水平面。为了使平台坐标系跟踪地理坐标系及当地水平面，惯导系统要给平台上的陀螺施加相应的指令信号令平台做相应转动。

对于在地球表面附近运动的航空器，为了使平台坐标系 $ox_p y_p z_p$ 跟踪当地地理坐标系，平台坐标系相对惯性空间也应当有一个指令转动角速度 $\boldsymbol{\omega}_{\mathrm{ip}}^p$ ，且：

$$\boldsymbol{\omega}_{\mathrm{ip}}^p = \boldsymbol{\omega}_{\mathrm{it}}^t = \begin{bmatrix} -\dfrac{v_{\mathrm{ety}}^t}{R_{\mathrm{yt}}} \\[3mm] \omega_{\mathrm{ie}} \cos L + \dfrac{v_{\mathrm{etx}}^t}{R_{\mathrm{xt}}} \\[3mm] \omega_{\mathrm{ie}} \sin L + \dfrac{v_{\mathrm{etx}}^t}{R_{\mathrm{xt}}} \tan L \end{bmatrix} \tag{4.17}$$

式中， v_{etx}^t 和 v_{ety}^t 是载体速度 v_{et} 在 ox 及 oy 方向的分量。 R_{yt} 为当地子午圈曲率半径， R_{xt} 为当地卯酉圈曲率半径。

使航空器惯性平台跟踪地理坐标系时，必须在惯导系统初始化时对本地进行水平校准与方位校准，使平台坐标系的三根轴与当地地理坐标系的三根轴重合，这一步骤称为惯导平台的初始校准。

完成初始校准后，在平台保持稳定的基础上，按照上式向平台三个稳定回路中的陀螺仪力矩器施加适当的指令电流对平台进行修正，平台就可以保持水平指北，用以测定航空器的三维姿态变化。

4.4.4.2 导航参数解算

在指北方位惯导系统中，如果惯导系统完成初始校准后，利用比力方程，可获取航空器在东、北、天三个方向的线加速度，通过积分则可以得到三个方向的速度和位移，在给定初始条件后则可以获得导航所需要的速度和位置。如果积分时给定的初始值是基于 WGS-84 坐标系，通过计算则可以得到 WGS-84 下的纬度、经度和高度信息。但是，由于惯导系统的测高精度相对较差，航空器飞行运行时通常只使用纬度和经度作为导航参考值，通常不直接使用高度信息。

此外，由于平台坐标系模拟了当地地理坐标系，故从平台框架上角度传感器就可以直接获得飞机相对机体坐标系的航向、俯仰和坡度三个姿态参数信息。

4.4.4.3 指北方位惯导系统的优缺点

指北方位惯导系统的主要优点体现为计算量小、参数解算方便。由于平台模拟当地的地理坐标系，所以航向角、俯仰角及坡度角可从平台环架轴上直接读取，各导航参数间的关系比较简单，导航解算方程简洁，计算量较小，对计算机要求较低。

指北方位惯导系统的主要缺点是不适于高纬地区工作。当飞机在纬度 70°至 90°高纬度区域内飞行时，在计算过程中纬度的正切（$\tan\varphi$）运算值会随着 φ 的增加而急剧增加，导致施加在平台 Z 轴方向的方位陀螺上的指令角速度也变得非常大，因此要求陀螺力矩器接受很大的指令力矩，使稳定回路的设计制造变得困难。

由此可见，水平方位指北方位平台惯导系统，难以满足航空器全球导航的要求，因此只适用于中、低纬度地区的导航。

4.4.5　自由方位系统与游动方位系统

在系统工作中，平台 ox_p 轴不跟踪地理北，而是与北存在某个 $\alpha(t)$ 夹角有关，该夹角称为自由方位角。由于 $\alpha(t)$ 可以有多种变化规律，因此分为自由方位和游动方位两种类型。

自由方位惯导系统和游动方位惯导系统两种方案，是为了在不改变平台等硬件的前提下，克服指北方位惯导系统存在的问题而设计的。

4.4.5.1　自由方位惯导系统

自由方位惯导系统，通常采用水平的导航坐标系 ox_p 和 oy_p 始终处于当地水平面内，但 oy_p 在方位上指向惯性空间的某一方向而非真北，oz_p 指向天顶。自由方位惯导系统在工作过程中，对方位陀螺 G_z 不加任何指令信号，而只是保持平台绕 oz_p 轴处于几何稳定状态（当地水平面）。

不难想象，如果按照自由方位惯导系统方案，在一开始平台坐标系 $ox_py_pz_p$ 是校准了地理坐标系 $ox_ty_tz_t$ 的，但在飞机飞行过程中，由于地球的自转和飞机的地速，会使平台的 oy_p 轴不断偏离 oy_t 轴（ox_p 轴同样偏离 ox_t 轴），该偏离的夹角称为自由方位角。

由于自由方位惯导系统不对方位陀螺 G_z 施矩，平台绕 oz_p 轴也没有控制跟踪的角速度，因而可以避免指北方位惯导系统在高纬度地区飞行时遇到的问题。

与指北方位惯导系统相比，自由方位惯导系统对计算机的计算量、计算速度及精度的要求都要高得多。

4.4.5.2　游动方位系统

游动方位系统的平台坐标系仍为当地水平坐标系。与自由方位系统的区别在于，对方位陀螺 G_z 施加有限的指令信号，令平台绕 oz_p 轴只跟踪地球本身的转动，而不跟踪由飞机地速引起的当地地理坐标系的转动。

可以看出，这种方案的平台方位既不指北，相对惯性空间也不稳定，它的方位以 $\omega_{ie}\sin\varphi$ 进动，飞机在飞行过程中方位没有确定指向，似乎在游动。oy_p 轴与地理系 oy_t 轴之间的夹角 α 称为游动方位角。

游动方位惯导系统虽然在陀螺 G_z 上加有指令信号，但由于指令角速度很小，因此不会发生指北方位系统在高纬度区域航行时所遇到的问题，即仍保持了自由方位系统的优点，但计算量又比自由方位惯导系统小。因此，部分航空器上采用游动方位惯导系统，如曾经普遍使用的 LTN-72R 系统就是游动方位惯导系统，在 B747 型等航空器上曾经使用，因此 B747 型飞机可满足高纬及极区飞行的需要。

4.5 捷联式惯导系统

在前面所讲的平台式惯导系统中，惯导平台是系统结构重要的组成部分，它的体积和质量约占整个系统的一半，安装在平台上的陀螺和加速度计只占平台重量的 1/7 左右。平台结构复杂、加工难度大、制造成本高、故障率高，使惯导系统工作的可靠性受到影响。

捷联式惯导系统用计算机构建"数字平台"取代物理平台，由于其具有的独特优势，加之计算机技术的迅速发展和广泛应用，逐渐得到了广泛的应用和推广。

4.5.1 捷联式惯导系统的组成及原理

捷联惯导系统（SINS）将惯性敏感元件（陀螺仪和加速度计）直接固连在航空器上，通常由三个速率陀螺、三个线加速度计和微型计算机组成。

从结构上说，捷联式惯导系统与平台式惯导系统的最大区别在于，捷联式惯导系统没有实体的惯导物理平台，而是由导航计算机来构建数学平台，完成物理平台的功能。捷联式惯导系统的工作原理如图 4.15 所示。

加速度计和陀螺仪直接安装在航空器上，测量航空器各轴的惯性加速度和绕各轴的转动加速度。其输出信息经过误差补偿处理，生成所需要的测量值，通过计算后获得航空器导航和姿态等参数。

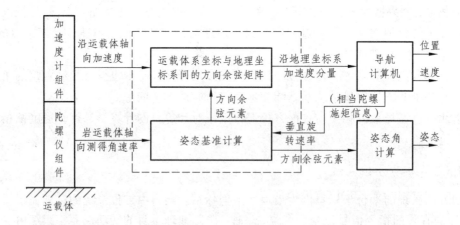

图 4.15　捷联式惯导系统基本工作原理

图 4.15 中虚线框部分为数学平台功能模块。在捷联式惯导系统中，利用导航计算机完成实体平台的功能，在系统工作过程中，计算机可以实时计算姿态矩阵，进行机体坐标系到导航坐标系的坐标转换。进行计算和变换的数学平台中的姿态矩阵，是随时间的变化而不断变化的。

捷联式惯导系统需要实时求取姿态矩阵，以便提取航空器姿态角（航向角、俯仰角、坡度角）以及变换比力。

4.5.2　捷联式惯导系统的特点

捷联式惯导系统和平台式惯导系统一样，能精确提供航空器的姿态及导航参数。在捷联惯导系统中，由于用数学平台代替了物理平台，因此它具有以下独特特点：

（1）体积小、重量轻、成本低。

（2）能在恶劣环境下工作，捷联式惯导系统要求惯性元件不仅能够在振动、冲击、温度变化范围大等条件下精确工作，而且要求惯性元件的参数和性能都非常稳定、可靠。

（3）载体角运动引起的惯性元件动态误差是捷联式惯导系统导航参数误差的重要误差源，必须采取有效措施进行补偿。

（4）捷联式惯导系统的数学平台要求高性能计算机支持。

（5）捷联式惯导系统易于应用余度技术将多个元件组成余度惯性组件，从而提高了捷联式惯导系统的可靠性和精度。

（6）捷联式惯导系统提供的信息全部是数字信息，特别适用于数字飞行控制系统。

（7）捷联式惯导系统的初始校准过程简单，且校准时间短，一般不超过 10 min。

（8）系统维护、维修简单，维护费用低。

（9）捷联式惯导系统的平均故障间隔时间（MTBF）比平台式系统长，可靠性高。

4.5.3　导航计算

捷联式惯导系统导航计算，包括将加速度计和陀螺的输出变换到导航坐标系，计算出飞行器的速度、位置等导航参数。

1. 瞬时地理位置计算

航空器坐标系为机体坐标系，其瞬时水平位置用经度 L、纬度 λ 表示。注意，在计算过程中，需要将惯导组件直接测定的地球坐标系参数转换为地理坐标参数。

2. 姿态角计算

航空器姿态角变化，是指载体坐标系相对当地地理坐标系之间的三维姿态变化，载体的俯仰角 θ、坡度角 γ 和航向角 ψ 可分别由姿态矩阵求得。

3. 载体地速计算

载体地速的计算方法和平台式惯导系统的计算方法相同，都是通过求解比力方程计算。

4.5.4　惯性基准系统

自 20 世纪 80 年代以来，民航大中型运输飞机，如 B737 系列、A320 系列等几乎都安装了惯性基准系统（IRS），惯性基准系统（IRS）是一种采用了激光陀螺的捷联式惯导系统。

4.5.4.1　惯性基准系统组成

现代大中型运输机上加装的惯性基准系统，通常由惯性敏感元件、导航计算机、控制显示器、电源及必要的附件等组成。

1. 惯性敏感元件

惯性敏感元件包括加速度计和陀螺仪，在载体的三个轴分别安装三个线加速度计，用于测量每个轴向的线加速度；在三个轴上安装三个陀螺仪，测量三个轴向的角度变化率（角加速度）。

2. 导航计算机

在 IRS 中，将加速度计所测定的线运动参数、陀螺仪所测定的角运动参数以及初始条件一起送入导航计算机，可实时计算出航空器导航参数和姿态参数，供航空器导航、飞行指引和飞行操控使用。

3. 控制显示器

控制显示器用于各种导航参数的控制和显示，包括：

（1）校准状态显示或者完成导航准备的灯光显示。

（2）航向姿态信息显示。

（3）以准确的坐标表示飞机的现在位置。

（4）相对于目的地机场或者航路点位置的信息。

（5）为进入与保持预定航迹和为确定偏离预定航迹的偏差所需要的信息。

（6）为确定到达下一航路点或者目的地机场的距离和时间所需要的信息等。

4. 电源及必要的附件

大中型运输机上加装惯性基准系统时必须加装备用电池，电池直流供电通常要求能维持足够的时间。

CCAR-121-R4 附件 I 规定，当安装的惯性导航系统没有存储器或者其他飞行中校准手段时，应当有一单独电源（与主推进系统无关），至少能提供足够的电力（根据分析证明或者在飞机上演示）维持惯性导航系统 5 min，以便在电源恢复正常供电时能恢复其全部能力。

4.5.4.2 惯性基准系统功能

IRS 在航空器的作用主要体现在两个方面：

（1）IRS 是飞行管理系统（FMS）重要的自主导航传感器之一，能够为飞行管理系统、自动飞行系统和其他系统提供导航参数及姿态参数。

同时，对于部分航空器，IRS 是大气数据惯性基准系统（ADIRS）的组成部分。机载大气数据计算机（ADC）向 IRS 输入气压高度、升降速度和真空速等，ADIRS 可以获得实时风向/风速、偏流角参数。

（2）与航空器其他控制系统配合，完成对航空器的人工或自动控制。

在现代大中型运输机上，一般加装 2 或 3 套 IRS，如 B737NG 典型配置为 2 套，而 A320 系列典型配置为 3 套。

以部分 B737NG 构型为例，惯导系统的主要部件包括惯性基准组件（IRU）、惯导系统显示组件（ISDU）、IRS 方式选择组件（MSU）和 IRS 转换开关等。

IRU 是 IRS 的重要组件。IRU 内装有激光陀螺和加速度计，安装在电气电子设备舱里。MSU 和 ISDU 连在一起装在驾驶舱头顶板上，飞行员可以通过 MSU 选择 IRS 的工作方式。

MSU 工作方式包括：导航（NAV）、姿态参考（ATT）、校准（ALIGN）和关闭（OFF），如图 4.16 所示。

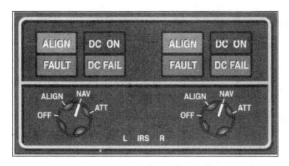

图 4.16　B737 MSU

MSU 上的信号灯显示系统工作状态，在 IRS 校准过程中，亮 ALIGN 灯，灯灭表示校准完成。当仅由机载电瓶供电时，ON DC 灯亮，此时电瓶仅能继续向 IRU 供电。电瓶失效时，DC FAIL 灯会亮。当自检/监控系统探测到系统有故障时，灯亮。

ISDU 上设置左右显示窗、字母数字键盘、显示选择旋钮等。在 ISDU 上可选择显示测试状态、航迹/地速、位置、风、航向等，如图 4.17 所示。

图 4.17　B737 ISDU

IRS 在飞机起飞前必须校准，校准完毕后即可进入正常导航状态。

4.6　惯导系统的初始校准

惯导系统在正常使用前必须进行初始化。

初始化内容有两项：一是给定初始速度和初始位置，进行惯导平台的初始校准；二是对陀螺仪进行测漂和定标。在陀螺性能稳定的情况下，第二项任务不一定每次启动都要进行，但所有的惯导系统在正式工作之前，必须进行第一项任务，即初始校准。

4.6.1　初始校准的类别

校准可以分为不同的种类：

（1）按校准的阶段，分为粗校准和精校准两个阶段。

（2）按校准的轴系，分为水平校准和方位校准。

（3）按基座的运动状态，可分为静基座校准和动基座校准。静基座校准是指飞机处于静止状态的校准，动基座校准是指飞机处于运动状态的校准。

（4）按校准时对外界信息的需求，分为受控校准和自主校准两种。受控校准需要引入外部参考基准，自主校准是利用惯导系统自身的惯性器件（加速度计、陀螺仪）能敏感地球重力加速度和地球自转角速度的特点，组成闭环回路，达到自动调平和寻北的目的。

4.6.2 初始校准的任务

初始对准的任务主要分为两个方面：

（1）为惯导系统进入正常工作提供飞机的初始位置、速度等初始参数。

由惯导系统的基本原理可知，飞机的位置和速度等导航信息是通过测得的飞机加速度信息经过二次和一次积分得到的。进行初始对准可以为导航计算机正式工作提供精确的初始条件。

在静基座条件下，初始速度为零，初始位置就是飞机停靠位置的经度和纬度。动基座下的初始位置、初始速度只能由外界提供。

（2）惯导平台的初始对准。

在惯导系统进入导航之前，要把平台调整到与导航坐标系重合。

惯导平台（实体平台和数学平台）是测量飞机加速度和角速度信息的基准，而且平台必须精确校准并跟踪导航坐标系。在测量飞机加速度时，只有精确跟踪导航坐标系的惯导系统，才可以避免由于平台误差引起的加速度计的测量误差。

影响初始校准精度的因素主要有陀螺仪漂移误差，陀螺漂移可以通过一定的方法进行测量。为补偿陀螺漂移、提高系统精度，通常在精校准过程中，测定陀螺漂移并对陀螺仪力矩器的力矩系数进行标定，以便在精校准和平台指令角速率中进行补偿。一般情况下，平台的初始校准和陀螺测漂是相伴进行的。

4.6.3 惯导平台的初始校准

如前所述，在导航系统初始校准的两个任务中，初始条件的获取是比较简单的，而惯导平台的初始校准是一个相对比较复杂且需要惯导系统自动完成的过程。

4.6.3.1 平台式惯导系统物理平台的自主校准

平台式惯导系统平台的初始校准，是利用水平加速度计的输出作为修正信息，经过适当加权和滤波处理后加至陀螺，通过陀螺控制平台旋转，消除平台坐标系与导航坐标系之间的失准角。

平台式惯导系统平台的自主校准过程分为粗校准和精校准两个阶段。这样可以令平台的校准既快捷，精度又高。

在平台式惯导系统中，实体平台通常先进行水平粗校准，然后同时进行平台的水平精校准和方位校准。

粗校准阶段要求直接利用加速度计和陀螺仪的信号控制平台，尽快将平台调整到某一精度范围。在这样一阶段，快速性是主要指标（一般要求几分钟内完成粗校准）。

精校准在粗校准的基础上进行，在这一阶段，通过处理惯性仪表的输出信号，精确计算初始姿态变换矩阵，达到系统校准的精度要求。因而，精度是这一阶段的主要指标（一般要求水平误差角不超过10″，方位误差角在2′至5′之间）。精校准结束时，平台精度即为系统进入导航状态的平台初始精度，平台式惯导系统的导航精度将直接取决于初始校准精度。

4.6.3.2 捷联式惯导系统数学平台的自主校准

对于捷联式惯导系统，虽然没有一个机械的实体平台，但是捷联惯导系统是利用陀螺和加速度计的信息，在满足环境条件和时间限制的情况下，经过滤波处理，通过计算机以一定的精度给出从机体坐标系到导航坐标系的姿态变换矩阵，从而实现数学平台与导航坐标系的重合。

捷联式惯导系统的数学平台，通常将水平校准与方位校准同时进行。

对于捷联式惯导系统，自主校准也分粗校准和精校准两步。

在粗校准阶段，依靠重力加速度 g 矢量和地球自转角速度 ω 矢量的测量值，直接估算从机体坐标系到导航坐标系的变换矩阵。

在精校准阶段，可通过处理惯性仪表的输出信息，利用计算机精确计算导航坐标系和真实导航坐标系之间的小失准角，建立准确的初始变换矩阵。

4.6.4 初始校准的时间

校准时间是衡量惯导系统工作性能的一个重要指标。目前平台式惯导系统的正常校准时间一般在 10～15 min，而捷联式惯导系统的正常校准时间一般不会超过 10 min。

惯导系统的初始校准需要一定时间，特别是在寒冷的冬季，惯导系统的校准时间会更长一些。这是因为惯性传感器陀螺、加速度计等达到稳定的工作状态需要恒定温度，而寒冷的季节这些惯性传感器需要更长的时间才能达到稳定的工作状态。

为了获取最快的校准时间，惯导系统可以进行快速校准或存储航向校准，这些校准耗时较少，但是校准之后的导航精度要低一些。因此当使用需求不迫切时，惯导系统应该进行完全校准以获取最佳导航精度。

4.6.5 机载 IRS 初始校准

IRS 在进入导航方式之前，必须要进行初始校准。以下我们以 A320 为例，简单介绍 IRS 的校准过程。

4.6.5.1 初始位置的获取

要完成一次校准，最重要的一项工作就是向 IRS 输入飞机初始位置，只有输入了飞机的初始位置，IRS 的校准才能够顺利完成。

根据不同情况，IRS 所使用的输入初始位置不同，通常可通过以下四种途径获得：

（1）人工输入登机门位置：可通过停机位处坐标指示牌、停机位图获得登机门坐标，并由飞行员人工输入数据。

（2）人工引入机载导航数据库中存储的登机门参考位置。

（3）人工引入上一次机载导航系统关闭电源前计算的、并存储在 FMC 中的最后位置（Last Positon）。

（4）人工输入或引入使用机场基准点（ARP）位置，该位置与停机位之间可能存在较大的差异。

需要注意的是，在位置初始化操作过程中，切忌输入误差较大的经纬度。如果初始化坐标错误，将会影响后续导航定位的精确性；如果初始化位置偏差过大，甚至会导致惯导系统校准工作无法完成或校准失败。

有 FMC 的大中型运输航空器，校准过程及位置初始化通常可以使用 MCDU 相关页面操作来配合完成。

4.6.5.2 IRS 校准

在校准过程中，系统寻找飞机所在处的地垂线，并确定当地的真北方位，从而获得飞机的初始姿态和初始方位信息。惯性基准系统通常有两种校准方式：完全校准和快速校准。以下仍以 A320 为例，介绍校准的过程。

1. 完全校准

在每天首次飞行前，或 GPS 不可用时，预计有长航段在导航设施覆盖较差的空域时，应执行完全校准。

航空器停在地面通电后，将 MSU 开关从 OFF 转至 NAV 时，正常校准开始。IRS 进行一次短暂的电源测试（约 5 s）。在测试期间，ON DC 灯亮，当 ON DC 灯灭和 ALIGN 灯亮时，测试完成，校准过程开始，此时应输入飞机当前初始位置。同时，ADR 提供的计算空速（CAS）、垂直速度（V/S）和气压高度（ALT）数据在正、副飞行员位主飞行显示器（PFD）上显示。

根据飞机所处的不同纬度，校准时间短至 5 min，长至 17 min。整个完全校准过程主要分为三个阶段：

1）水平粗校准

正常校准的前 30 s 为水平粗校准阶段，主要利用加速度计测量飞机的姿态角，即俯仰角和坡度。利用纵向加速度计测量飞机的俯仰角，利用横向加速度计测量飞机的坡度。

2）陀螺-罗盘（或方位角）处理及水平精校准

此阶段耗时较长，约为 10 min。主要用于测量航空器的真航向角，并使用地球自转角速度的垂直分量计算出航空器所处位置的纬度。

3）输入位置数据处理

正常校准约 5 min 后，真航向角被测定出来，在惯导存储器中保存着北纬 82° 至南纬 82° 之间的磁差。根据飞机当前所处当前位置和真航向，可综合确定磁航向。

如果此时已输入航空器有效初始位置，则机长和副驾驶位的 PFD、ND 上航向旗消失，航向标尺和航向指示符出现。系统接收到有效初始位置后，内部软件即执行机内自测试，用以检查输入初始位置与上次断电时记录的最后位置偏差是否过大。

如果上述三项测试均能通过，则人工输入的初始位置被系统接受，系统开始自校准。约 10 min 后校准结束，ALIGN 灯灭，系统进入导航工作方式。

2. 快速校准

在进行了一次完全校准后，如果航空器执行完一个航班后，还要继续执行飞行任务，或者当机场流量控制导致航空器停留原地等待较长时间导致剩余地速大于 5 kt，在航空器停靠状态下可执行快速校准，以消除惯导系统的积累误差，为后续航段飞行提供更优导航性能。

快速校准通常耗时 30 s 左右。

在快速校准中，所有的计算速度被置零，并使用上 次导航方式中飞机有效的姿态和航向数据进行精调。通过快速校准即可在很短时间内消除误差，这样机组不必重新进行耗时较长的正常完全校准。

3. 校准过程注意事项

（1）惯导系统必须持续供电。

（2）禁止移动航空位置，但加油、上旅客及货物等对自校准无多大影响。

（3）发动机启动或工作期间禁止校准。

（4）初始位置必须在校准期间 10 min 以内输入。

（5）输入初始位置与关机存储位置误差必须小于 1°（纬度或经度），否则校准失败。

4.6.5.3　IRS 校准失去

如果 IRS 失去了交流和直流供电，将会丧失校准功能。如果 MSU 开关从 NAV 位置移开，校准也会丧失。如果飞行中失去校准，在后续飞行过程中，导航方式（包括当前位置及地速输出信号）是无效的。

如果飞行过程中选择姿态参考（ATT）方式，则可用姿态方式来再校准系统并提供姿态参考，大约需要以直线和水平方式匀速飞行 30 s 后姿态方式才能实现再校准。在加速过程中可能会出现一些姿态误差，但在加速停止后，姿态误差将慢慢消除。

4.7　惯导系统的误差

惯导系统误差主要表现在导航定位输出结果存在误差，包括水平位置、高度、地速、升降速度、航向姿态误差等。

前面在分析惯导系统的工作原理时，把它看成是一个理想系统，实际上惯导系统无论在元部件特性、结构安装、导航解算或其他环节中都不可避免地存在误差。

4.7.1　误差源的分类

惯导系统的误差源可以分为确定性和随机性两类。两类误差源引起的系统误差特性是不同的。

确定性误差源主要包括：陀螺仪和加速度计的安装误差、初始条件误差、标度误差和系统的计算误差等。确定性误差源可以通过补偿方法进行消除。

补偿了确定性的误差之后，随机误差源就成为影响系统精度的主要误差源。在随机性误差源的作用下，系统的惯导系统误差是随时间增大的。

系统的随机误差源也有很多，其中主要的是陀螺漂移和加速度计的零位偏置误差。

4.7.2　误差源的种类

无论平台式惯导系统还是捷联式惯导系统，误差源可分为以下种类。

1. 元件误差

元件误差主要有陀螺的漂移、指令速率的标度因数误差、加速度的零位偏置和标度因数误差、计算机的舍入误差、电流变换装置的误差等。

2. 初始条件误差

惯导系统本质上是靠推算定位的，因此工作前必须输入初始参数，如速度、位置等，另外，在系统工作前，惯导平台要进行初始校准，初始参数的误差和平台初始校准误差都会造成系统的输出误差。

3. 载体运动干扰

载体运动干扰主要是由载机冲击和振动对惯性平台造成的干扰。例如由于惯导平台修正回路不能完全满足舒拉调谐条件，或工作在阻尼状态，载体的加速度对系统会产生干扰误差。

4. 其他误差

如地球曲率半径的描述误差、有害加速度补偿忽略二阶小量引起的误差等，都将引起惯导系统导航输出误差。

4.8 组合式惯导系统

4.8.1 概述

组合导航是指将两种或两种以上不同导航组件以恰当的方式综合在一起，实现性能优势互补，以获得比单一导航系统更优的性能。

从惯性导航的工作原理和误差特性来看，惯导系统虽然是自主导航系统，但其主要缺点是导航定位误差随时间而积累。解决这一问题的途径有两个，一是提高惯导系统本身的精度，另一个途径是采用组合导航技术。

实践证明，组合导航是一种提高导航性能的有效途径。组合导航技术也是目前导航技术发展的重要方向。

4.8.2 GPS/INS 组合导航

GPS/INS 组合是一种典型的组合导航方式，可将两种导航系统优势互补，提供更优的导航性能，应用领域也更广。

由于 GPS/INS 组合导航系统具有诸多优势，因此目前已在包括民用航空在内的诸多应用领域推广使用。

4.8.2.1 GPS/INS 组合优点

将 INS 与 GPS 相组合具有以下优点。

1. 提高导航性能

GPS/INS 组合后，不但可以解决 INS 存在积累误差的问题，还可以解决 GPS 信号遮蔽及完好性不足的问题，导航精度、完好性、连续性和可用性均得到有效提高。

2. 提升导航系统抗干扰能力

在信噪比过高时将无法跟踪 GPS 信号，或当卫星系统接收机出现故障时，GPS/INS 组合可以利用惯导系统持续提供导航服务，提升了导航系统的抗干扰能力。

3. INS 可以辅助 GPS 信号捕获和跟踪

在失去 GPS 信号并重捕获 GPS 信号时，INS 的导航解算信息可以作为辅助信息，辅助 GPS 对信号进行快速捕获以及跟踪。

4. 解决 GPS 导航结果输出率低的问题

INS 工作原理决定了该系统具有高频率导航输出结果，与之相反，GPS 工作原理决定了其导航结果输出率低，GPS/INS 组合后可以采用相关技术，使系统的导航输出结果兼具高频率和高性能的特点。

5. 降低了对惯导系统的要求

在组合导航中，可以采用一种相对低成本、低性能的惯导组件与低成本 GPS 组件，实现高性能导航服务。

6. 用途更广

GPS/INS 组合，不仅可用于航空、航天和航海，还可以用于陆基车辆导航、载体姿态测量等领域，可以在高楼林立的城市街道、甚至是地下室提供导航服务。

4.8.3.2 GPS/INS 组合架构

GPS/INS 的组合导航方案，可根据不同的任务采用不同的组合架构，其相应的算法也会有所不同。

目前已经研制了多种不同的 GPS 与 INS 组合结构，下面介绍一些正在使用或正在研究的 GPS/INS 组合结构，主要有以下四种方式：

（1）非耦合方式。在该方式下，GPS 估计位置只简单地用于对 INS 位置更新。

（2）松耦合方式。在该方式下，GPS 和 INS 的位置和速度估值进行比较，并用得到的差值进行综合处理。

（3）紧耦合方式。在该方式下，GPS 的伪距测量值和伪距率测量值与惯导系统输出估值进行融合处理。

（4）超紧耦合方式：该系统将 GPS 跟踪信号与 INS 测量信号高度融合，形成单一算法进行处理。

由于超紧耦合方式目前仍处于研究之中，还没有硬件实现，因此主要介绍前三种组合方式。

1. 非耦合方式

非耦合方式的特点是基于 GPS 和惯导导航功能的独立性。它是在保持 GPS 和 INS 各自独立工作并提供冗余度的同时，获得连个系统各自优点的最简单方法。利用 GPS 的位置估值和速度估值对 INS 进行重新设置，可以减小 INS 的位置估值和速度估值的积累误差。

非耦合方式的原理图如图 4.18 所示。图中可以看出 GPS 接收机和惯导各自产生相互独立的导航值，两者独立工作，信息互不耦合，数据单向流动，没有反馈，组合导航的解由外部组合导航处理器产生。外部处理器可以像一个选择开关那样简单，也可以用卡尔曼滤波器来实现。

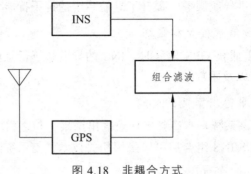

图 4.18　非耦合方式

在工程实现时，可能会把全部的硬设备装在一个实体的（嵌入式）组合单元内，但它在功能上仍然是非耦合的结构。

GPS 与惯导的非耦合组合方式有下列优点：

（1）惯导和 GPS 均可用时，是最易实现、最快捷、最经济的组合方式。

（2）由于有冗余度，对故障有一定的承受能力。

（3）采用简单算法实现的处理器，能在航路导航中提供不低于惯导给出的精度。

2．松耦合方式

该方法可以使 GPS 自主工作，同时对惯导系统提供测量更新。其原理框图如图 4.19 所示，GPS 和惯导输出的位置和速度信息的差值作为量测值，经组合卡尔曼滤波，估计惯导系统的误差，然后利用这些估值对惯导系统进行校正。同时，GPS 还可以产生独立输出。

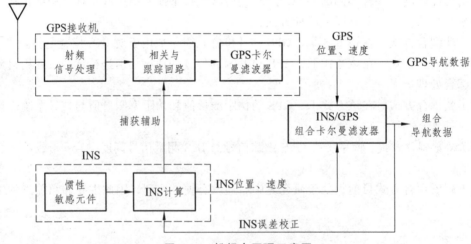

图 4.19　松耦合原理示意图

松耦合方式的主要优点是组合工作比较简单，便于工程实现，其主要特点是 GPS 和惯导仍独立工作，组合作用仅表现在用 GPS 辅助惯导。且由于两个系统仍独立工作，使导航信息有一定余度。任何 INS 和任何 GPS 接收机都可以采用这种方法，因此该方法非常适用于系统改装的情况。

这种组合方式缺点是使用了串联的卡尔曼滤波器（GPS 卡尔曼滤波器的输出用做组合滤波器的测量输入值），而 GPS 的位置和速度误差通常是与时间相关的，特别是 GPS 接收机应用卡尔曼滤波器时更是如此。但是在这种组合方式下，GPS 的误差仅简单设置为测量白噪声，即认为测量误差与时间是不相关的，因此模型的正确性不高。为了解决这一问题，可增加测量更新的时间间隔使测量误差不再相关。

使用松耦合方式还应考虑：GPS 导航数据需要至少来自 4 颗卫星的信号。因此，在"看到"少于上述数目卫星的情况下，不能用 GPS 辅助惯导系统导航。

3. 紧耦合方式

该结构中，GPS 接收机和惯导不是各自独立的导航系统，而是作为传感器使用。其主要特点是 GPS 接收机和 INS 相互辅助。为了更好地实现相互辅助的作用，通常是把 GPS 和 INS 按组合的要求进行一体化设计。用在高动态飞行器上的 GPS/INS 组合系统通常都是采用紧密组合模式。

紧耦合的基本模式是伪距、伪距率的组合。如图 4.20 所示给出了一个简化的伪距、伪距率紧耦合方式的原理示意图。在这种方式中，GPS 卡尔曼滤波器变成组合滤波器的一部分，后者接收 GPS 跟踪回路提供的伪距和伪距率的测量值。这些测量值用于生成误差估值，并用于校正 INS。校正后的 INS 导航数据用于形成组合导航数据，且校正后的 INS 数据和原始 INS 数据都可以用于辅助 GPS 跟踪回路。

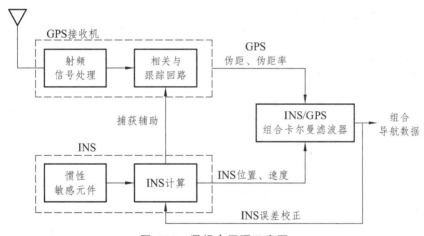

图 4.20　紧耦合原理示意图

采用紧耦合方式后，系统不需要用完整的 GPS 数据来辅助 INS，即使只跟踪到单个卫星信号，GPS 数据也将被输入滤波器。但需注意，此时精度下降很快。

4.8.3　其他惯导组合导航系统

随着科学技术的发展，导航系统的种类越来越多。除了惯导系统和 GPS 导航系统之外，还可以与其他系统组合。以民用航空导航为例，可供装备的机载导航系统还有多普勒导航系统、VOR/DME、罗兰 C、ILS、MLS 等导航系统，利用这些导航系统与惯导系统组合，也可以提高导航系统的精度和可用性。

思考题

1. 简述惯性导航的原理和惯导系统的优缺点。

2. 惯导系统通常由哪几个部分组成，核心部分是什么？

3. 根据有无实体平台，惯导系统可分为哪几种？

4. 什么是方向余弦矩阵，它在惯性导航里的作用是什么？方向余弦矩阵有哪些特点？

5. 陀螺仪是感测哪种的装置，它具有哪两个重要特点？

6. 如何理解陀螺仪的漂移？

7. 激光陀螺仪的基本工作原理是什么？

8. 加速度计是用来测量什么运动的？它的工作原理是以什么为基础的？

9. 指北方位惯导系统的平台模拟的是哪种坐标系？指北方位惯导系统的主要问题是什么？

10. 陀螺稳定平台有哪两个基本功能？

11. 简述惯导系统的误差源的构成。

12. 什么是惯性基准系统（IRS）？

13. 指北方位系统的初始对准包括哪两个过程？

14. 为何在每次飞行前，要对惯导系统进行校准？对于空客飞机，在每天首次飞行，或GPS 不可用，预计有长航段在导航设施覆盖较差的空域时，应执行哪种校准？

15. 目前惯导系统的正常校准时间一般是多久？

16. 捷联惯导系统的最大特点是采用了什么平台？在捷联式惯导系统的初始对准阶段，所完成的工作是什么？

17. 惯导校准过程中，需要注意哪些问题？

18. 什么是组合导航？试列举几种组合导航系统。

第5章　飞行管理系统

5.1　概述

飞行管理系统（FMS）是现代大中型航空器上飞行机组用于制定飞行计划、实施导航管理及性能管理、对航空器实施操控和飞行进程监控等功能的集成化系统。飞行管理系统的使用，贯穿飞行前准备、起飞、离场爬升、巡航、下降进场、进近着陆和地面滑行等各飞行阶段。

飞行管理系统源于20世纪60年代出现的区域导航系统。早期的区域导航系统目的是为了提高民用和军用运输机的区域导航能力，实现航空器水平导航，并符合ARINC582和583区域导航标准。20世纪70年代，为了应对全球出现的石油危机，航空器上开始使用性能管理计算机，将自动驾驶仪和自动油门控制系统耦合，实现航空器燃油及性能管理。

区域导航系统和性能管理系统各有独特功能，但又各有局限性。飞行管理系统是将这两个系统的功能相结合，实现对航空器导航管理、性能管理以及全自动制导。1981年12月试飞的波音767型飞机上，首次安装了FMS。在1982年2月试飞的波音757型飞机上，以及后来包括波音、空客等主流民用航空器上，均加装和使用了FMS。

飞行管理系统可以由航电设备制造商独立研发，也可以由航电设备制造商和飞机制造商合作研发。从1983年4月起，美国航空无线电委员会（RTCA）陆续推出了ARINC700系列标准，代表了航空电子设备向数字化发展的趋势和方向。到80年代，遵循ARINC500标准的模拟航空电子设备逐渐推出运输飞机市场。RTCA先后制定的与FMS相关的ARINC700系列技术标准主要有：

（1）飞行管理计算机系统（FMCS）：ARINC 702。

（2）控制系统：

飞行控制计算机系统（FCCS）：ARINC 701；

推力控制计算机系统（TCCS）：ARINC 703。

（3）电子飞行仪表系统（EFIS）：ARINC 725。

（4）传感器系统：

惯性基准系统（IRS）：ARINC 704；

数字式大气数据系统（DADS）：ARINC 706；

测距仪（DME）：ARINC 709；

甚高频全向信标台（VOR）：ARINC 711；

仪表着陆系统（ILS）：ARINC 710；

微波着陆系统（MLS）：ARINC 729。

目前国际上主流机型的 FMS 主要由 Honeywell、Thales、GE、Rockwell-Collins、Universal 等公司生产。各型航空器在出厂时通常标配有 FMS，用户也可以根据需要选配。如国内 A320 系列机型上，通常加装有 Honeywell 和 Thales 公司生产的 FMS（空客公司称为 FMGS）。

当前新型民用航空运输飞机上的 FMS，已经逐步由第一代（FMS1）过渡到第二代（FMS2），FMS2 具有大容量导航数据库。A320 典型的 FMS1 导航数据库可包含 600 条跑道、2000 个导航台、10000 个航路点的信息；A320 典型的 FMS2 导航数据库可包含 1000 条跑道、10000 个导航台、30000 个航路点的信息。

5.2 FMS 基本组成及功能

现代民用航空大中型运输机上的 FMS 系统，通常由多部计算机、传感器、控制面板、电子仪表系统、电子告警系统、自动飞行或飞行制导系统等组成。FMS 系统的组成模块，可以采用不同的方式来进行划分。各模块的名称，也因航空器和航电制造商的不同而有所不同。

本书中所采用的系统和组件名称，主要参考中国民航局（CAAC）、美国联邦航空局（FAA）、欧洲航空安全局（EASA）、波音公司、空客公司等习惯用语描述。

按照各模块作用和相互关系，通常 FMS 系统可以分为四个组成部分，如图 5.1 所示：

（1）飞行管理计算机系统（FMCS）。

（2）自动飞行系统（AFS）。

（3）传感器（Sensors）。

（4）自动推力（A/T）或推力管理计算机（TMC）。

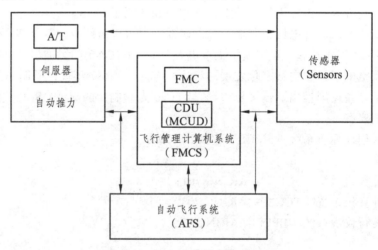

图 5.1　FMS 系统基本组成框图

5.2.1　飞行管理计算机系统

飞行管理系统的核心是飞行管理计算机系统（FMCS）。FMCS 具有大容量导航数据库和性能数据库，能够提供起飞、爬升、巡航、进场、进近着陆等飞行阶段闭环水平制导、最优垂直飞行剖面制导功能，能够实现飞行全程的最优 3D、4D、甚至 4D/T 航迹和性能优化管理。

当飞行管理系统与自动飞行控制系统（AFCS）耦合后，对航空器的操控就显得非常轻松，可以大大降低飞行机组的工作负荷。

飞行管理计算机系统（FMCS）一般由两部分组成，即飞行管理计算机（FMC）和控制显示组件（CDU）。

1. 飞行管理计算机（FMC）

FMC 可以是一个分离式组件，提供飞行管理计算平台以及与其他航空电子设备交联的各种接口，也可以作为一个功能组件集成到一个硬件平台，如集成到综合模块化航空电子(IMA)机柜中。机载导航数据库和性能数据库也纳入 FMC 中，导航数据库向 FMC 提供航路/航线、航路点、导航台、终端区飞行程序、进近程序等；性能数据库向 FMC 和 AFS 提供航空器的飞行性能参数。

2. 控制显示组件（CDU）

CDU 也称为多功能控制显示组件（MCDU），提供数据输入和显示的人/机接口。B737NG和 A320 系类的 FMS 的典型控制显示组件如图 5.2 所示。

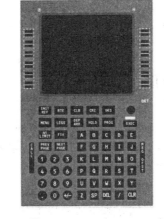

图 5.2　CDU（B737NG）和 MCDU（A320）面板

5.2.2　自动飞行系统

自动飞行系统（AFS）是 FMS 实现自动驾驶、飞行指引系统、高度警戒、速度配平、安定面配平、马赫配平等功能的综合控制系统。不同公司不同型号的飞机，AFS 系统的组成有所不同。

5.2.3　传感器

与 FMS 相关联的传感器(Sensors)包括导航传感器、大气数据计算机/系统、燃油传感器、飞行时钟及其他传感器。

1. 导航传感器

导航传感器包括 ADF、VOR、DME、GNSS、ILS、无线电高度表（RA）等无线电导航接收机或仪表，或 IRS/IRU 组件，MMR（GPS 和 ILS 集成等），GPIRS、ADIRS 组件等。这些导航传感器向 FMS 提供无线电方位、距离、位置，或导航参数和姿态参数，供导航和飞行制导计算使用。

2. 大气数据计算机/系统

大气数据计算机/系统（ADC/ADS）向 FMS 提供飞机气压高度、空速、马赫速度、温度等信息，这些信息可以用来计算空中风、修正偏航等。

3. 燃油传感器

燃油传感器向 FMS 系统提供所有油箱的油量总和，并将总油量转换为数字信号送给FMC。FMC 通过计算，减去备份燃油后得到在后续航路点及目的机场的剩余燃油，并在进程页面（PROGRESS）（B737NG）或者燃油预测页面（FUEL PRED）（A320 系列）上显示剩余燃油以提醒机组。

4. 飞行时钟

飞行时钟向 FMC 及其他相关设备提供格林威治时（GMT）或者协调世界时（UTC），预报到达各计划航路点或者目的机场的时刻。现代新型航空器上的飞行时钟，很多来源于 GPS 接收机或者多模式接收机（MMR）授时。

5. 其他传感器

其他传感器主要包括发动机防冰、机翼防冰和发动机引气系统内的一些传感器等。FMC 利用这些传感器提供的信号，实现对发动机推力、推力限制等参数的计算和修正。

5.2.4 自动推力和推力管理计算机

FMC 向自动推力（A/T）或者推力管理计算机（TMC）输入飞行计划，包括起飞爬升、巡航、下降、进场、进近着陆、复飞等计划信息，以及推力限制或者 N1 限制、飞机全重、燃油成本指数、预设空中温度及空中风等信息。A/T 或 TMC 根据输入信息，以及性能数据库的飞行性能参数，计算需要的推力及推力杆位置指令。

5.3 FMS 工作原理

FMS 功能的核心，是构建飞行计划、实施导航/制导以及性能管理。FMS 利用导航数据库和性能数据库，以及飞行计划定义的三维航路、各种限制信息和飞行性能，构建四维预计飞行航迹。根据飞行计划和航空器所处的实际状态，实现对航空器的水平操控、垂直操控，并向机组提供相关的提醒、告警、咨询和参考信息。

飞行管理系统的功能，归纳起来主要有以下几方面：

（1）导航功能：确定航空器当前状态最佳估计值，包含导航和姿态信息。

（2）飞行计划功能：允许机组建立一条三维飞机航迹。

（3）航迹预测功能：计算沿计划航路飞行时的飞行剖面。

（4）性能计算和管理：向机组提供该型航空器的性能数据，例如起飞速度、爬升/巡航/下降优化咨询信息等。

（5）制导功能：产生沿计划水平和垂直剖面飞行的指令。

FMS 是先进的区域导航系统，不但能够实现传统的台到台飞行管理，而且可以实现点到点的区域导航飞行管理。现代新型 FMS，能够实现不同 PBN 运行框架下的 RNAV 导航规范和 RNP 导航规范运行，并且是新航行系统（CNS/ATM）中通信（C）、导航（N）、监视（S）的核心机载系统。

为了实现导航管理和性能管理功能，飞行管理系统必须与其他航电设备交联。相互交联的机载设备主要有：

（1）传感器和无线电设备：

惯性基准系统；

无线电导航传感器和系统；

大气数据系统。

（2）显示器：

主飞行显示器（PFD）和导航显示器（ND）；

多功能显示器（MFD）；

发动机信息显示器。

（3）飞行控制系统。

（4）发动机和燃油系统。

（5）数据链系统。

（6）监视系统等。

5.3.1 导航功能

5.3.1.1 惯性基准系统

B737NG 将大气数据系统（ADS）和惯性基准系统（IRS）组合，构成 ADIRU。B737NG 上通常安装两套相互独立的 IRS，每个 IRS 含有三套激光陀螺仪和加速度计。除备用姿态指示器及备用磁罗盘外，IRS 是飞机姿态和航向信息的唯一数据源。在正常导航方式，IRS 为飞机相关系统提供姿态、真航向和磁航向、加速度、垂直速度、地速、航迹、当前位置以及实测风。

A320 系列将 ADS 和 IRS 组合构成 ADIRS，通常安装了 3 套独立的 ADIRS。ADIRS 向 EFIS 系统（PFD 和 ND）提供空中温度、空中风、气压及惯性参数，同时向机上其他系统提供相关数据。ADIRS 中大气数据参考（ADR）和惯性参考（IR）相互独立，在任一个部分失效的情况下另一部分可独立工作。

ADR 部分提供气压高度、空速、马赫数、迎角、温度及超速警告。IR 部分提供姿态、飞行轨迹矢量、航迹、航向、加速度、角速率、地速及飞机位置。

5.3.1.2 导航功能实现

FMS 的导航功能，简单来说仍然是解决航空器"位置、速度、时间"这三个核心问题，最根本的导航计算规则，是求解水平航行速度三角形和偏航修正三角形，如图 5.3 所示。与传统导航不同的是，现代导航的导航传感器更多，建立的误差模型和修正模型更精确，对航空器的控制也更为精确和灵活，并且可以实现四维导航解算。

FMC 根据来自不同导航传感器的位置、速度、加速度及其他相关信息，来计算当前航空器的状态。这些航空器状态参数，将在 PFD、ND、MCDU 等相关的仪表上显示，并且是自动驾驶（A/P）或人工操纵（C/W）飞行时对航空器进行操控的依据。显示信息主要包括如下几个方面。

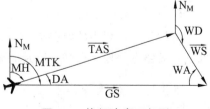

图 5.3 航行速度三角形

1. 三维位置（纬度、经度、高度）

航空器位置为航空器几何参考点的纬度、经度和高度三维位置，该位置基于某一参考坐标系。由于该位置的来源不同，因此参考坐标系也有所不同。其中纬度和经度来源于 IRS、

GPS 或者陆基无线电导航定位结果，高度通常来源于大气数据系统的气压高度及无线电高度表的无线电高度。

2. 速度矢量（水平速度和升降速度）

水平速度包含指示空速（IAS）、真空速（TAS）和地速（GS）。IAS 在指示空速表或者 PFD 上显示，并且是各飞行阶段速度保持和调速的依据。TAS 来源于大气数据计算机（ADC），是计算偏流和修正空中风的依据。GS 来源于 GPS、IRS 或无线电位置经 FMC 综合处理后结果，是计算预计飞行时间、预达时刻、剩余燃油的依据。

升降速度（V/S）主要来源于气压高度变化率，也是通常垂直导航（VNAV）模式下爬升和下降的依据。

3. 真/磁航向、真/磁航迹角、偏航距离/角

航空器的航向由 IRS 系统输出，通常使用磁航向。在磁差较大的区域、高纬地区或者极区飞行，航向角和航迹角一般都采用真方位。偏航距离（XTK）/侧航迹偏差（LDEV）和偏航角（TKE）在供航空器偏航修正使用，偏航距离（XTK）/侧航迹偏差（LDEV）可以在 ND 上显示。

4. 风向/风速

空中实际风向/风速（WD/WS）是根据真航向（TH）、真空速（TAS）、地速（GS）、偏流（DA）等参数，利用航行速度三角形计算得到。在 ND 上显示的 WD/WS 为气象风风向，风速单位一般为节（n mile/h）。

5. 实际导航性能（ANP）/估计位置误差（EPE）

ANP（适用于波音飞机）和 EPE（适用于空客飞机）都是 FMC 对定位误差的估计值。ANP 和 EPE 的算法稍有差别，但实质基本一样，该值越小意味着当前估计位置精度越高。如图 5.4 所示，在 RNP 运行时在 95%的概率下，遵循如下规则并在 MCDU 页面和 ND 上显示：

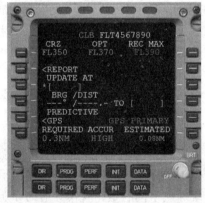

（1）ANP/EPE < RNP：导航精度高（HIGH）。

（2）ANP/EPE > RNP：导航精度低（LOW）/导航精度降级（NAV ACCUR DOWNGRAD）。

图 5.4　EPE 和导航精度显示页面

6. 时间/预达时刻

依据飞行计划中的航路点布局，FMC 计算航段距离，并利用地速计算各航段预计飞行时间、各航路点的预达时刻，以及剩余燃油。该信息在 CDU 的航路段页面和进程页面上显示。

5.3.1.3　位置计算

1. 位置定义

"FMC 位置"（适用于波音飞机）/"FM 位置"（适用于空客飞机）是一个两维水平位置，来源于 FMC/FMGC 估计位置。FMC/FM 位置主要用于在 ND 上及 MCDU 相关页面上显示，以及对航空器的导航和制导。FMC/FM 位置误差或者位置不确定性（EPU），代表了在 95%

概率下航空器导航定位误差分布和导航性能。

如图 5.5 所示，在加装有 IRS 和 GPS 的航空器上，采用无线电或 GPS 作为主用导航传感器及位置更新源时，FMC/FM 位置接近无线电位置或者 GPS 位置，其接近率取决于飞行高度。

当失去无线电或 GPS 位置时，FMC 记住 IRS 与其无线电或 GPS 的最后偏差。IRS 的漂移量将随时间积累，FMC 在最后偏差的基础上计算 FM 位置。在无线电或 GPS 位置没有恢复前，该偏差矢量不变。

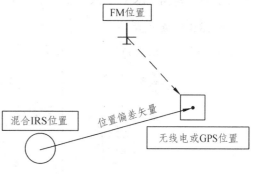

图 5.5　FM 位置

2. IRS 误差积累

FMC/FM 位置使用的 IRS 位置，为主用 IRS 位置或者多套（如 3 套）IRS 的混合位置（即加权平均值），如图 5.6 所示。如果使用多套 IRS 混合位置并且有一套 IRS 不正常漂移，则混合位置使用一个运算法则来减小漂移的 IRS 在混合位置中的影响，或者通过测试每套 IRS 位置和速度的办法，来排除漂移大的 IRS 参与混合位置解算。当 IRS 混合位置与无线电位置差异过大（如 12 n mile）时，FMS 将发出提醒信息。

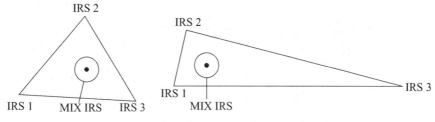

图 5.6　IRS 正常（左图）和异常（右图）混合位置

IRS 工作时间越长，导航定位积累误差越大，其 ANP/EPE 值将不断增加。由于 FMC/FM 位置来源于 IRS 位置，因此在不同的飞行阶段，需要采用不同方法对 IRS 进行位置更新，以降低 ANP 或者 EPE。

大中型航空器机载惯导系统，必须符合 FAR 标题 14 第 121 部分附录 G，以及 CCAR121 部附件 1 的性能要求。该性能要求指出，IRS 或者 IRU 位置误差的增长率，必须小于 2 n mile/15 min。

不同类型航空器，可能加装不同的惯性基准系统，其实际导航性能及误差积累情况存在一定的差异。A320 系列某型航空器，在仅使用 IRS 时其积累误差为：

（1）最初 40 min 为：+6 n mile/h。

（2）随后 50 min 为：0 n mile/ h。

（3）接着 40 min 为：+4 n mile/ h。

（4）再接着 45 min 为：0 n mile/ h。

（5）之后均为：+2 n mile/h。

3. FMC/FM 位置更新方式

FMC/FM 水平位置更新，可以采用不同方式和不同主用导航传感器的定位结果来实现，如图 5.7 所示。由于 IRS 具有自主性、高可靠性的特点，因此 FMC/FM 水平位置更新通常首先选用 IRS。然而 IRS 存在积累误差，因此要实现对 FMC/FM 位置更新，首先须对 IRS 位置进行更新，再由 IRS 对 FMC/FM 位置进行更新。

4. IRS 位置更新方式

IRS 水平位置更新分为人工更新和自动更新两种方式。

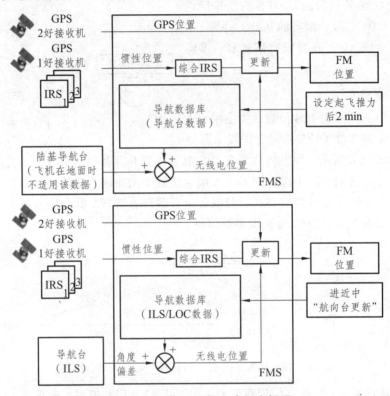

图 5.7　IRS 位置更新方式示意框图

（1）人工更新包括：

在飞越某一已知导航台上空时，人工输入/引入该导航台坐标；

人工选择/拒选 VOR/DME、DME/DME、GPS 位置更新。

（2）自动更新包括：

起飞前 GPS 位置初始化；

飞行中自动 GPS 更新；

飞行中自动 DME/DME、VOR/DME；

进近中 LOC 横向更新；

自动利用跑道头位置更新。

在航路和终端区飞行阶段，FMC/FM 位置可采用如下组合方式来实现位置更新，其优先顺序依次为：

（1）IRS-GPS。

（2）IRS-DME/DME。

（3）IRS-VOR/DME。

（4）仅用 IRS。

在 ILS 进近期间，可以采用如下方式之一来暂时对 IRS 位置进行横向更新：

（1）IRS-GPS/LOC。

（2）IRS-DME/DME-LOC。

（3）IRS-VOR/DME-LOC。

（4）IRS-LOC。

5. GPS 对 IRS 位置更新

从 2000 年 5 月 1 日开始，美国宣布取消对 GPS 选择可用性（SA）干扰后，GPS 是所有机载导航传感器中定位精度最高的导航源。因此，GPS 是 IRS 水平位置更新的首选导航源。

在航路和终端区飞行时，GPS 不间断更新 IRS 位置，其更新率通常为 1 次/秒（1 Hz）。如图 5.8 所示，在 FMS 的 MCDU 页面上，可以选择"ON/OFF"模式对 GPS 位置更新进行控制。由于 GPS 导航定位结果基于 WGS-84 坐标系，因此 GPS 更新后的 IRS 位置和 FMC/FM 位置，其参考坐标系为 WGS-84。

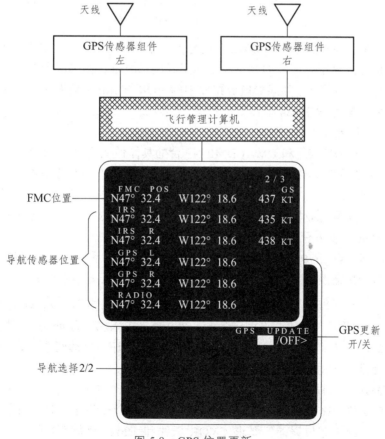

图 5.8　GPS 位置更新

6. 无线电对 IRS 位置更新

在 VOR、DME 陆基导航台信号覆盖范围内，航空器可以采用 DME/DME、VOR/DME

定位结果来实现对 IRS 位置更新。VOR、DME 台理论作用距离可达到 200 n mile，实际作用距离与地面台发射信号功率（航路台和终端区台不同）、天线架设高度和飞行高度有关。

如图 5.9 所示，机载 DME 系统测量的距离，是飞机到台的斜距，而飞行管理系统进行位置计算时，使用飞机到 DME 台正上方的水平距离。因此利用 DME 导航定位时，需要利用导航数据库中 DME 台的标高，以及飞机的飞行高度信息，将斜距换算为水平距离。

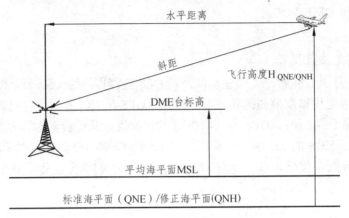

图 5.9　DME 距离测量示意图

值得注意的是，导航数据库中 DME 台的标高基于平均海平面（MSL），而飞机上大气数据计算机（ADC）或气压高度表的测量高度基于气压基准面。在 DME 测距时利用斜距换算水平距离会存在一定的误差。如果导航数据库中的 VOR、DME 台位置参考坐标系为 WGS-84 坐标系，则更新位置为 WGS-84 坐标系位置。

1）VOR 方位误差和 DME 距离误差

VOR（CVOR 和 DVOR）和 DME（DME/N）台的具体性能要求在 TSO-C166 系列、RTCA DO99/151/151a/189 系类、ICAO 附件 10，以及各国的工业标准中有详细描述。在 ICAO 附件 10 中规定：在 95% 概率下（2σ）VOR（CVOR 或 DVOR）系统方位误差不超过 ± 2°。在《中华人民共和国民用航空行业标准》（MH/T 4006）中规定：VOR 系统误差不超过 ± 2°。以下分析和计算中，VOR 系统方位误差预计为 ± 2°。

在附件 10 中规定：在 95% 概率下（2σ）DME/N（窄带）系统的测距误差，包含询问机、应答机误差和信号传播误差等，包括读取误差在内的总系统误差不超过 ±（0.25NM+1.25%D）（D 为离台距离）。在《PBN 手册》中，DME 测距总系统误差为 $2\times\sqrt{\sigma_{air}^2+\sigma_{sis}^2}$（95% 概率），$\sigma_{sis}$ 为信号在空间传播的误差（假设固定为 $\sigma_{sis}=0.05$ n mile），σ_{air} 为询问应答引起的测距误差（σ_{air} 为 {0.085 n mile，（距离的 0.125%）} 取最大值）。为保证与后续阐述一致，以下分析和计算采用《PBN 手册》中对 DME 误差的定义。

2）VOR/DME 定位误差

VOR/DME 定位，典型安装方式是将 VOR、DME 两台安装在一起，两条位置线的交角始终是 90°。为了减小定位误差，要求 CVOR 天线和 DME 天线间隔不大于 30 m，DVOR 与 DME 天线间隔不大于 80 m。如图 5.10 所示，离 VOR 台越远，方位误差引起的定位误差将越大。

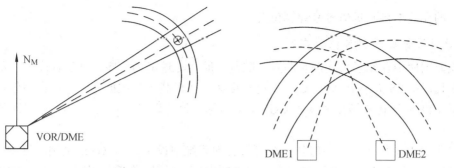

图 5.10　VOR/DME 和 DME/DME 定位误差

从以上误差椭圆长半轴的公式以及分析可以看出：

（1）近距时，VOR/DME 定位误差的长半轴是恒定的（长半轴由 DME 测距误差确定），不随距离而改变。

（2）远距时，VOR/DME 定位误差的长半轴与距离的一次方成正比（长半轴由 VOR 方位误差确定）。

3）DME/DME 定位误差

采用 DME/DME 定位时，飞机与两个 DME 台之间无线电位置线的几何构型，与位置线的夹角 α 有关。在 95%概率下（2σ）DME/DME 定位误差（指两束位置线构成的不规则四边形的长轴）为：

$$2\sigma_{\text{DME/DEM}} \le 2\frac{\sqrt{(\sigma_{1,\text{air}}^2 + \sigma_{1,\text{sis}}^2) + (\sigma_{2,\text{air}}^2 + \sigma_{2,sis}^2)}}{\sin(\alpha)} \tag{5.1}$$

式中，α 为两 DME 台位置线之间的夹角（30°~150°）。当 $\alpha = 90°$时两台 DME 为最佳布局，在距离固定时 DME/DME 定位误差最小。

4）无线电位置更新调谐方式

FMS 的 FMC（或 FMGC）接收来自两侧的双套无线电导航信号，用于无线电位置计算和显示，如图 5.11 所示。计算的 VOR/DME 或者 DME/DME 定位结果，可用于 IRS 混合位置更新（如果失去 GPS 主用）。

调谐无线电助航设备的频率有三种方式：

（1）自动调谐，使用 FMC（或 FMGC）软件，根据导航数据库中导航设施的频率、呼号、莫尔斯电码自动调谐，飞行员须监听和确认。

（2）通过 FMS 的 CDU（或 MCDU）的无线电导航页面人工调谐。

（3）通过无线电管理面板（RMP）或导航控制面板人工调谐。

需要注意的是，人工选择的 VOR 或者 VOR/DME 台，可能导致 FMC 不能自动计算无线电位置，此时 CDU 相关页面上会出现要求调谐的台站信息。如果一套无线电接收机失效，两部 FMC（或 FMGC）将使用

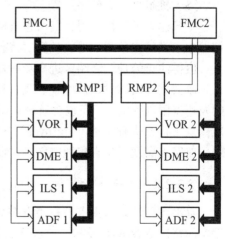

图 5.11　无线电调谐结构框图

115

正常工作的无线电接收机信号来计算位置。

7. 导航数据库对 IRS 位置更新

导航数据库中存储了大量的航路点、陆基导航台、进离场程序、进近程序、公司航路等信息，并且以每 28 天一个 AIRAC 周期进行更新。在机载导航数据库中，通常还包含跑道头起飞位置（PBN 运行机场参考点（ARP））的坐标，该位置坐标可用于 IRS 起飞时的位置更新。

起飞跑道为飞行计划的一部分。在飞行管理系统中设定，当 GPS 主用不可用时（GPS Primary Lost），在跑道头发动机加推力至起飞推力后，调用导航数据库中跑道头 ARP 点的坐标，自动更新 IRS 水平位置。如果起飞跑道从一交叉口开始，或者起飞位置偏离跑道起飞位，则在相关性能页面（如 PERF TO 页面）上输入偏移量，保证起飞更新更精确。

5.3.2　飞行计划

5.3.2.1　飞行计划的建立

飞行计划是指从起飞机场到目的机场飞行过程中，预计的四维航迹计划和性能计划。在起飞前准备阶段，飞行机组可以将飞行计划和舱单资料输入。在起飞前准备阶段建立飞行计划后，在飞行中也可以根据实际情况或 ATC 要求，修改现行飞行计划。

飞行计划涉及起飞、爬升离场、巡航、下降进场、进近着陆等各个飞行阶段的导航参数和性能参数，飞行前需要准备的飞行计划资料包括起飞目的机场及备降场、计划航路数据、性能数据等。通常情况下，机组通过 CDU 选择机载导航数据库中存储的飞行程序、航路和性能数据，或者外部输入数据来构建飞行计划。导航数据库中存储的导航数据包括：

（1）标准仪表离场程序（SID）、标准仪表进场程序（STAR）、仪表进近程序（IAP）。

（2）航线/航路。

（3）预先存储的公司航线。

（4）各种类型航路点：航路点、交叉定位点、导航台（NDB、VOR、DME）、机场参考点（ARP）、跑道入口等。

（5）机组自定义航路点等。

一旦建立了飞行计划，其所包含的三维航路结构、性能选择信息，将汇编入 FMC 的存储器中，供航迹预测、性能计算、飞行指引和飞行控制使用。

值得注意的是，终端区进离场程序（SID、STAR）和仪表进近程序由一系列航段构成。在导航数据库编码时，这些仪表飞行程序不仅仅包含定位点、距离、航线角、航路点高度限制及速度限制等信息，还包含航迹终结码类型和航路点类型等。航迹终结码有 23 种类型，过航路点飞行方式有飞越（Fly over）、旁切（Fly by）和旁路（By pass）三种。不同的航迹终结码航路点属性，将直接影响航迹预测、导航和性能管理，以及自动驾驶仪对飞机的操控。

5.3.2.2　水平飞行计划

水平飞行计划，指水平航路点布局及航路结构。如前所述，在实际飞行过程中，可以根据实际情况或者 ATC 要求，修改飞行计划。修改飞行计划，可以在 FMC 的 CDU 相关页面，或者在飞行控制面板（如波音的 MCP 和空客的 FCU）上实现。

修改飞行计划的主要方式包括：

（1）直飞：直飞计划航路上或计划航路外的某一航路点。

（2）切入：切入某一航路点的某一方位。

（3）插入/删除航路点：在计划航路上或以外插入一个新的航路点，删除计划航路上的某一个或者几个航路点。

（4）等待：在当前位置、计划航路外某一点，或者某一方位/距离点，或者导航台上空建立等待。

（5）偏航飞行：在计划航路的左侧或者右侧，从某一航路点开始至另一航路点结束，建立平行飞行计划。

（6）更改 SID、STAR、仪表进近程序：根据 ATC 指令或者其他原因，重新选择并更改飞行计划中的终端区程序或进近程序。

（7）终止进近/复飞：航空器如果没有建立着陆条件（如偏航、飞机构型、气象、管制等原因），将自动或人工建立复飞程序。

5.3.2.3　垂直飞行计划

垂直飞行计划包括各航路点的速度、高度、时间、飞机全重、预报空中风、温度、起飞/着陆机场气压等信息。

航路点的高度限制，通常有"等于或高于"（如 2400A）、"等于或低于"（4800B）、"等于"（如 5200）、"窗口"（如 2400A 3200B）四种形式，"等于"要求保持该高度过该点。

航路点速度限制，通常限制最大指示空速（IAS）。如果是爬升阶段，该限制速度针对该点及之前的航路点；如果是下降阶段，该限制速度则针对该点及之后的航路点。

根据当天的气象情况，在垂直飞行计划中，通常包含巡航中最佳飞行高度层和最佳目标马赫数。

5.3.2.4　大气模型

大气模型包括风模型、温度模型和气压模型等。制定飞行计划时，其中一项工作是确定计划航路上的温度和风。大气数据系统所建立的大气模型越准确，FMC 对航迹的预测就越准确。

各飞行阶段的空中温度和风等预报数据，可预测飞行航迹，估计预达时刻（ETA）、计算预计燃油消耗、计算爬升/下降率等。

1. 风模型

爬升、巡航、下降阶段的风模型，典型情况下均基于飞行前输入的指定巡航高度、不同高度层、各航路点的风向/风速，通过插值或前向预测的方法获取。在飞行过程中，再将后续相关顺序航路点的预测风模型，收敛到实测风向/风速模型上。

2. 温度模型

预报温度剖面，基于国际标准大气（ISA）分布、机组输入的 ISA 偏差值，以及空中实测温度。预报温度剖面计算方法为：

$$预报温度（℃）=\begin{cases}15+\Delta ISA-0.001\,98\times高度, & 高度<36\,089\text{ ft}\\-56.5, & 高度>36\,089\text{ ft}\end{cases}\tag{5.2}$$

3. 气压模型

大气数据系统压力传感器所测量的静压，可以利用气压模型获得当前飞行高度值（基于某一气压面，如 QNE 或 QNH）。同时，该气压值还用于修正表速、马赫数、真空速之间的换算。

高度上升，大气压力降低。某高度的大气压力，与一个标准大气压力（1013 mbar/760 mHg /29.92 inHg）之比 δ 为：

$$\delta(气压比)=\begin{cases}(1-0.000\,006\,875\,3\times高度)^{5.256\,1}, & 高度<36\,089\text{ ft}\\0.223\,36\times e^{4.806\,3\times(36\,089-高度)/100\,000}, & 高度>36\,089\text{ ft}\end{cases}\tag{5.3}$$

5.3.3 航迹预测

在起飞前建立完成飞行计划之后，在飞行计划约束条件下以及飞机性能限制范围内，FMC 将计算预测四维飞行剖面（水平和垂直）。航迹预测信息中，包含飞行计划中的每一个点距离、高度、速度、预达时刻、剩余燃油等信息。

航迹及性能预测信息，基于输入的大气数据、性能数据库参数，以及机组选择的运行模式。航迹预测的基础，是飞机能量平衡方程的数值积分，包括可变的重量、速度和高度等。

完成飞行计划制定后，基于飞行计划的预测结果将在 ND 和 CDU 页面上显示。一旦起飞后，随着外部传感器信息的不断输入，FMC 将连续计算并更新预测信息。

5.3.4 性能计算

FMC 通过性能计算，可以向机组提供优化飞行信息，或者提供性能手册才能获得的性能信息。

5.3.4.1 速度计划表计算

速度计划表是航迹预测、生成制导目标速度，以及提供性能咨询的基础。

对每一飞行阶段，特定性能模式将对应一个最优化的速度表，即 CAS（常量）和马赫数（常量）对。CAS 和马赫数对应的真空速（TAS）相等的高度，称为转换高度（Crossover Altitude）。在转换高度以下，恒定 CAS 随高度的升高 TAS 增大，因此用 CAS 来控制速度；在转换高度以上，恒定马赫数随高度的升高，在平流层以下 TAS 减小；在平流层 TAS 基本保持不变，因此在该高度以上用马赫数来控制速度。

针对每一种性能模式，优化的性能参数可能不相同，例如：

1. 爬升阶段

（1）经济爬升（基于成本指数）：直接运行成本最低对应的爬升速度。

（2）最大爬升角：最大梯度对应的爬升速度。

（3）最大爬升率：爬升时间最短对应的爬升速度。

（4）要求到达时间（RTA）：直接运行费用最低、在要求时刻到达指定航路点的爬升速度。

2. 巡航阶段

（1）经济巡航（基于成本指数）：直接运行成本最低对应的巡航速度。

（2）久航（MRC）：具有最低燃油消耗率的速度，可获得最大续航时间。

（3）远航（LRC）：具有最佳的燃油里程的速度，可获得最远的航程。

（4）要求到达时间（RTA）：直接运行费用最低、在要求时刻到达指定航路点。

3. 下降阶段

（1）经济下降（基于成本指数）：直接运行成本最低对应的下降速度。

（2）最大下降率：下降时间最短对应的下降速度。

（3）要求到达时间（RTA）：直接运行费用最低、在要求时刻到达指定航路点的下降速度。

值得注意的是，对于所有飞行阶段，都允许机组人工输入 CAS/马赫数，使航空器按指定速度飞行。

4. 成本指数

如前所述，所有飞行阶段都共有一个"经济"速度模式，按该模式飞行直接运行成本最低，经济速度的大小主要取决于成本指数（CI）。CI 是指与运行时间相关的成本（机组人员工资、维护费用等）与燃油费用之比，是速度计划表计算时的一个独立变量。

在起飞前准备时，在 FMC 的 MCDU 页面上必须输入 CI，有效输入值为 0~500（B737NG）/999（A320 系列）。CI 为 0 时最省燃油，经济速度即远航速度；CI 为 500/999 时则飞行时间最短。

通常情况下，航空公司通过定义 CI 值来优化每条公司航路运行成本。如果增大 CI，则经济速度增大；如果减小 CI，则经济速度减小。在飞行过程中，机组通常不允许修改 CI 值。

5.3.4.2 高度及性能参考数据

1. 最大高度（Max Altitude）

最大高度是依据当前飞机全重、飞机性能、预报环境条件等，通过计算得出的能达到的飞行高度。

2. 最佳高度（Optimized Altitude）

最佳高度是依据当前飞机全重、飞行性能、预报环境条件等，计算出来的最具成本效益的飞行高度。

3. 航程高度（Trip Altitude）（B737NG）

航程高度是一个能满足爬升、下降要求，同时巡航时间最短的的高度。一旦在 MCDU 的性能起始（PERF INIT）页面上，输入起飞机场、目的机场、飞机全重、成本指数后，将自动计算并在页面上（CLB、CRZ、RTE 页面）显示航程高度。

4. 备降机场

可以在 MCDU 上检索最近的备降机场信息。一旦选定备降机场，FMC 将计算当前位置离备降机场的距离、所需燃油、预达时刻（ETA）、航程高度等。如果在当前位置作等待，FMC 还可以计算出可用等待时间、当前燃油、飞往备降机场所需燃油等信息。

5. 梯度爬升/下降

随着燃油的消耗和飞机重量的减轻，分阶段梯度爬升至一个更高的高度飞行，可获得最大的运行效率。通常，FMC预测初始梯度爬升/下降的最优位置，以获得更好的运行效益。

6. 推力限制数据

为避免发动机过早维护/故障，最重要的一点是不能过度使用发动机。在起飞、复飞、单发停车时用较高的推力，在爬升、巡航等连续工作状态下使用较低的限制值。推力限制数据，可以用发动机转速（RPM）（N_1）或者发动机压力比（EPR）"曲线组"来表示。

7. 起飞参考数据

对于选定的襟翼位置、跑道、大气和起飞重量/重心，FMC性能计算模块算出了V_1、V_R、V_2三个速度，这三个速度也可以利用地面性能计算软件提前算出，并人工输入到CDU起飞参考页面上。这些数据限制信息显示在飞行仪表上，供机组选择和使用。

8. 进近参考数据

航空器都有相应的着陆构型。机组可以选择预计进近构型，选定构型除FMC外，其他机载系统也可以使用。

在输入着陆跑道的风向/风速后，进近构型将影响着陆速度的计算。计算的进近构型速度，可以显示在仪表上并参考使用。进近和着陆速度作为数据组，存储在性能数据库中。

9. 单发失效性能

性能计算模块通常提供至少一台发动机失效的性能预测。这些预测性能一般包括：
（1）发动机失效爬升速度。
（2）发动机失效巡航速度。
（3）发动机失效飘降性能。
（4）最大连续推力的使用等。

5.3.5　飞行制导

飞行制导分为水平制导和垂直制导。通过计算滚转轴、俯仰轴和推力轴的指令，来控制和引导飞机沿计算得到的水平和垂直飞行剖面飞行。与飞行制导相关的部件随不同机型不同飞行控制设备而不同，这些部件主要有飞行指引仪（FD）、自动驾驶仪（AP）和自动推力（A/THR），以及与其相关的控制、显示设备。

5.3.5.1　水平制导

水平制导功能，根据飞行计划中的预计水平航迹，计算动态制导数据。这些数据包括典型的水平状态信息，包括：
（1）待飞距离（DTG）。
（2）期望航迹（DTK）。
（3）偏航角（TKE）。
（4）偏航距离（XTK）。
（5）偏流（DA）。

（6）方位（BRG）。

（7）水平航迹转换告警（LNAV 告警）等。

在水平制导计算过程中，通常采用不同的地球模型来进行计算。要实现精确制导，水平制导计算参考坐标系必须与主用导航系统的参考坐标系和导航数据库的坐标系一致。如果采用 GPS 作为主用导航源，则水平制导计算时应该采用与 GPS 导航一致的 WGS-84 坐标系，以减少由于坐标系不同而引入的计算误差。

5.3.5.2 垂直制导

垂直制导功能提供俯仰、俯仰变化率和推力指令，以改变目标速度、目标推力、目标高度和目标升降速度。与水平制导功能相似，垂直制导功能提供垂直航段的制导参数，并在相关仪表上显示，以增强机组的情景意识。与水平制导不同的是，垂直制导参数与飞行阶段有一定的关系。

垂直制导基于飞行计划中预计垂直飞行剖面，以及由性能数据库驱动的性能算法。根据三维航路结构以及计划垂直飞行剖面，可以计算出各航段的目标速度、目标高度、俯仰角、爬升/下降梯度、爬升/下降率、垂直偏差、爬升顶点（TC）、下降顶点（TD）、预达时刻等信息，并在相应仪表上显示。

5.4 B737NG 飞行管理系统

飞行管理系统是一个独立、完整和高度集成的系统，能够实现导航管理、性能管理及自动飞行管理等。本节将以 B737NG 飞行管理系统为例，介绍期导航、性能计算基本原理，系统组成以及在飞行各阶段的基本应用。

5.4.1 B737NG FMS 组成

B737NG 飞行管理系统由 FMCS、AFS、IRS 和 GPS 组成。集成的 FMS 提供了飞机飞行轨迹及性能参数的驾驶舱集中控制，FMC 是该系统的心脏，它完成导航及性能计算，并提供操纵和引导指令。

1. 飞行管理计算机系统（FMCS）

FMCS 主要包括 FMC 和 CDU。B737NG 装有两部 FMC，一部 FMC 主用、另一部备用，由 FMC 源选择开关控制。其中主 FMC 具有如下功能：

（1）分配两部 FMC 的助航设备调谐和更新功能。

（2）确保两部 FMC 同步。

（3）控制 MCDU 显示。

（4）提供自动驾驶输入。

（5）提供自动油门系统输入。

当外部位置更新不可用时，FMC 使用 IRS 位置作参考。当 IRS 成为唯一的位置参考时，FMC 自动修正 IRS 位置来确定最接近的 FMC 位置。此修正系数靠 FMC 在正常位置更新期间监控 IRS 的性能来确定典型的 IRS 误差值。

值得注意的是，当不能进行外部位置更新时，导航准确性可能低于要求值。飞行员应密切监控 FMC 导航解算，尤其是在接近目的地时更应如此。下降阶段应使用无线电助航系统及雷达信息（如可用）来确定 FMC 导航的精确性。

2. 自动飞行系统（AFS）

自动飞行系统（AFS）由自动驾驶飞行指引仪系统（AFDS）和自动油门（A/T）组成。FMC 向 A/T 提供 N1 限制以及目标 N1，并为 A/T 和 AFDS 提供指令空速。

1）自动驾驶飞行指引仪系统（AFDS）

自动驾驶飞行指引系统（AFDS）是一个由两部独立的飞行控制计算机（FCC）和一个方式控制板（MCP）组成的双系统。AFDS 和 A/T 由模式控制面板（MCP）和 FMC 控制操作。正常情况下，AFDS 和 A/T 由 FMC 自动控制，在爬升、巡航和下降中按最佳的水平和垂直飞行航径飞行。

2）自动油门系统（A/T）

自动油门系统提供自动推力控制，从起飞开始一直到爬升、巡航、下降、进近和复飞或着陆。在正常工作情况下，FMC 向自动油门系统提供 N1 极限值。自动油门使用每个推力手柄上独立的伺服马达移动推力手柄。

3. 惯性基准系统（IRS）

B737NG 安装了两个相互独立的 IRS。每个 IRS 含有三套激光陀螺仪和加速度计。除备用的姿态指示器及备用磁罗盘外，IRS 是飞机姿态和航向信息的唯一数据源。

在正常导航方式下，IRS 为相关飞机系统提供姿态、真航向和磁航向、加速度、垂直速度、地速、航迹、当前位置以及风的数据。IRS 的输出独立于外部助航设备。在每个 IRS 存储器中保存着北纬 82°到南纬 82°之间的磁差。与当前位置对应的数据和真实航向综合决定磁航向。

4. 全球定位系统（GPS）

左右两部 GPS 接收机分别独立接收 GPS 卫星定位信号，每一部 GPS 都可以为 FMC 和其他飞机系统提供精确的地理位置，GPS 数据作为 B737NG 位置更新的主要数据源。

5.4.2　B737NG 其他系统

B737NG 的导航系统除 IRS 和 GPS 外，还包括大气数据基准系统（ADIRS）、无线电导航系统（ADF、DME、ILS、信标台及 VOR）、应答机和气象雷达等其他导航系统。

1. 大气数据惯性基准系统（ADIRS）

大气数据惯性基准系统为飞行显示、FMC、飞行操纵、发动机控制和其他有需要的系统提供飞行数据，如位置、速度、高度和姿态等。

2. 无线电导航系统

B737NG 通常加装了两台 ADF 接收机、两套 DME 系统、两台 ILS 接收机、两台 VOR 接收机等无线电导航机载设备。

3. ATC 应答机

B737NG 通常安装了两部 ATC 应答机，并由一块单独的控面制板控制。当收到 ATC 地面雷达的询问时，ATC 应答机系统会自动发出应答信号，并根据询问模式的不同应答相应信息，如航班号、空速或地速、磁航向、高度、位置等。

4. 气象雷达

气象雷达系统对计划飞行路线前视周边区域进行降雨云层探测和定位，并向飞行员提供云层密度的彩色图形显示，有助于机组对前视周边天气状况建立直观的情景意识。

气象雷达回波信息通常在导航显示器（ND）上显示，最大降雨区显示为红色，次级降雨区显示为黄色，最小降雨区显示为绿色。

当气象雷达天线指向下俯方式时，可识别海岸线、丘陵或高山区域、城市或大的建筑物等地形及轮库。

5.4.3 B737NG 控制指示装置

B737NG 飞行管理系统的控制指示装置包括控制显示组件（CDU）、FMC 源选择开关、电子飞行仪表系统（EFIS）、全球定位系统（GPS）指示灯、惯导系统和无线电导航系统。

5.4.3.1 控制显示组件（CDU）

两个完全相同但相互独立的 CDU 为飞行员与 FMC 提供交流途径，CDU 是 FMC 的控制显示终端，可以用作人工输入系统参数和选择工作方式。CDU 在显示屏幕上把操作者通过键盘或者行选键输入的信息全部显示出来，供飞行员检查、核实，也可根据操作者的要求检索显示多种多样的页面信息。在飞行过程中，CDU 一般每 2 s 对显示的数据更新一次。

CDU 面板如图 5.12 所示，面板各部分功能如下：

（1）CDU 显示屏：显示 FMS 相关数据和信息。

（2）行选键：按压可将草稿栏的数据输入到所选行，或将所选行的数据移至草稿栏，也可以选择合适的页面、程序或性能方式。当草稿栏中显示 DELETE 时，删除所选行的数据。

（3）亮度控制键：旋转控制显示亮度。

（4）信息（MSG）灯：白色灯亮，表示草稿栏显示信息。

（5）偏航（OFST）灯：白色灯亮，表示 LNAV 提供水平的航路偏航引导。

（6）故障（FAIL）灯：琥珀色灯亮，表示所选的 FMC 失效。

（7）CDU 功能键：

INIT REF（初始参考）：显示数据初始化页面或参考数据页面；

RTE（航路）：显示输入或修改起飞机场、目的机场或航路的页面；

CLB（爬升）：显示察看或修改爬升数据的页面；

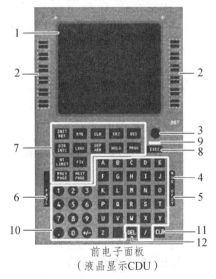

前电子面板
（液晶显示CDU）

图 5.12 控制显示组件（CDU）面板

CRZ（巡航）：显示察看或修改巡航数据的页面；

DES（下降）：显示察看或修改下降数据的页面；

DIR INTC（直飞切入）：显示修改航路从当前位置直飞至任一航路点或切入任一航道至某一航路点的页面；

LEGS（航段）：显示评估或修改水平和垂直数据的页面，也能显示用来控制 PLAN 方式的页面；

DEP ARR（离场进场）：显示输入或改变进场离场程序的页面；

HOLD（等待）：显示建立等待航线和显示等待航线数据的页面；

PROG（进程）：显示察看动态飞行和导航数据的页面，包括航路点和目的地的预计到达时间（ETA）、剩余燃油和预计到达数据；

N1 LIMIT（N1 极限）：显示察看或修改 N1 推力极限的页面；

FIX（定位点）：在地图显示中显示建立参考点的页面；

PREV PAGE（前一页）：显示有关页的前一页；

NEXT PAGE（后一页）：显示有关页的后一页。

（8）执行（EXEC）键。

（9）执行灯。

（10）字母/数字键。

（11）删除键。

（12）清除键。

5.4.3.2 电子飞行仪表系统（EFIS）

FMC 输出的有关飞行计划的飞行航路、飞行航向、航路点、导航台、机场、跑道、风向、风速等信息以地图的形式出现在 EFIS 的主飞行显示器（PFD）和导航显示器（ND）的显示屏幕上。飞行员可以非常直观的通过该显示了解飞行详细动态情况。

EFIS 能够控制显示大部分导航系统信息，主要包括：

（1）俯仰和横滚的颜色显示。

（2）导航的地图信息。

（3）气象信息。

（4）无线电高度和决断高度。

（5）自动驾驶。

（6）ADF/VOR 方位角。

（7）ILS 数据。

（8）失速告警信息。

1. EFIS 系统的结构

（1）主飞行显示器（PFD）：位于机长和副驾的正前方。

（2）导航显示器（ND）：位于机长和副驾的正前方。

（3）EFIS 信号发生器。

（4）EFIS 控制面板。

（5）EFIS 转换开关。

2. 主飞行显示器（PFD）

PFD 基本显示内容如图 5.13 所示，主要包括：

（1）飞机的姿态。

（2）飞行指引。

（3）各种速度信息。

（4）ILS。

（5）高度信息。

（6）飞行模式信号牌（FMA）。

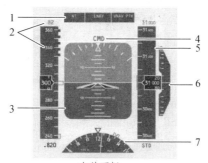

图 5.13　PFD 显示界面及内容

1—飞行方式信号牌；2—空速/马赫数指示；3—姿态指示；4—自动驾驶、飞行指引仪系统状态；
5—高度指示；6—垂直速度指示；7—航向/航迹指示

3. 导航显示器（ND）

根据 EFIS 控制面板上的选择，显示地图、进近、VOR 或计划方式，分别如图 5.14、图 5.15、图 5.16、图 5.17 所示。

1）地图方式

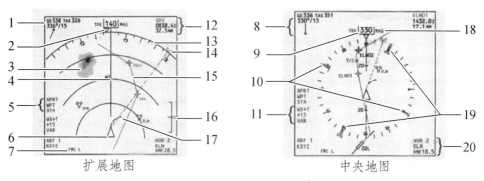

图 5.14　ND 扩展和中央地图方式

1—地速/真空速；2—航向指针；3—气象雷达回波；4—航迹线和范围刻度；5—地图选项；6—飞机标志；
7—地图源信号显示；8—风向/风速/箭头；9—当前航迹；10—1 号 VOR/ADF 指针；11—气象雷达
信号显示；12—当前航路点/ETA/待飞距离；13—罗盘刻度圈；14—选定航向游标；15—当前的
LNAV 航路；16—垂直偏差刻度和指；17—位置趋势矢量；18—磁/真参考；19—2 号
VOR/ADF 指针；20—VOR/ADF 选择、识别代码/频率、VOR DME

2）进近方式

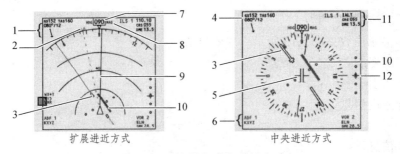

扩展进近方式　　　　中央进近方式

图 5.15ND 扩展和中央进近方式

1—风向/风速/箭头；2—选定的航向游标；3—选定的航道游标；4—地速/真空速；5—飞机标志；
6—VOR/ADF 选择/识别代码或频率/VOR DME；7—当前航向；8—磁/真参考；9—航迹线；
10—航向道偏差指示和刻度；11—参考 ILS 频率或识别代码/航道/DME；
12—下滑道指针和刻度

3）VOR 方式

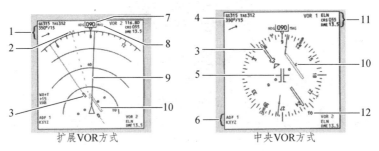

扩展 VOR 方式　　　　中央 VOR 方式

图 5.16　ND 扩展和中央 VOR 方式

1—风向/风速/箭头；2—选定的航向游标；3—选定的航道指针；4—地速/真空速；5—飞机标志；
6—VOR/ADF 选择/识别代码或频率/VOR DME；7—当前航向；8—磁/真参考；9—航迹线；
10—航向道偏差指示和刻度；11—参考 VOR 接收机/频率或识别代码/航道/DME；
12—向/背（TO/FROM）指示和 TO 指针

4）飞行计划方式

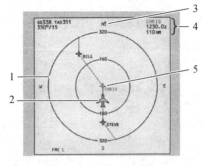

图 5.17　计划方式

1—范围圈；2—飞机标志；3—真北向上箭头；4—生效航路点信息；5—中央航路点

4. EFIS 控制面板

EFIS 控制面板分为 PFD 控制部分和 ND 控制部分。其作用是控制 PFD 和 ND 的显示内容、显示方式和显示范围。图 5.18 为 PFD 的显示控制，图 5.19 为 ND 的显示控制。

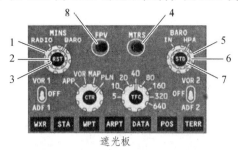

图 5.18　EFIS 控制面板对 PFD 的显示控制

1—最低高度（MINS）参考选择器（外圈）；2—最低高度（MINS）选择器（中圈）；3—无线电最低高度
（MINS）复位（RST）开关（内圈）；4—米制（MTRS）开关；5—气压参考选择器（外圈）（双位）；
6—气压（BARO）选择器（中圈）；7—气压（BARO）标准（STD）开关（内圈）；
8—飞行轨迹矢量（FPV）开关

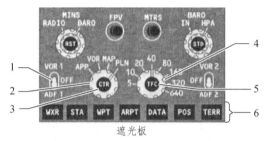

图 5.19　EFIS 控制面板对 ND 显示控制

1—VOR/ADF 开关；2—方式选择器（外圈）；3—中央（CTR）开关（内圈）；
4—范围选择器（外圈）；5—空中交通（TFC）开关（内圈）；6—地图开关

5.4.3.3　全球定位系统指示灯

GPS 指示灯用来表明每部 GPS 接收机工作是否处于正常工作状态，如图 5-20 所示。

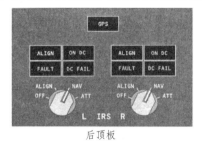

图 5.20　全球定位系统（GPS）指示灯

5.4.3.4　惯性基准系统

B737NG 通常安装了两个相互独立的 IRS。每个 IRS 含有三套激光陀螺仪和加速度计。除备用的姿态指示器及备用磁罗盘外，IRS 是飞机姿态和航向信息的唯一数据源。

在正常导航方式下，IRS 为相关飞机系统提供姿态、真航向/磁航向、加速度、垂直速度、地速、航迹、当前位置以及风的数据。IRS 的输出独立于外部助航设备。

典型 B737NG 惯性基准系统主要是由显示组件、方式选择组件和转换开关组成，分别如

127

图 5.21、图 5.22、图 5.23 所示。

1. IRS 显示组件（ISDU）

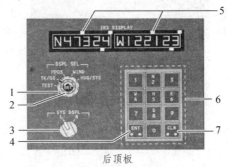

图 5.21　IRS 显示组件

1—显示选择器（DSPL SEL）；2—亮度（BRT）控制；3—系统显示（SYS DSPL）选择器；
4—输入键（ENT）；5—数据显示；6—键盘；7—清除（CLR）键

2. IRS 方式选择组件

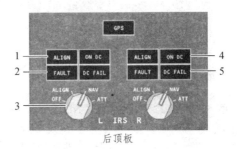

图 5.22　IRS 方式选择组件

1—校准（ALIGN）灯；2—故障灯；3—惯性基准系统（IRS）方式选择器；
4—直流电接通（ON DC）指示灯；5—直流故障（DC FAIL）指示灯

3. IRS 转换开关

图 5.23　IRS 转换开关

5.4.4　FMS 在各飞行阶段的应用

本节简单介绍 FMS 在飞行中的应用，包括在起飞、爬升、巡航、下降以及进近中的应用。

5.4.4.1　LNAV 和 VNAV

B737NG 在首次通电时，FMS 处于飞行前准备阶段。当这一阶段结束时，FMS 按下列顺序自动过渡到下一个阶段，过渡顺序为：飞行前准备、起飞、爬升、巡航、下降、进近、飞行结束。

B737NG可选择水平导航或垂直导航模式,在各飞行阶段来实现飞行指引和/或自动驾驶,导航模式可以在MCP上预选并在飞行模式信号牌(FMA)上显示。

1. 水平导航(LNAV)

LNAV模式主要对计划航路进行水平引导。LNAV提供到下一航路点的操纵指令。选择后,LNAV在有效航路航段横向3 n mile的范围内即可接通。LNAV引导通常在航路点之间建立大圆航线,也可按要求提供航向、航迹引导。

2. 垂直导航(VNAV)

VNAV模式主要提供垂直剖面引导,使航空器按照计划航迹爬升、平飞、下降或进近。

5.4.4.2 飞行前准备

在飞行前准备阶段,将飞行计划资料输入CDU。飞行计划决定了从始发地至目的地的飞行路线,并对LNAV进行初始化。飞行计划资料为初始VNAV提供性能信息。

飞行前准备阶段,飞行机组在CDU页面操作和使用基本顺序如图5.24所示,共有6个页面,包括识别页(IDENT)、位置初始页(POS INIT)、航路页(RTE)、离场页(DEPARTURES)、性能起始页(PERF INIT)等,如果安装了U10.1或更新的版本,还包括N1极限页(N1 LIMIT)和起飞参考页(TAKEOFF REF)等。典型的IDENT和POS INIT页面如图5.25所示。

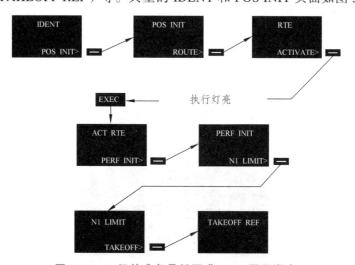

图 5.24　飞行前准备最低要求 CDU 页面顺序

图 5.25　典型 IDENT 和 POS INIT 页面

5.4.4.3 起飞和爬升阶段

B737NG 起飞阶段从选择 TO/GA 开始，一直到减推力高度，通常是选择爬升推力的时候。

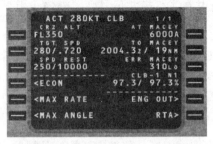

图 5.26 典型爬升阶段 CDU 页面

爬升阶段从减推力高度开始，持续到爬升顶点（T/C）。爬升顶点是飞机到达 PERF INIT 页上输入的飞机巡航高度起始点。典型爬升页面如图 5.26 所示。

5.4.4.4 巡航阶段

B737NG 巡航阶段起始于爬升顶点（T/C），并持续到下降顶点（T/D），包括梯度爬升和中途下降。

当到达爬升顶点时，巡航阶段自动开始。

在巡航阶段，主要参考和使用的 CDU 页面有：

（1）航路段页（RTE LEGS）。

（2）进程页（PROGRESS）。

（3）巡航页（CRZ）。

RTE LEGS 页面用于管理航路限制和修改航路，PROGRESS 页面显示飞行进程信息，CRZ 页面显示与 VNAV 有关的信息。典型页面内容如图 5.27 和图 5.28 所示。

图 5.27 典型航路段页面

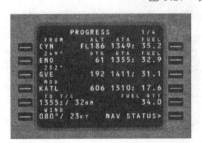 

图 5.28 典型 PROGRESS 页面和 CRZ 页面

5.4.4.5 下降和进场进近阶段

下降阶段始于下降顶点（T/D），或从高度层改变、或采用垂直速度方式（V/S）开始下降。

下降阶段主要利用航路段（RTE LEGS）和进程（PROGRESS）页面对 LNAV 进行管理，利用 DES 页面对 VNAV 进行管理。典型 DES 页面如图 5.29 所示。

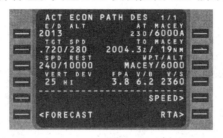

图 5.29 下降阶段使用的典型 DES 页面

在进近前进场阶段，将使用进场（ARRIVALS）页面和等待（HOLD）页面，典型 ARRIVALS 和 HOLD 页面如图 5.30 所示。

图 5.30 典型 ARRIVALS 页面和 HOLD 页面

（1）在进近期间，LNAV 和 VNAV 引导通常转为由导航电台提供的进近引导。典型进近参考（APPROACH REF）页面如图 5.31 所示。

（2）到达（ARRIVALS）页面：选择要求的进场和进近程序。

（3）等待（HOLD）页面：管理等待航线。

图 5.31 典型 APPROACH REF 页面

5.4.4.6 飞行中修改飞行计划

飞机在起飞前，飞行员在航路页上制定好计划飞行后，在飞行实施过程中可按计划航路自动飞行。但是在实际飞行中，由于天气影响、空域限制或 ATC 要求等原因，航空器在不能按照原计划航路飞行时，必须对原飞行计划进行适当修改。修改飞行计划的主要方式有：增加航路点、删除航路点、直飞航路点、切入方位线等。

1. 新增航路点

在 RTE LEGS 页面，通过选择机载导航数据库中某指定航路点，可以将该航路点按顺序位置插入原计划航路段上。如果插入航路点位于计划航路之外，则新增该航路点将导致该航路点与后续航路点之间不连续（如图 5.32 所示）。

图 5.32　新增航路点页面

1—页面标题；2—修改的航路点；3—中断航路点；4—清除（ERASE）；5—中断页眉

2. 删除航路点

在航路航段（RTE LEG）页面删除航路点。删除航路点有以下两种方法：

（1）用删除（DEL）功能键删除航路点（不可用于已生效航路点及一定条件下的航路点）。

（2）将后序航路点前移可重新排序航路，前序所有航路点会被自动删除。

在删除过程中，删除点之前的所有航路点保持不变。使用删除（DEL）键删除航路点会导致一个不连续的航路取代被删除了的航路。删除航路点页面如图 5.33 所示。

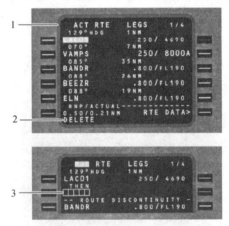

图 5.33　删除航路点页面

1—生效航路；2—删除（DELETE）输入项；3—删除 VAMPS

3. 直飞/切入航路点

在 RTE LEG 页面第一页上有效航路点行输入该航路点名称，即可直接飞至航路点或切入航道至一个航路点。INTE CRS 提示显示在 6R 行。图 5.34 说明了在现用航路点行内输入 YKM 后的结果。

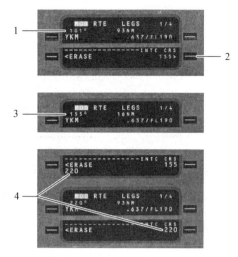

图 5.34　直飞/切入航路点页面

1—直飞航道；2—切入航道（INTC CRS）；3—航段方向；4—切入航道（INTC CRS）—修改

5.5　A320 系列飞行管理系统

A320 系列飞行管理系统称为飞行管理引导系统（FMGS），提供飞行时间、里程、速度、经济剖面和高度的预测。

在驾驶舱准备时，飞行员通过 MCDU 制定飞行计划，FMGC 将根据飞行计划优化横向和垂直飞行剖面，并实现沿计划航路的预测。

FMGS 有管理引导和选择引导两种引导方式。

1. 管理引导

管理引导使航空器沿预定航路以及垂直横向和速度/马赫剖面飞行（FMGS 出各种目标参数）。

2. 选择引导

选择引导使航空器按飞行员通过 FCU 选定的各种目标参数飞行。

选择引导优先于管理引导，也就是说，飞行机组在任何时候任何情况下都可以通过选择引导改变飞行参数和飞行状态，这将使飞行操控变得更加灵活和简便。

5.5.1　A320 系列 FMGS 组成及功能

A320 飞行管理引导系统（FMGS）包括以下典型组成部分：

（1）2 部飞行管理引导计算机（FMGC）。

（2）2 个多功能控制和显示组件（MCDU）（第三部选装）。

（3）1 个飞行控制组件（FCU）。

（4）2 部飞行增稳计算机。

5.5.1.1　FMGC 功能

飞行管理引导计算机（FMGC）作为 FMGS 管理的核心部件，包括飞行管理（FM）和飞行引导（FG）两部分功能。

1. 飞行管理（FM）功能

（1）导航及导航无线电的管理。

（2）飞行计划的管理。

（3）性能预测和优化。

（4）显示管理。

2. 飞行引导（FG）功能

（1）自动驾驶仪（AP）指令。

（2）飞行指引仪（FD）指令。

（3）自动推力（A/THR）指令。

每部 FMGC 都有自己的数据库，数据库分为 2 个区：一个区是飞行员不能修正的固定数据，包含导航标准数据和客户数据；另一个区包含飞行员创建的临时数据，通常允许飞行员创建 20 个航路点、10 条跑道、20 个助航设备和 3 条航路。

5.5.1.2　MCDU 功能

在中央操纵台上通常装有两个多功能控制显示组件（MCDU），用于机组输入和显示数据。

5.5.1.3　FCU 功能

位于遮光板上的飞行控制组件（FCU）是飞行机组和 FMGC 之间交流的短期便捷操作界面。在 FCU 上的相关操作，也可以通过 MCDU 相关页面操作来实现，但在起飞后各飞行阶段在 MCDU 上操作不如在 FCU 上操作便捷。

在 FCU 上，可以接通/断开 AP 或 A/THR，并通过不同引导方式改变速度、航向、航迹、高度、飞行航迹角、垂直速度等目标参数及相关显示功能。

5.5.1.4　FAC 功能

飞行增稳计算机（FAC）控制方向舵，方向舵配平和偏航阻尼器的输入信息，计算飞行包线和速度数据。若装有低能量和风切变探测功能，FAC 还能提供风切变警告。

5.5.2　飞行管理功能

5.5.2.1　导航功能

FMGC 的导航管理功能主要包括：

（1）FM 位置计算。

（2）位置精度评估。

（3）无线电导航调谐。

（4）IRS（惯性基准系统）校准。

5.5.2.2　飞行计划功能

飞行员通过 MCDU 建立横向和垂直飞行计划，包括现用（ACTIVE）飞行计划和第二（SECONDARY）飞行计划。

ACTIVE（现用）飞行计划是垂直和横向制导、MCDU 和 ND 显示、无线电导航自动调谐、性能预测和燃油计划的基础。SECONDARY（第二）飞行计划主要在当可能使用备用起飞跑道、计划改航、准备下一段飞行、比较预测或评估时使用。

5.5.2.3 显示管理功能

飞行管理的显示组件主要包括 MCDU、PFD、ND 等。典型 PFD、ND 显示界面如图 5.35、图 5.36 所示。

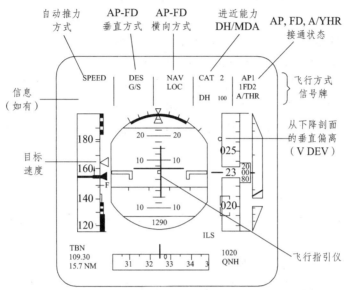

图 5.35 典型 PFD 显示界面

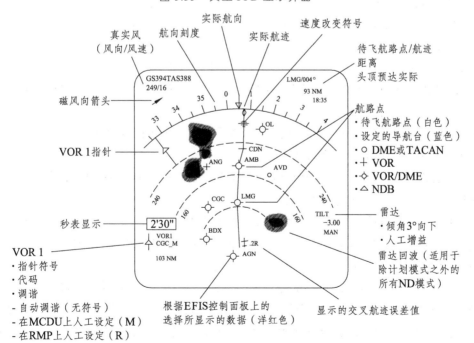

图 5.36 航路模式 ND 显示界面

5.5.3 飞行制导

FMGS 的飞行制导（FG）功能，是通过控制飞机姿态和推力实现自动飞行，执行机构包括飞行指引仪（FD）、自动驾驶仪（AP）、自动推力（A/THR）等。

飞行指引仪（FD）方式将 FMGC 的引导指令显示在 PFD 上，供飞行员按照引导指令人工飞行，或者当 AP 接通时交叉检查 FMGC 指令。

自动驾驶仪（AP）的主要功能是：围绕飞机的重心稳定飞机、获取并跟踪飞行轨迹、操纵飞机完成自动着陆或复飞。

对于机组人员来说，断开 AP 的标准方法是按压侧杆上的接替按钮。当 AP 断开后，相应的 FCU 按钮熄灭，且 AP 信号从 PFD 的 FMA 上消失。

自动推力（A/THR）用于控制两台发动机的推力。当 A/THR 工作时，FMGS 根据垂直方式逻辑控制推力，但使用的推力不大于由推力手柄位置所指令的推力。当 A/THR 预位时，若推力手柄移至工作范围内则 A/THR 自动激活，在该范围以外则推力手柄直接控制推力。

思考题

1. 飞行管理系统（FMS）可以对航空器实现哪两方面的管理？在哪些阶段可以使用 FMS？

2. 飞行管理系统主要由哪几部分组成？

3. 飞行管理计算机系统（FMCS）由哪两部分组成？飞行管理计算机（FMC）中数据库有哪两类？分别包含什么内容？各有什么作用？

4. FMS 传感器主要有哪几种？

5. FMS 有哪些主要功能？

6. FMS 的导航传感器有哪三种类型？分别包括哪些导航信号源？

7. ADIRS 中 ADR 和 IR 分别提供哪些数据？一旦 ADS 失效时，IR 提供的数据是否有影响？

8. 什么是 FMC/FM 位置？该位置通常采用哪种方式进行位置更新？

9. IRS 位置更新的方式有哪几种？

10. 在航路和终端区飞行，对 IRS/IRU 进行位置更新的方式中，哪种方式定位精度最高？对 IRS/IRU 位置更新优先顺序是什么？

11. 飞行计划包含哪两个方面？各包含哪些主要内容？

12. 什么是成本指数（CI），在 B737NG 和 A320 系列飞机上的 CI 值的范围分别是多少？

13. 飞行制导包含哪两个方面？各包含哪些内容？

14. B737NG 典型 FMS 由哪些部分组成？各组成部分主要实现哪些功能？

15. 使用 B737NG 在飞行前准备阶段制定飞行计划时，通常会使用哪些主要 CDU 页面？

16. B737NG 典型识别、位置初始、爬升、巡航、进程、下降、进场、等待、进近等页面，各包含哪些主要内容？

17. B737NG 中 ND 有几种显示模式？每种典型模式显示内容是什么？

18. A320 系列 FMGS 由哪几部分组成？每部分的主要功能是什么？

19. A320 系列 FMGS 有哪两种引导模式？不同引导模式的差异是什么？

20. A320 系列导航管理功能主要包括哪些内容？飞行计划功能主要包含哪些内容？飞行制导功能主要包含哪些内容？

21. A320 系列飞行管理典型 PFD 和 ND 显示界面中，各包含哪些信息？

第6章 基于性能的导航

6.1 概述

随着全球民用航空运输业的不断发展，飞行运行需要进一步缩小航空器飞行间隔、优化航路、提高空域容量及运行效率、降低飞行运行风险，区域导航为满足这些需求提供了可能。从 20 世纪 60 年代开始，国际民航界就开始研究并使用区域导航技术，并陆续将区域导航技术应用于各飞行阶段。

区域导航技术和系统的发展，由最初功能单一的区域导航计算机逐步发展为高度集成且功能强大的飞行管理系统（FMS）。早期 FMS 主要根据设备能力来实施区域导航，而空域管理规则和超障准则则是根据设备性能来制定的，因此区域导航系统可能仅适用于特定航线或特定空域。这种以设备能力为基础的运行模式，无法实现区域导航技术的大范围推广应用，并且会增加持续认证成本。

基于性能的导航（Performance Based Navigation，PBN）运行，是一种通过明确性能要求替代设备要求的运行方式，标志着由基于传感器导航向基于性能导航的运行方式转变。PBN 概念明确了指定空域概念下拟实施的运行，明确了航空器区域导航系统的精度、完好性、可用性、连续性和功能性等方面的性能要求。

PBN 概念的建立经历了一个长期的发展过程。在 20 世纪 70 年代正式建立区域导航（RNAV）概念的基础上，1991 年 ICAO"新航行系统"（FANS）委员会提出了所需导航性能（Required Navigation Performance，RNP）的概念，用 RNP 取代先前用于北大西洋和北加拿大空域的"最低导航性能规范（MNPS）"概念。1994 年 ICAO 间隔和空域安全小组（SASP）制定并发布了《RNP 手册》（ICAO DOC 9613，第一版），建立了所需导航性能（RNP）概念，并针对太平洋地区制定了相应的 RNP 导航规范。1999 年，ICAO 在 RNP 运行的基础上，发布了《RNP 手册》（ICAO DOC 9613，第二版）。

2003 年 9 月 22 日至 10 月 3 日，在蒙特利尔召开的第十一届空中航行会议（AN-CONF/11）上，各成员国建议 ICAO 整合原有各国和地区 RNP 和 RNAV 运行规范，形成统一 PBN 运行标准，在全球实现一致化运行。ICAO 借鉴了世界各成员国先期 RNAV 和 RNP 运行经验，在此基础上回顾并重新定义了 RNAV 和 RNP 概念，并正式建立了 PBN 运行概念。2008 年，ICAO 发布了《PBN 手册》（ICAO DOC 9613，第三版）。2013 年，ICAO 发布了《PBN 手册》第四版，如图 6.1 所示。《PBN 手册》中详细描述了不同 RNAV 和 RNP 导航规范的运行要求，为 PBN 全球协调和一致化运行奠定了基础。

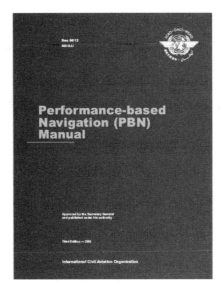

图 6.1 PBN 手册

6.2 PBN 实施计划

6.2.1 ICAO 要求

以第十一届空中航行会议为基础，ICAO 在 2007 年 9 月召开的第 36 届大会决议中指出，"各缔约国应在 2009 年完成 PBN 实施计划，确保在 2016 年底之前，以全球一致和协调的方式过渡到 PBN 运行"。

在 PBN 运行要求和运行框架下，ICAO 要求各缔约国把类精密进近程序（APV）（基于 Baro-VNAV 和 SBAS 增强）作为仪表进近的主要方式，或者作为精密进近的备份方式。与此同时，要求各缔约国于 2010 年完成 30%、2014 年完成 70%、2016 年在所有机场实现 PBN 运行。

6.2.2 全球 PBN 实施计划

6.2.2.1 亚太地区实施计划

国际民航组织亚太办公室，先后多次召开 PBN 工作会议，讨论亚太地区 PBN 实施计划。2010 年 9 月，ICAO 亚太办公室发布了《ASIA/PACIFIC REGIONAL PERFORMANCE-BASED NAVIGATION IMPLEMENTATION PLAN》（第 2 版）。该计划提出在亚太地区 PBN 实施分三个战略阶段，即短期（2009—2012）、中期（2013—2016）和长期（2016 年以后）三个阶段。

在该实施计划中，ICAO 亚太办公室对亚太所属国家和地区 PBN 实施进程作了较为具体的要求，并且制定了航路、终端区和进近实施战略，提出了亚太地区实施 PBN 的战略目标。战略目标如下：

（1）确保在实施 CNS/ATM 系统中导航项目有明确的运行要求。

（2）避免重复或不恰当地安装机载和地面设备。

（3）避免地区间/内重复性适航审定和运行批准。

（4）详细解释与未来导航应用相关的地区空中导航规划（RANP）内容。

6.2.2.2　欧洲实施计划

虽然 ICAO 于 2008 年才发布《PBN 手册》并正式定义 PBN 概念，但是早在 1998 年，欧洲就要求对区域导航系统的使用进行适航审定和运行认证。1998 年 1 月 29 日，欧洲率先实施基本 RNAV（B-RNAV）运行。从 2001 年开始，欧洲在终端区运行逐步引入精密 RNAV（P-RNAV）运行，2009 年随后引入 RNP 进近（RNP APCH）运行。与当前 PBN 概念下的导航规范相比较，B-RNAV 等同于 RNAV-5 规范，P-RNAV 等同于 RNAV-1/2 规范。因此，航空器如果通过了 B-RNAV 和 P-RNAV 的适航审定和运行认证，则无需再进行 RNAV-5 和 RNAV-1/2 审定和认证。

根据 ICAO 的要求，欧洲航空安全局（EASA）和欧洲航行安全组织（EUROCONTROL）等也制定了欧洲 PBN 实施规则，包括《Provision of requirements in support of global PBN operations》《Performance-Based Navigation (PBN) implementation in the European Air Traffic Management Network (EATMN)》等规范性文件，以支持 PBN 在欧洲及全球一致化运行。

6.2.2.3　美国实施计划

美国 FAA 于 2003 年发布了《Roadmap for PBN》（第一版），2006 年 7 月发布了第二版，如图 6.2 所示。

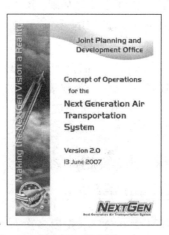

图 6.2　美国 PBN 路线图和下一代交通运输系统

在该计划中，FAA 制定了美国实施 PBN 的具体时间框架，实施阶段分为近期（2003—2006）、中期（2007—2012）和远期（2013—2020）。

美国基于美国国家空域系统（NAS）制定 PBN 实施计划，目的是为美国构建下一代空中交通运输系统（NextGen）提供支持。同时，FAA 还发布了《Concept of Operations for Next Generation Air Transportation System》《NextGen IMPLEMENTATION PLAN》《FAA FLIGHT PLAN》等相关文档，如图 6.3 所示。

图 6.3　美国下一代运输系统实施计划和飞行计划

美国在《Roadmap for PBN》中，除了对 ICAO《PBN 手册》中所定义的导航应用和导航规范制定实施计划外，还考虑本国和本地区情况，专门为繁忙机场、航路点之间建立 Q 航路制定实施计划。Q 航路类似于"快线"高空 RNAV 航路，航路导航规范为 RNAV-2，可增加航路交通流量。同时，为满足美国通用航空的需要，在部分空域和终端区建立了 T 航路。T 航路是低空 RNAV 航路，在陆基导航和雷达引导下，避开限制空域，以实现在美国 B 类和 C 类空域之间便捷飞行运行。

美国目前已经在本土规划和建设了布局和覆盖较为完善的陆基导航系统（主要是 VORTAC），并且有 GPS 系统作为主用卫星导航系统，因此美国的 PBN 计划可以作为全球的典范。

6.2.2.4　日本 RNAV 实施计划

2007 年日本民航局（JCAB）发布了《RNAV Roadmap》，如图 6.4 所示。作为日本 PBN 实施计划，实施阶段分为近期（2007 年前）、中期（2008—2012）和远期（2013—2018 或更远）三个阶段。鉴于日本本土地基导航设施布局较为完善、国内复杂环境和复杂地形机场较少等情况，日本的 PBN 计划在近期和中期，更侧重于 RNAV 的实施计划，远期将从 RNAV 运行过渡到 RNP 运行。

图 6.4　日本 RNAV 路线图

6.2.2.5 其他地区 PBN 实施计划

除美国、欧洲、日本外，包括非洲、印度洋地区、南美洲等在内的国家和地区，都制定了 PBN 实施计划。南美和加勒比海地区于 2008 年 7 月发布了《CAR/SAM ROADMAP FOR PERFORMANCE BASED NAVIGATION》(1.4 版)。2010 年 3 月，南非发布了 PBN 实施计划。

随着全球 PBN 实施计划的建立，全球民航界将实现一致化运行，减小国家和地区之间的运行差异，简化运行批准程序，构建新的全球民用航空运输体系。

6.2.3 中国 PBN 实施计划

中国民航局（CAAC）一直致力于全民航推广实施 RNAV、RNP 及 PBN 技术。从 2001 年开始，飞经我国西部地区的 L888 航路就开始采用 RNP4 运行。2002 年，民航局在天津/滨海机场实验 RNAV 运行。2006 年，国航西南公司 B757-200 机型，首先在拉萨/贡嘎机场建立了 RNP AR APCH 运行能力。随后中国民航开始在相关机场和航路，逐步建立 PBN 运行能力。

为解决西部高原机场和一些特殊机场（含高原和高高原机场）的可飞性问题，中国民航先后在多个西部高原和高高原机场，建立了多种机型的 RNP AR APCH 飞行程序和运行能力。为解决北京/首都机场、广州/白云机场、深圳/保安机场、上海/浦东、上海/虹桥等机场的流量问题，先后在这些机场建立了 RNAV 终端区运行能力。为解决空域受限问题，在三亚/凤凰机场首先建立了 RNP APCH 运行能力。截至 2016 年底，中国民航已在绝大部分民用机场完成了 PBN 程序设计并建立了 PBN 运行能力，从 2017 年开始中国民航已进入全面实施 PBN 运行阶段。

为支持中国民航 PBN 技术的推广应用，根据 ICAO 的建议和要求，中国民航局制定了《中国民航基于性能的导航实施路线图》，第一版（中文、英文）已于 2009 年 10 月正式对外发布，如图 6.5 所示。

图 6.5　中国民航 PBN 实施路线图

《中国民航 PBN 实施路线图》中明确，中国民航 PBN 实施分为三个阶段，即近期（2009—2012）、中期（2013 - 2016）、远期（2017—2025）。近期是 PBN 重点应用阶段，2012 年底必须在 30% 的机场实施 PBN 运行，所有国际机场全面实现 PBN 运行。中期实现 PBN 全面应用，计划 2016 年底完成所有机场 PBN 运行。远期中国民航将实现 PBN 与 CNS/ATM 系统整合，构建我国"新一代航空运输系统"。中国民航 PBN 推广应用速度快、质量高、效果好，目前也成为全球 PBN 推广应用典范。

为积极推进中国民航 PBN 技术的应用，中国民航局飞行标准司先后制定和发布了多个与 PBN 相关咨询通告，主要包括：

（1）《要求授权的特殊航空器和机组（SAAAR）实施公共所需导航性能（RNP）程序的适航与运行批准准则》（AC-91FS-05）（RNP AR APCH，2006 年 12 月 27 日）。

（2）《RNAV5 运行批准指南》（AC-91-08）（RNAV5，2008 年 2 月 22 日）。

（3）《在航路和终端区实施 RNAV1 和 RNAV2 的运行指南》（AC-91-FS-2008-09）（RNAV1&2，2008 年 6 月 26 日）。

（4）《在海洋和偏远地区空域实施 RNP4 的运行指南》（AC-91-FS-2009-12）（2009 年 5 月 20 日）。

（5）《在终端区和进近中实施 RNP 的运行批准指南》（AC-91-FS-2020-01R1）（RNP APCH，2010 年 3 月 1 日）。

（6）《民用航空机场运行最低标准制定与实施准则》（AC-91-FS-2011-01）（2011 年 4 月 19 日）。

6.3 基于性能的导航概念

6.3.1 区域导航

6.3.1.1 RNAV 概念

区域导航（Area Navigation，RNAV）是一种导航方式，允许航空器在陆基导航设施信号覆盖范围内，或者在机载自主导航设备的工作能力范围之内，或利用 GNSS 或二者组合，沿任意期望路径飞行。

6.3.1.2 RNAV 运行要求

区域导航由具备区域导航能力的机载导航系统实现，比如具备区域导航能力的区域导航计算机或者机载 FMS。目前能够提供区域导航服务的导航传感器主要包括 VOR/DME、DME/DME、INS/IRS 和 GNSS 导航等，这些导航传感器可以单独提供导航服务，也可以组合提供导航服务，其中 GNSS 为区域导航首选导航源。

在 PBN 运行框架下，RNAV 是一种运行方式，RNAV 需要在地面监视下运行，主要采用陆基二次监视雷达（SSR）或者其他等效监视手段。在经过飞行运行安全评估（FOSA）后，部分运行也可以不需要监视手段。

6.3.2 所需导航性能

6.3.2.1 RNP 概念

所需导航性能（RNP）是建立在 RNAV 基础上的一种导航和运行概念，是一种附加机载性能监视和告警（Onboard Performance Monitoring and Altering，OPMA）功能要求的区域导航运行。RNP 系统是具备 OPMA 功能的区域导航系统。

6.3.2.2 RNP 运行要求

在 PBN 运行框架下，RNP 运行时机载系统必须具备 OPMA 功能。OPMA 功能要求航空器在 RNP 飞行运行中，一旦导航性能不满足要求，则机载系统应向机组发出提醒和告警信息。

OPMA 功能是为了满足导航和空域设计两方面的需要，涉及侧向、纵向及垂直导航性能。OPMA 功能提高了飞行机组的情景意识，即使在没有空中交通服务的情况下运行，实施 RNP 运行也能优化空域及航路、减少航空器超障余度、缩小航空器航路间隔、提高飞行运行效率和效益。

6.3.3 基于性能的导航

基于性能的导航（PBN）概念，源于 ICAO 先前定义的"新航行系统"（CNS/ATM）概念，"N"即 CNS 中的"N"（导航），"P"（性能）指航空器导航性能。PBN 运行的基础是区域导航，包含 RNAV 和 RNP 两种导航规范。

基于性能的导航（PBN）是指在指定空域概念下运行时，对航空器区域导航系统的精度、完好性、可用性、连续性和功能性等方面的要求。PBN 运行标志着由基于传感器导航运行，向基于性能导航运行的转变。

6.3.4 PBN 运行三要素

PBN 运行的三个基本要素，是"导航应用""导航规范"和支持运行的"导航基础设施"。

6.3.4.1 导航应用

导航应用（Navigation application）是指按照空域概念，将导航规范及相关的导航系统基础设施，应用于空中交通服务航路、仪表进近程序和/或空域。RNAV 应用由 RNAV 导航规范来支持，RNP 应用由 RNP 导航规范来支持。

6.3.4.2 导航规范

导航规范（Navigation specification）是一组对航空器和机组人员的要求，详细说明了在指定空域概念下沿指定航路、仪表飞行程序飞行运行时，区域导航系统精度、完好性、可用性和连续性等方面性能要求。

PBN 运行包含两类导航规范，即 RNAV 规范和 RNP 规范，如图 6.6 所示。RNAV 规范，即基于区域导航的导航规范，机载系统无导航性能监视和告警（OPMA）的要求，以前缀 RNAV 标示，包括 RNAV 10（RNP 10）、RNAV 5、RNAV 2、RNAV 1 等。RNP 规范，即在区域导航条件下，机载系统由导航性能监视和告警（OPMA）的要求，以前缀 RNP 标示，包括 RNP 4、RNP 2、RNP 1、RNP APCH、RNP AR APCH 等。

导航规范是各个国家/地区民航当局对航空器进行合格审定和运行审批的基础，主要包括以下内容：

（1）区域导航系统在精度、完好性、连续性和可用性方面必备的性能。

（2）为达到所需性能，区域导航系统需要具备的功能。

（3）整合到区域导航系统中，能满足所需性能的可用导航传感器。

（4）为达到区域导航系统运行性能，必备的飞行机组程序和其他程序。

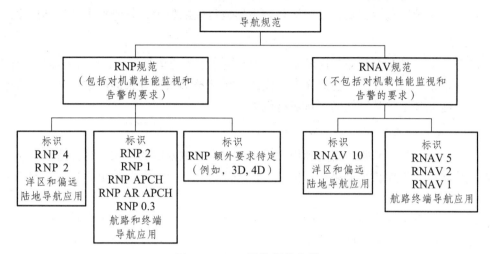

图 6.6　PBN 导航规范分类

6.3.4.3　导航基础设施

导航基础设施（Navaid infrastructure）是指陆基导航设施、星基或机载自主导航设施。这些导航基础设施的性能必须符合 ICAO 附件 10《航空电信》中的要求。

在 PBN 运行中，卫星导航系统作为主用导航设施，具有优越的导航性能，可以在大陆航路、洋区航路、终端区、进近着陆及地面滑行等所有飞行阶段使用。陆基导航设施由于其导航性能有限，因此在 PBN 运行中受到一定的使用限制，不能满足高性能运行（比如 RNP 进近）的要求。在先前传统飞行运行中广泛使用的 NDB 台，由于所提供的导航性能较差，因此在 PBN 运行中不再使用，仅在不能实施 PBN 运行的传统运行中使用。

6.3.5　PBN 运行优势

6.3.6.1　传统导航缺点

传统导航基于传感器导航，航空器从一个导航台飞至另一个导航台，要求机载接收机利用收到的陆基导航台信号，获得航空器离台方位/距离，人工或自动实现导航定位和偏航判断。

台到台的传统导航和运行模式，主要存在以下缺点：

1. 导航精度低

传统陆基导航利用 NDB 方位、VOR 方位、DME 距离等，采用方位控制或者距离控制等方式来计算和确定航空器的二维位置。由于 NDB、VOR 台方位精度和 DME 距离精度相对较差，因此定位误差较大，不能满足高精度运行等级的要求。

同时，由于导航定位精度低，在程序设计时需要较大的定位容差，在航路划设时需要较大的航路保护区和空域，因此极大地限制了飞行运行，甚至在某些机场终端区无法实现基于传统导航的飞行运行。

2. 空域利用率低

由于必须基于地面台进行定位，因此只有在陆基导航台信号覆盖范围内，才能建立传统运行航路。如果陆基导航台覆盖不够，则极大地限制了空余利用效率。同时，由于定位误差较大，需要的保护区宽度较宽，飞行运行航空器放行间隔较大，也降低了空域利用率。

3. 运行成本高

在陆基导航信号存在覆盖盲区的空域，如果要建立传统运行能力，必须增加陆基导航台，这势必增加建设和运行成本。在海洋、沙漠或者山区地形条件复杂的区域，甚至无法建设陆基导航台、建立基于陆基导航的飞行运行能力。

4. 航路规划受限

传统台到台飞行，航路规划受到极大限制。在有空域限制的区域，将会造成航路点布局不合理、航路总里程加长。如果空域内有高山等障碍物，导航台覆盖也不足，将导致无法建立低空航路飞行运行能力。

如果航路起点是方位测量台（如 NDB 或者 VOR 台），随着离台距离越来越远，方位误差增加将导致航路保护区宽度越来越大。如果需要将保护区宽度约束在规定值内，必须增大导航台的覆盖，这样既增加了运行成本，又限制了航路规划。

6.3.6.2 区域导航的优势

航空器区域导航功能由机载区域导航计算机来实现。现代大中型运输机上几乎都加装有FMS 系统，区域导航功能则由具备区域导航能力的飞行管理计算机（FMC）来实现，陆基导航、惯性导航和卫星导航则作为 FMS 的导航传感器及信息源使用。由于 GNSS 导航性能最优，因此在通常情况下 GNSS 是首选导航源。

与传统导航相比较，区域导航运行具有明显优势，主要体现在以下几个方面：

1. 建立直线航线、缩短飞行距离

区域导航的一个典型特征，是脱离陆基导航台的约束，不需要从一个导航台飞向另一个导航台，可采用从一个航路点向另一个航路点飞行的方式。当然，导航台所在的位置坐标，也可以作为一个航路点（Waypoint）使用。

利用区域导航的特征，可以在两个距离较远的航路点之间建立大圆航线，缩短飞行距离，降低运行成本。

2. 定义随机航路，提高飞行运行灵活性

在飞行运行中，如果遇到因气象原因或者空中交通管制等原因需要绕飞时，可以根据需要临时选择或定义计划航路以外的航路点，构建随机航路，提高飞行运行的灵活性，实现绕飞或者避让。

3. 建立平行航路，提高航路流量

在空域受限、飞行高度层受限，或者飞行运行流量较大的航路，可以通过建立平行航路偏离计划航路飞行，来提高航路和空域的利用效率。在实施缩小垂直间隔（RVSM）运行时通常利用区域导航能力来建立平行航路。

4. 提高导航精度，缩小运行间隔

在通常情况下，航路导航和终端区导航首选区域导航源为 GNSS。由于 GNSS 的导航精度很高，因此可以缩小航路和终端区的飞行运行间隔，包括横向和纵向间隔，缩小保护区宽度，提高空域利用率，增加飞行流量。

5. GNSS 导航，实现全球覆盖

GNSS 是现代民用航空首选区域导航源，可以为海洋、边远陆地区域、南北两极高纬地区等的全球区域提供高精度导航服务，脱离了陆基导航的约束以实现全球飞行运行。

6. GNSS 单一导航，减少陆基导航设施

GNSS 可以为航路、终端区、非精密进近、类精密进近、精密进近及地面滑行提供导航定位服务，同时还可以服务于空管监视（如 ADS-B 监视），因此 GNSS 可以作为民用航空飞行运行单一首选导航源使用，减少陆基导航设施，降低运行成本。但是作为冗余备份导航源，惯性导航和陆基导航设施在今后一定时期内还将继续存在。

6.3.6.3 PBN 作用及运行优势

包括 RNAV 和 RNP 运行在内的 PBN 运行有别于传统运行方式，PBN 代表了基于"传感器导航"到"基于性能的导航"的转变。RNAV 运行可基于陆基、星基或者惯性导航；RNP 运行也属于区域导航。RNP 进近程序能够进一步减小越障标准，可以建立曲线航迹，实现 2D、3D、4D 以及 4D/T 运行，因此程序设计和飞行运行更加灵活。

如图 6.7 所示，传统运行航路或者航路段保护区，与所使用的前方或者后方陆基导航设施有关，离台越远导航定位误差越大，需要的保护区越宽。RNAV 和 RNP 运行都是基于区域导航运行，因此保护区与陆基导航设施的距离无关，RNP 运行的保护区还可以更窄。

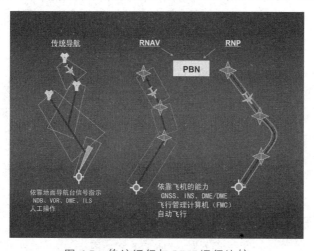

图 6.7　传统运行与 PBN 运行比较

与传统运行相比较，PBN 运行具有诸多作用及优势，典型优势包括：

（1）精确地引导航空器，实现飞行运行安全。

（2）提供垂直引导，实现连续稳定下降，减少可控撞地（CFIT）风险。

（3）改善全天候运行水平，提高航班正点率，保障地形复杂机场的运行安全。

（4）优化飞行航迹，增加飞行业载，减少飞行时间，节省燃油。

（5）规避噪音敏感区，减少排放，提高环保水平。

（6）实施平行航路，增加终端区进、离场程序定位点，提高交通流量。

（7）缩小航空器侧向和纵向间隔，增加空域容量。

（8）减少陆空通话和雷达引导需求，降低飞行员和管制员工作负荷。

（9）减少陆基导航基础设施建设，提高运行的整体经济效益。

6.4 机载性能监视和告警

PBN 运行的主要目的是严格控制和充分发挥航空器的导航性能，以符合不同导航规范下航路、终端区、进近等各飞行阶段飞行运行的要求，进一步提高飞行运行安全性和效率。

RNP 运行既是一种区域导航方式，同时也须具备机载性能监视和告警（OPMA）功能。机载性能监视与告警能力可以满足两种需求，一是机载监视和告警需求，二是空域设计需求。

OPMA 功能主要针对航空器导航性能，导航性能体现在侧向、纵向和垂直三个方向。基于气压高度垂直导航（Baro-VNAV）的 RNP 运行中侧向和纵向导航使用星基导航源，垂直方向使用气压高度引导。对于飞行运行来说，侧向和垂直方向导航精度影响最大。

6.4.1 侧向误差定义

航空器侧向位置误差与航空器保持航迹能力和导航定位误差等因素有关，用总系统误差（TSE）来表示。TSE 包含三个方面误差，即航迹定义误差（PDE）、飞行技术误差（FTE）和导航系统误差（NSE），如图 6.8 所示。统计分析结果表明，PDE、FTE 和 NSE 呈相互独立、零均值的高斯分布，因此 TSE 也符合高斯分布。

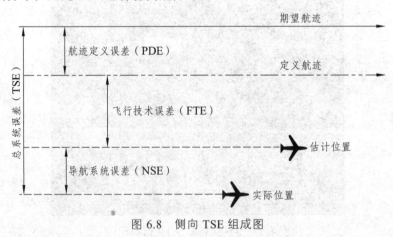

图 6.8　侧向 TSE 组成图

由于三种误差在空间呈矢量分布，因此 TSE 是这三种误差的矢量和，TSE 的标准差为这三种误差标准差平方和的平方根（RSS）。RNAV 和 RNP 导航规范的精度要求，从侧向和纵向都作出了规定。由于 PDE、FTE 和 NSE 的误差分布呈三维分布，因此机载性能监视和告警也是三维的。

TSE 计算表达式为：

$$TSE = \sqrt{FTE^2 + NSE^2 + PDE^2}$$ （6.1）

TSE 不但是三种误差分量的矢量和，也是 PBN 航路保护区划设、PBN 飞行程序设计保护区划设、障碍物评估的重要依据。一旦航路侧向保护区宽度（95%概率）确定，则要求 TSE 必须控制在该保护区宽度以内。

6.4.2 侧向误差约束和控制

从式（6.1）可以看出，如果要约束和控制侧向总系统误差 TSE，必须要分别约束和控制 FTE、NSE 和 PDE 这三个分量。如果 RNAV 或者 RNP 值较大，控制 TSE 比较容易实现；如果该值很小时，比如 RNP0.1，要约束和控制 TSE 及各分量就比较困难。

6.4.2.1 PDE 控制

在 TSE 各分量中，PDE 可以通过高精度测量和航路点坐标精确定义来控制。在设计 RNP APCH 和 RNP AR APCH 进近程序之前，要求使用高精度测量仪器设备，测量机场终端区障碍物、跑道中线两端入口等关键点的坐标，坐标必须基于 WGS-84 系统，其主要原因是 RNP 运行导航源 GPS 采用 WGS-84 坐标系，同时也是为了约束和控制 PDE。如果各航路点坐标经过高精度测量获得，那么在飞行程序设计过程中通常可以将 PDE 忽略。

值得注意的是，在制作机载导航数据库时，需要向导航数据服务提供商提供满足数据质量要求（DQR）的 WGS-84 航路点坐标，以便制作与飞行程序一致的、符合相关要求的机载导航数据库。

6.4.2.2 NSE 和 FTE 控制

在忽略 PDE 的情况下，要控制 TSE 必须分别约束 NSE 和 FTE。

NSE 表示导航系统的水平导航定位误差。通常情况下，VOR/DME、DME/DME、GNSS 三种导航定位方式中，VOR/DME 导航定位精度最低，GNSS 导航定位精度最高。INS/IRS 的导航定位精度与工作时间有关，时间越长精度越低。

FTE 表示航空器航迹跟踪能力，FTE 与航空器的操控方式有关。一般说来，人工操控情况下 FTE 比耦合自动驾驶仪（A/P）时 FTE 要大；人工操控耦合飞行指引仪（F/D）后 FTE 会有所减小。通常 FTE 值不允许超过 TSE 值的一半。表 6.1 列举了波音公司统计的典型运行情况下水平 FTE 值。

表 6.1 不同飞行阶段采用不同飞行模式时的 FTE（95%概率）范围

飞行阶段	人工操纵/n mile	耦合	
		（F/D）/n mile	（A/P）/n mile
海洋	2.0	0.5	0.25
航路	1.0	0.5	0.25
终端区	1.0	0.5	0.25
进近	0.5	0.25	0.125

如果 TSE 固定，可以通过选择不同的导航源和不同的操控方式，来分别控制 NSE 和 FTE。如果使用 VOR/DME 或 DME/DME 导航，导航误差相对较大，要控制 TSE 必须严格控制 FTE。如果使用 GNSS 导航，则 FTE 可以允许大一些。比如 RNP0.3 运行，对 TSE 的约束非常严格。

6.4.3 ANP/EPE

实际导航性能（ANP）是对 FMC 定位质量的估计。ANP 表示在 95% 概率下，飞机的实际位置将处于以 FMC 计算水平位置为中心、以 ANP 值为半径的圆内。ANP 值越小，FMC 计算位置的误差就越小。

波音使用 ANP 概念、空客使用估计位置误差（EPE）概念来表示 FMC 计算位置误差大小。EPE 与 ANP 在计算方法上稍有差异，但是其功用等同。在 B737NG 飞机的主飞行显示器（PFD）上、以及 FMS 的 CDU 位置漂移（POS SHIFT）第 3/3 页和航路段（RTE LEGS）页面上，均可看见 ANP 值（ACTUAL）显示，如图 6.9 所示。

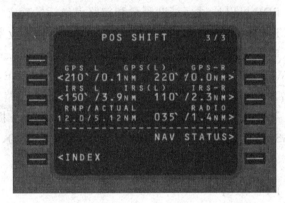

图 6.9　CDU 位置飘移页面 ANP 显示

可以看出，ANP 值的大小与 FMS 导航传感器直接相关。一般情况下，在 GNSS 信号没有受到干扰、且可视卫星几何布局良好时，ANP 是一个很小的值。假如 FMS 首选或者唯一使用 GNSS 导航，则 ANP 值通常很小（0.05 n mile 左右）。在 RNP APCH 和 RNP AR APCH 进近过程中，由于 GNSS 导航定位精度高，因此作为唯一导航源。如果使用的其他导航源、或 GPS 信号不可靠时，ANP 值将变大。如果 ANP 超过 RNP 值，FMS 将发出告警信息。

FMC 在计算 ANP 值时，只考虑导航源产生的误差，不涉及和考虑以下误差：

（1）FMC 或导航传感器软件或硬件误差。

（2）飞行技术误差（FTE）。

（3）报告位置时使用的时间源的误差（驾驶舱时钟误差）。

（4）航迹定义误差（PDE）。

ANP 分为水平 ANP（后续描述中若没有特别说明，ANP 则表示水平 ANP 值）和垂直 ANP（后续阐述即 VANP），ANP 和 VANP 在 PFD 上均有指示，如图 6.10 所示。

图 6.10 是 RNP APCH 或者 RNP AR APCH 进近过程中，PFD 的指示情况。

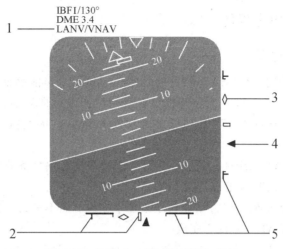

图 6.10　PFD 上 ANP 和 VANP 指示

1—当前接通 LNAV/VNAV 导航模式；

2—导航性能标尺（NPS）。如果进近航路段 RNP 值（外部输入或从导航数据库中读出）为 0.3，则一格表示 0.1；

3—垂直 ILS 的下滑道（G/S），水平航向道（LOC）PFD 的下方同样用空心菱形符号表示。只有在 ILS 进近中 G/S 和 LOC 菱形符号才出现，如果使用 GNSS 导航的 RNP APCH 和 RNP AR APCH 进近，该符号消失；

4—垂直航迹偏离（VDEV），水平航迹偏离在 PFD 下方用相同符号表示。RNP AR APCH 进近在最后进近阶段，VDEV 必须控制在 22 m（75 ft）以内。如果超出限制值，除非已经建立着陆目视参考并具备着陆条件，否则必须立即复飞；

5—ANP 和 VANP，具备 RNP AR APCH 能力的航空器，ANP 在整个飞行阶段都出现，VANP 仅在下降定点之后才出现。ANP 和 VANP 的指示由外圈刻度向内延伸，当 ANP 达到 RNP 值时达到刻度中心，此时出现告警信息（ANP/RNP 表示和数字由白色变为琥珀色）。当 VANP 超过垂直 RNP 值（200 ft）时，出现告警信息（ANP/RNP 表示和数字由白色变为琥珀色）

值得注意的是，若 ANP 值超过导航数据库或机组输入的 RNP 值，在指定的警戒时间后 CDU 草稿栏显示信息"要求 RNP 性能不可用"（UNABLE REQD NAV PERF-RNP）；在进近过程中，导航显示器（ND）MAP 上也会显示琥珀色"要求 RNP 性能不可用"。RNP、ANP 及 VANP 值显示在在位置漂移页面、RNP 进程页面第 4/4 页和航路段页面上，如图 6.11 所示。

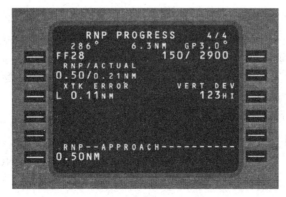

图 6.11　RNP 进程页面 ANP 显示

6.4.4 OPMA 功能实现

6.4.4.1 OPMA 概念

机载性能监视与告警（OPMA）的目的是使飞行机组人员能够证实 RNP 系统是否符合导航规范要求的导航性能。机载性能监视与告警与侧向及纵向导航性能均相关，因为导航系统误差为径向误差（比如 GNSS 定位误差为圆概率误差），因此机载性能监视与告警为全方位的。

机载性能监视与告警（OPMA）是 RNP 运行机载系统必须具备的功能，与区域导航系统的性能和航空器航迹跟踪能力相关。OPMA 具体含义如下：

（1）"机载"指性能监视与告警功能在航空器上完成，而不是其他任何地方，比如不是通过陆基航路跟踪监视或 ATC 监视来完成。

（2）"性能"主要指与运行相关的各项误差，主要包括与操控相关的飞行技术误差（FTE），与导航相关的导航系统误差（NSE）及完好性，以及与航迹定义相关的航迹定义误差（PDE）。其中，PDE 可以通过数据库的完好性，以及定义航迹的功能要求进行约束。通过高精度测量和定义，可以将 PDE 约束在一个可接受的小误差范围，因此可以忽略不计。

（3）"监视"是指自动监视航空器的各项性能，包括总系统误差（TSE）、导航精度及完好性、航迹跟踪误差（或 FTE）等。

（4）"告警"与监视相关：如果航空器的导航系统性能不足，或者航迹跟踪能力不足，就会自动向飞行机组发出告警信息。

6.4.4.2 OPMA 系统

大部分老旧航空器，机载系统不具备 OPMA 功能，少部分新型航空器也不具备该功能（与机载航电设备构型有关）。如果某型航空器计划实施 RNP 运行，必须要对该航空器的机载系统能力进行评估，包括对 OPMA 功能进行评估。如果没有 OPMA 功能的航空器要求执行 RNP 运行，必须进行相关软硬件系统升级和加改装。

满足 OPMA 要求的机载航电系统分为以下两类：

第一类，是具有导航系统误差监视与告警能力（如 RAIM 或 FDE）的机载导航系统，外加一个侧向导航显示器（如 CDI/HSI），使机组人员能够监视 FTE。如果 FDE 忽略不计，则可满足 RNAV 运行监视与告警要求，但不满足 RNP 运行监视与告警要求。

第二类，是具有总系统误差（TSE）监视与告警能力的机载导航系统。如果忽略 FDE，则 TSE 可以在主飞行显示器（PFD）上直观显示和监视。如果 FDE 忽略不计，则既可满足 RNAV 运行要求，也可满足 RNP 运行监视与告警要求。值得注意的是，RNP AR APCH 进近对机载系统还有特殊附加要求，具体要求参考相关法规。

虽然 RNAV 导航规范中机载系统没有 OPMA 功能要求，但是在 RNAV 飞行运行中，可能仍然要求飞行机组对 NSE 和 FTE 进行监视管理。RNP 运行虽然机载系统必须具备 OPMA 功能，但仍然需要机组参与 NSE 和 FTE 的监视和管理。RNAV 和 RNP 运行时机载性能监视和告警的实际效果，在总系统误差（TSE）上表现的效果如表 6.2 所示。

表 6.2　机载性能监视与告警在 TSE 上表现的效果

	RNAV 规范	RNP 规范	
		不要求固定半径至定位点或固定半径过渡的 RNP X 规范	要求固定半径至定位点或固定半径过渡的 RNP X 规范
导航系统误差（监视与告警）	仅凭驾驶员交叉检查导航系统误差：无定位误差告警	定位精度和完好性告警	
飞行技术误差（监视）	由机载系统或机组程序管理	由机载系统或机组程序管理	
航径定义误差	一般可忽略：在旁切、飞越及条件转变没有定义预期航径。		一般可忽略：定义固定半径至定位点和国家半径过渡航径。
反映在总系统误差上的实际效果	总系统误差分布没有限制。此外，转弯性能变化很大，因而需要对转变进行额外保护。	总系统误差分布有限制。但在转弯区需要对航路进行额外保护。	总系统误差分布有限制：如由固定半径至定位点或国家半径过渡定义转弯，则不需要对航路进行额外保护。

6.4.4.3　OPMA 要求

RNP4、RNP 2、RNP1、RNP APCH 等飞行运行过程中，机载性能监视和告警要求类似，具体要求如下：

（1）精度：用 95% 总飞行时间内的总系统误差（TSE）来定义，不同 RNP 导航规范精度要求（RNP 值）有所不同。

（2）性能监视：要求航空器和机组共同监视 TSE，并在未达到精度要求时，或者在 TSE 超过精度值（RNP 值）两倍以上的概率大于 10^{-5} 时，发出告警信息。

（3）航空器故障：故障要根据航空器水平效应的严重程度分类，系统设计必须能够降低发生故障的可能性、或减轻故障影响。无论是设备工作不正常还是失去功能都要考虑。

（4）空间信号故障：关于空间信号（SIS）的要求，在《航空电信》附件 10 中有明确要求，也可以参看本书第 3 章相关内容。在 GNSS 空间信号受到干扰时，不能实施基于 GNSS 的导航。

RNP AR APCH 的性能监视与告警要求，涵盖了 RNP4、RNP 2、RNP 1、RNP APCH 的要求，但其要求更为严格，增加了一些额外的要求，以便更严密地监视或者控制每个误差源。

6.5　RNAV 导航规范

PBN 运行分为 RNAV 运行和 RNP 运行，运行要求主要参考《PBN 手册》中相关规定，以及各国/地区民航当局的相关法律法规。对于不同的飞行阶段，有不同的导航规范可供选择，选择的依据主要基于指定空域内的 CNS/ATM 状况和飞行运行要求。

PBN 导航规范包括 RNAV 和 RNP 两类导航规范，PBN 导航规范如表 6.3 所示。导航规范主要包括七个方面的内容：背景情况、审批过程、航空器要求、运行程序、飞行员知识与培训、导航数据库和对运营人的监督等，个别导航规范还附加了其他相关要求。

表 6.3 PBN 导航规范

导航规范	飞行阶段							
	航路	航路	进场	进近				离场
	洋区/边远地区	大陆航路		起始进近	中间进近	最后进近	复飞①	
RNAV 10	10							
RNAV 5②		5	5					
RNAV2		2	2					2
RNAV1		1	1	1	1		1	1
RNP 4	4							
RNP 2	2							
RNP 1③							1	1
高级 RNP④	2⑤	2 or 1	1	1	1	0.3	1	1
RNP APCH⑥				1	1	0.3⑦1		
RNP AR ARCH				1-0.1	1-0.1	0.3-0.1	1-0.1	
rnp 0.3⑧		0.3	0.3	0.3	0.3		0.3	0.3

注：① 仅在开始爬升后满足 50 m（直升机为 40 m）超障后应用。
　　② RNAV 5 作为航路导航规范，可以在 30 n mile 以外 STAR 初始段和 MSA 以上应用。
　　③ RNP 1 规范仅限于 STARs、SIDs、起始进近、中间进近和初始爬升后的复飞航段使用；在机场 ARP 点外 30 n mile，告警精度值为 2 n mile。
　　④ 高级 RNP 也允许一定范围内的 RNP 水平导航精度。
　　⑤ 可选项（连续性要求更高）。
　　⑥ RNP APCH 导航规范分两部分：A 部分可采用 GNSS 水平导航和气压垂直导航（Baro-VNAV）；B 部分可可用 SBAS 提供水平和垂直导航。
　　⑦ RNP 0.3 应用于 RNP APCH 的 A 部分。不同角度性能要求仅用于 RNP APCH 的 B 部分。
　　⑧ RNP 0.3 导航规范主要用于直升机运行。

RNAV 导航规范主要包括 RNAV 10（RNP 10）、RNAV 5、RNAV 2 和 RNAV 1。其中，RNAV 10（RNP 10）适用于海洋及边远航路，RNAV 5/2/1 适用于陆地航路，RNAV 2/1 也适用于终端区进/离场程序，中国民航目前仅将 RNAV 1 应用于终端区进/离场 PBN 飞行程序。

以下仅从空中航行服务提供者（Air Navigation Service Provider，ANSP）考虑、航空器要求、飞行运行要求等方面简单介绍 RNAV 导航规范及相关运行要求。

6.5.1 RNAV 10 规范

在 PBN 概念定义 RNAV 10 之前，国际上已普遍使用 RNP 10 导航规范。在 PBN 运行框架下，RNAV 10 运行要求的适航和运行审批，与 RNP 10 一致。如果某航空器已经获得 RNP 10 适航和运行审批，无需重新审批。

6.5.1.1 ANSP 考虑

空中航行服务提供者（ANSP）考虑主要涉及导航基础设施、通信、监视服务以及航路间隔等问题。

RNP10 旨在为缩小洋区和偏远陆地的侧向和纵向最低间隔标准提供支持，这些区域的导航设备、通信和监视能力十分有限。RNP10 不需要任何陆基导航设备基础设施，RNP 10 导航源主要采用 GNSS 和/或 INS（或 IRS）也不针对特定航路或特定区域运行规定通信或空中交通服务监视要求，最小航路间距为 50 n mile。

在 AIP 中应该具体明确现有特定航路的导航应用为 RNP 10，同时确定航路的最低航段飞行高度要求，并且所有航路必须基于 WGS-84 坐标系。

如出现以下任何情况，飞行员/运营人应向有关管理当局通报。

（1）27.8 km（15 n mile）或以上的侧向导航偏差。

（2）18.5 km（10 n mile）或以上的纵向导航偏差。

（3）航空器预达报告点和实际到达时间相差 3 min 或以上。

（4）导航系统故障。

6.5.1.2 航空器要求

1. 机载导航设备

RNP 10 要求在洋区和偏远陆地运行的航空器，至少配备两个独立的、可用的远程导航系统，可以是一个惯性导航系统（INS）、一个惯性参照系统/飞行管理系统（IRS/FMS）或一个全球导航卫星系统（GNSS），其完好性可保证导航系统所提供的误导信息不能超出可接受范围。

2. 系统性能、监视和告警

精度：在指定为 RNP 10 的空域内或航路上运行期间，至少在 95% 的总飞行时间中侧向总系统误差必须在 ±10 n mile 之内。至少在 95% 总飞行时间中沿航迹误差也必须在 ±10 n mile 之内。

完好性：航空器导航设备故障按照适航条例被归类为重大故障，出现概率小于 10^{-5}/h。

连续性：失去功能被归类为洋区和偏远陆地导航重大故障。连续性要求通过装载两套独立的远程导航系统（不包括空间信号）来满足。

空间信号：如果使用全球导航卫星系统，在空间信号误差导致侧向定位误差大于 20 n mile 的概率超过 10^{-7}/h 时，航空器导航设备应提供告警。

3. 特定导航服务标准

1）配备两套 GNSS 的航空器

依照有关航空当局的要求，获准使用 GNSS 作为洋区和偏远陆地运行主要导航手段的航空器，这也满足 RNP 10 的要求并且无时间限制。

必须安装两套通过美国技术标准规范（TSO）批准的 GNSS 设备并采用经批准的故障探测与排除能力（FDE）可用性预报程序。在任何情况下，预计无法获得 FDE 的最长允许时间为 34 min。

2）配备两套 INS 或 IRS 装置的航空器 —— 标准时限

根据《联邦法规汇典》（CFR）标题 14 第 121 部分附录 G（或同等的国家标准），获得批准的、配备两套 INS 或 IRS 的航空器，满足最多达 6.2 飞行小时的 RNP 10 要求。

3）配备两套 INS 或 IRS 装置的航空器 —— 延长时限

对于根据《联邦法规汇典》标题 14 第 121 部分附录 G 已获审定的带有 INS 的航空器，只有选择审定 INS 系统精度优于 3.7 km/h（2 n mile）径向误差（2.9678 km/h（1.6015 n mile）侧向航迹误差）的运营人，才需要进行额外延迟时限审定。

4）配备获准作为在洋区和偏远陆地主要导航手段的单一 INS 或 IRS 装置和单一 GNSS 的航空器

配备一个单一 INS 或 IRS 和单一 GNSS 的航空器，无时限地符合 RNP10 的要求。INS 或 IRS 装置必须根据《联邦法规汇典》标题 14 第 121 部分附录 G 进行审批。GNSS 必须通过 TSO-C129a 的审批，并且必须具有获得审批的 FDE 可用性预报程序。在任何情况下，FDE 能力不可用的最大容许时间是 34 min。

6.5.1.3 飞行运行要求

1. 飞行计划

在制定飞行计划阶段，飞行机组和签派员应该特别关注影响 RNP 10 空域（或 RNP10 航路）运行的情况，包括：

（1）核实是否已经考虑了 RNP 10 时限。

（2）如果运行需要，核实 GNSS（如 FDE 能力）要求。

2. 飞行前程序

飞行前除正常程序外，还需要审查在 RNP 10 空域或 RNP10 航路运行的应急程序。这些程序与正常的洋区应急程序相同，唯一的例外是，当航空器再也不能以批准的 RNP10 性能导航时，机组必须能够识别并立即告知空中交通管制员。

3. 航路飞行运行

在洋区区域进入口，必须至少有两套能够达到此导航规范的远程导航系统处于运行状态。如果情况并非如此，飞行员应考虑选择另一条不需要该特定设备的航路或者不得不改航备降进行设备维修。

在进入洋区空域之前，必须使用外部导航设备尽可能精确地核实航空器的位置，可利用 DME/DME 或 VOR/DME 进行无线电位置更新或者位置核实。

在洋区飞行期间，机组必须强制执行交叉检查程序以确定导航误差，从而避免航空器无意中偏离空中交通管制的放行航路。如果导航设备故障或者导航下降，机组人员必须向空中交通管制员报告，或者采取应急程序制止继续偏航。

4. 导航数据库

RNAV10 运行无机载导航数据库强制要求。如果航空器装载有导航数据库，机载导航数据库必须是最新的并适合于运行，必须包括航路上所需的导航设备和航路点。

6.5.2　RNAV 5 规范

RNAV 5 即欧洲先期运行的 B-RNAV，适用于陆基导航设施相对比较完善的大陆航路飞行运行，通常要求提供空中交通服务雷达监视。如果某航空器已经获得 B-RNAV 适航和运行审批，无需重新审批。

6.5.2.1　ANSP 考虑

RNAV 5 运行的航路间隔与交通密度有关，同向交通可采用 16.5 n mile 的标准航路间隔，反向交通可采用 18 n mile 的间隔。在空中交通管制干预能力允许的情况下，可使用最低 10 n mile 的航路间隔标准。在 ATC 许可的情况下，可以建立平行偏置飞行能力。

RNAV5 航路航段切换采用"旁切"（Fly by）方式转弯，转弯航迹取决于真空速、适用的坡度角限制和空中风，这些因素加上制造商采用的不同初始转弯标准，将造成转弯性能存在较大差异。RNAV 5 航路可以建立平行航路和缩小垂直间隔（RVSM）航路。

6.5.2.2　航空器要求

1. 机载导航系统

RNAV 5 运行以区域导航设备/系统为基础，自动确定航空器在水平面内的位置，主要利用以下一种或多种定位传感器的输入信号：

（1）甚高频全向无线电信标/测距仪（VOR/DME）。

（2）测距仪/测距仪（DME/DME）。

（3）惯性导航系统或惯性参照系统（INS 或 IRS）。

（4）全球导航卫星系统（GNSS）。

RNAV 5 飞行运行航空器要求在一种区域导航方式失效后，应具备另一种区域导航备份能力，因此实际运行中通常会加装两种以上区域导航系统。

2. 系统性能、监视和告警

飞行员和管制员应观察航空器航迹保持能力，观察每架航空器的航迹和高度保持能力。如果观察或分析表明航空器出现了失去间隔或超障余度的情况，应该确定明显偏离航迹或高度的原因，并采取措施防止再次发生。

RNAV 5 飞行运行需要监视侧向性能和故障，以保障整个系统的安全并确保空中交通服务系统达到所需目标安全水平。航空器导航性能要求如下：

（1）精度：在指定为 RNAV 5 的空域内或航路上运行期间，至少在 95% 的总飞行时间中侧向总系统误差必须在 ±5 n mile 之内。至少在 95% 的总飞行时间中沿航迹误差也必须在 ±5 n mile 之内。

（2）完好性：航空器导航设备故障按照适航条例被归类为重大故障，出现概率小于 10^{-5}/h。

（3）连续性：如果运营人可以切换到一个不同的导航系统飞往适当的机场，失去功能则被归类为小故障。

（4）空间信号：如果使用全球导航卫星系统，在空间信号误差导致侧向定位误差大于 10 n mile 的概率超过 10^{-7}/h 时，航空器导航设备须提供告警。

注：在指定 RNAV 5 空域内所使用的 RNAV 5 系统，其所需最低完好性和连续性水平通

常通过一个单独安装的系统实现，该系统由一个或多个传感器、一台区域导航计算机、一台导航显示器/水平状态指示器/偏航指示器构成。导航性能监视工作由飞行机组完成，当系统出现故障时，航空器具有参照陆基导航设备进行导航的能力。

3. 特定导航服务准则

1）惯性导航系统（INS）/惯性参照系统（IRS）

RNAV 5 运行如果以惯性传感器为基础位置传感器，并在无线电导航源覆盖不到时提供备份位置数据源，则可使用 INS 或者 IRS 提供导航服务。

如果惯性系统在空中无法实现无线电位置更新，则自前次在地面上进行校正/位置后，RNAV 5 运行最长使用时间不得超过 2 h。

2）甚高频全向无线电信标（VOR）

VOR 在距离导航设施 60 n mile（DVOR 为 75 n mile）以内，导航定位精度满足 RNAV5 运行要求，通常采用 VOR/DME 定位方式。由于传播效应（如多路径）VOR 信号覆盖范围内的某些区域可能会出现较大误差。在出现此类误差时，必须规定部分区域不能使用 VOR 导航。

3）测距仪（DME/DME）

只要在 DME 台信号覆盖范围内，DME 导航定位精度均能够满足 RNAV 5 运行要求，通常采用 DME/DME 定位方式，两条无线电位置线之间的夹角为 30°～150°。在飞行运行时须对接收的 DME 台信号进行检查，以确认收到信号正确可靠。

4）全球导航卫星系统（GNSS）

机载 GNSS 系统必须具备接收机自主完好性监视（RAIM）功能，或者星基增强、地基增强功能，或者多源导航传感器组合增强功能，以实现卫星导航完好性监视。

如果 RNAV 5 运行批准使用传统导航设备作为 GNSS 发生故障时的备份，航空器必须安装批准中规定的所需传统陆基导航机载设备。

如果 RNAV 5 运行使用 GNSS 作为主用导航设备，在签派放行前必须进行 RAIM 预测。如果 RAIM 预测结果发现在计划 RNAV 5 运行的任何阶段，出现连续 5 min 以上失去适当水平的故障检测能力（即 RAIM 空洞），则应该修改飞行计划（即推迟离场或规划一个不同的离场程序）。

6.5.2.3 飞行运行要求

1. 飞行计划

在飞行前计划制定阶段，必须确认预定航路所需的导航设备基础设施，包括任何非 RNAV 应急设备在计划运行时段内的可用性。飞行员还必须确认运行所需的机载导航设施的可用性。

2. 飞行前程序

RNAV 5 运行如果使用 GNSS 主用导航，则对航路上 GNSS 接收机自主完好性监视水平有要求，在签派放行前可通过 RAIM 预测来预报服务。如果预测 RNAV 5 运行的任何阶段连续 5 min 以上失去适当水平的故障检测（FD）能力，则应该修改飞行计划（即推迟离场或规划一个不同的离场程序）。

3. 航路飞行运行

对于 RNAV 5 飞行运行，飞行员应使用侧向偏差指示器（如 HSI）、飞行指引仪（FD）或处于侧向导航模式的自动驾驶仪（AP）。

配备侧向偏差显示器的航空器飞行员，必须确保侧向偏差刻度适用于与航路/程序相关的导航精度（如满刻度偏离值为±5 n mile）。在飞行期间，飞行员应使用 PFD、ND 以及 MCDU 交叉检查，实现对飞行进程的监控。

除非遇到紧急状况或 ATC 允许偏离，否则在包括 RNAV 5 运行的所有导航规范飞行运行过程中，飞行员必须保持航空器沿航路中心线飞行。对于正常运行，侧航迹偏差（XTK）应控制在程序或航路相关的导航精度值的±1/2 以内（RNAV 5 为 2.5 n mile）。在程序/航路转弯期间或之后，允许短暂超出此标准（如早转或晚转），最大偏差为导航精度值的一倍（RNAV 5 为 5 n mile）。

如果 ATC 发布一个航向指令让航空器偏离航路飞行，飞行员不需要修改飞行计划。当航空器不在公布航路上飞行运行时，则程序/航路规定的导航精度不适用。

当航空器区域导航性能不再满足 RNAV 5 要求时，飞行员必须立即通知 ATC。如果使用单独的 GNSS 设备导航，需注意：

（1）在失去接收机自主完好性监视检测功能时，可以继续使用 GNSS 位置进行导航，但定位结果不可信。此时，飞行机组应尝试利用其他陆基导航定位信息交叉检查航空器位置，以确认定位结果可接受。如果确认 GNSS 定位结果不能接受，飞行机组应立即启用备用导航方式并通知 ATC。

（2）如果因 RAIM 告警使导航显示无效时，飞行机组应立即启用备用导航方式并通知 ATC。

4. 导航数据库

RNAV 5 运行无机载导航数据库强制要求。如果使用机载导航数据库，则在 NAIP、AIP 和机载导航数据库中，所有航路点、导航台坐标必须基于 WGS-84 坐标系。没有机载导航数据库，飞行机组须手动输入航路点。

如果安装并使用导航数据库，该数据库应该是最新的并适合于计划运行的地区，还必须包括航路所需的导航设备和航路点。

6.5.3　RNAV 1/2 规范

RNAV 1/2 规范主要用于有雷达监视和直接陆空通信的繁忙陆地航路和终端区运行。RNAV 1 和 RNAV 2 导航规范统一了欧洲精密区域导航（P-RNAV）和美国区域导航（US-RNAV）标准。ICAO 规定，RNAV 1/2 导航规范适用于航路阶段、标准仪表离场（SID）和标准仪表进场（STAR），以及仪表进近程序的起始进近、中间进近阶段。中国民航规定，RNAV 2 主要用于航路飞行，RNAV 1 主要用于终端区进/离场、起始进近、中间进近和复飞阶段飞行。

6.5.3.1　ANSP 考虑

RNAV 1/2 导航规范主要是针对雷达监视环境下的区域导航运行而制定的。RNAV 1/2 的航路间隔标准取决于航路布局、空中交通密度和 ATC 的干预能力，可以建立平行偏置飞行航路，具体实施时可以参考雷达监视下运行的间隔标准。

RNAV 1/2 可以使用 GNSS、DME/DME 和 DME/DEM/IRS 导航，GNSS 为首选导航源。如果 DME 是 IRS 唯一无线电位置更新源，则必须确保 DME 全程覆盖。在有 DME 覆盖盲区的区域，IRS 维持 RNAV1 运行的可用时间仅为 5 min。

如果使用 DME 陆基导航台定位，DME 台距离要求为 3 ~ 160 n mile、仰角控制在 40°以下、DME/DME 与飞机之间的方位线夹角为 30° ~ 150°。如果某个 DME 不可用时，将导致 DME/DME 不能提供满足航路或程序要求的导航服务，则该 DME 台被称作关键 DME。如存在关键 DME，应在航图中明确公布。

虽然近距离 VOR（40 n mile 以内）台可能也能满足 RNAV1/2 运行定位精度要求，但需要进行严格评估，通常不建议使用 VOR/DME 导航定位。

对于程序设计和基础设施评估，运行程序中规定在 95% 概率下 FTE 必须控制在 0.5 n mile（RNAV 1）和 1 n mile（RNAV 2）以内。

6.5.3.2　航空器要求

1. 机载导航系统

RNAV 1 和 RNAV 2 的航空器机载导航设备/系统要求相同，但是导航性能要求不同。RNAV 1/2 飞行运行主要利用以下一种或多种定位传感器的输入信号，因此机载系统必须加装相应接收机/设备。

（1）测距仪/测距仪（DME/DME）。

（2）惯性导航系统或惯性参照系统（INS 或 IRS）。

（3）全球导航卫星系统（GNSS）。

RNAV 1/2 飞行运行首选导航定位源仍然是 GNSS。

2. 系统性能、监视和告警

飞行员和管制员应观察航空器的航迹和高度保持能力。如果观察或分析表明航空器出了失去飞行间隔或超障余度的情况，应该确定明显偏离航迹或高度的原因，并采取措施防止再次发生。

RNAV 1/2 飞行运行需要监视侧向性能和故障，以保障整个系统的安全并确保空中交通服务系统达到所需的目标安全水平。

RNAV 1/2 运行航空器导航性能要求如下：

（1）精度：在指定为 RNAV 1 空域内或航路上飞行运行期间，至少在 95% 的总飞行时间中侧向总系统误差必须控制在 ±1 n mile 之内。至少在 95% 的总飞行时间中沿航迹误差也必须在 ±1 n mile 之内。在指定为 RNAV 2 空域内或航路上飞行运行期间，至少在 95% 的总飞行时间中侧向总系统误差必须控制在 ±2 n mile 之内。至少在 95% 的总飞行时间中沿航迹误差也必须控制在 ±2 n mile 之内。

（2）完好性：航空器导航设备故障按照适航条例被归类为重大故障，出现概率小于 10^{-5}/h。

（3）连续性：如果运营人可以切换到一个不同的导航系统飞往适当的机场，失去功能则被归类为小故障。

（4）空间信号：使用全球导航卫星系统在 RNAV 1 空域内或航路上运行期间，如果空间信号误差导致侧向定位误差大于 2 n mile 的概率超过 10^{-7}/h，航空器导航设备必须提供告警。使用全球导航卫星系统在 RNAV 2 空域内或航路上飞行运行期间，如果空间信号误差导致侧向定位误差大于 4 n mile 的概率超过 10^{-7}/h，航空器导航设备必须提供告警服务。

3. 特定导航服务标准

1）全球导航卫星系统标准

航空器按照 FAA AC 20-130A 要求安装的 TSO-C129/C129a 传感器（B 类或 C 类）和 TSO-C115b 飞行管理系统；或按照 FAA AC 20-130A 或 AC 20-138A 要求安装的 TSO-C145() 传感器和 TSO-C115B 飞行管理系统；或按照 FAA AC 20-138 或 AC 20-138A 安装的 TSO-C129/C129a A1 类传感器；或按照 FAA AC 20-138A 安装的 TSO-C146()传感器，均符合 RNAV 1/2 飞行运行要求。

2）测距仪（DME/DME）标准

RNAV 1/2 飞行运行如果使用 DME/DME 定位方式，则对 DME/DME 区域导航系统有如下要求：

（1）在对导航设施进行调谐后 30 s 内进行位置修正，可自动调谐多个测距仪设施。

（2）提供连续的 DME/DME 位置修正。如果至少在前一个 30 s 内一直有第三个 DME 或第二对 DME 可供使用，则当区域导航系统在 DME/DME 对之间转换时，DME/DME 定位不得有中断。

（3）当需要产生一个 DME/DME 位置时，区域导航系统使用相对方位夹角为 30°～150° 的测距仪。

（4）航空器离 DME 台距离要求大于或等于 3 n mile、小于 160 n mile，仰角小于 40°。

3）测距仪（DME）和惯性参照装置（IRU）的标准

使用 DME/DME 对 IRU 进行位置更新，除 DME/DME 符合以上测距仪标准外，惯性系统性能必须符合《联邦法规汇典》标题 14 第 121 部分附录 G 中的标准，即 IRU/IRS 的累计误差不超过 2NM/15 min。RNAV 1 运行如果使用 IRU/IRS 导航并需要维持 RNAV 1 运行等级，IRU/IRS 使用时间不超过 5 min。

6.5.3.3 飞行运行要求

1. 飞行计划

实施 RNAV 航路、SID 和 STAR 运行的营运人和飞行员应在飞行计划中填写相应的后缀以指明已获得了运行批准。

基于 DME/DME 导航时，应检查通告和相关信息，确认关键 DME 的可用性。飞行员应评估在飞行中发生关键 DME 失效情况下的导航能力（可能需要飞往备降目的地）。如果飞机没有安装 GNSS 设备，则导航系统必须使用 DME/DME/IRU 进行位置更新。

作为最低标准，ABAS 应提供完好性告警。对于采用 SBAS 接收机（所有 TSO-C145/C146）导航的航空器，营运人应检查在 SBAS 信号不可用区域内的 GPS RAIM 可用性。

机载导航数据必须是现行有效的，并且适用于计划运行的区域，包含导航设施、航路点以及编码的起飞机场、目的地机场和备降场的终端区飞行程序和航路等。

2）飞行前程序

如果航空器上加装有 GNSS 机载导航设备，并且 RNAV 1/2 飞行运行使用 GNSS 作为主用导航源，在签派放行前必须进行 RAIM 预测。如果预测结果满足要求则可以放行，如果预测 RNAV 1 或 RNAV 2 运行的任何飞行阶段连续 5 min 以上失去适当水平的故障检测（FD）能力，则应修改飞行计划（如推迟离场或计划一个不同的离场程序）。

飞行机组必须确认在区域导航系统或飞行管理系统（FMS）中正确输入了指定的航路和进、离场程序。进场和离场程序必须根据程序名称从机载导航数据库中调出，并且与航图程序核实确保信息一致。飞行机组应参考航图或采取其他适用的方式交叉检查许可的飞行计划，如适用，还应检查导航系统文本显示和地图显示。

3）航路飞行运行

除非遇到紧急情况或 ATC 批准偏离，否则在整个 RNAV 1/2 运行期间，飞行员都应根据机载水平偏离指示器和（或）飞行引导系统保持在航路中心线上。对于正常运行，横向航迹误差或偏离（飞机位置与 RNAV 系统计算航径之间的差异，即 FTE）应控制在相关程序或航路导航精度的 ±1/2 以内（例如 RNAV1 为 0.5NM，RNAV2 为 1.0NM）。允许在程序或航路转弯后出现最大为导航精度 1 倍的短暂偏离（早转或晚转），如 RNAV1 为 1.0 n mile，RNAV2 为 2.0 n mile。

如果 ATC 发布一个航向指令使飞机脱离 RNAV 程序或航路，则在接到重新加入的许可或 ATC 发布一个新的许可之前，飞行员不允许更改区域导航系统中的程序或航路。若飞机不是在公布的程序或航路上飞行，则规定的精度要求不适用。

4）导航数据库

RNAV 1/2 运行机载区域导航系统必须装载一个包含局方公布的现行有效导航数据的数据库，该数据库能够按照定期制（AIRAC）周期进行更新。数据库所有航路点坐标、DME台坐标必须基于 WGS-84 坐标系。

在飞行运行过程中，根据 ATC 的许可指令，允许飞行机组从数据库中选择、插入个别的已命名的定位点。不允许通过人工输入经纬度坐标或用距离/方位的方式输入或创建一个新航路点。

数据库必须有保护措施，以防止飞行员修改所存储的数据。禁止机组改变数据库的航路点类型（旁切或飞越）。

6.5.4　附加运行要求

为支持和批准 RANV 运行，除了在《PBN 手册》中对 RNAV 的运行要求作了规定外，各国家和地区民航局也制定了相应的咨询通告或运行批准指南。中国民航局飞行标准司针对 RNAV 5 和 RNAV 1/2 运行，先后制定了《RNAV 5 运行批准指南》（AC-91-08）和《在航路和终端区实施 RNAV 1 和 RNAV 2 的运行指南》（AC-91-FS-2008-09）两个咨询通告。

在以上法律法规基础上，以及前述 RNAV 运行要求的基础上，RNAV 运行还有相关附加要求，主要包括以下内容：

1. 航路规划/飞行程序设计

按照 ICAO 和 CAAC 有关航路和飞行程序设计的规范和标准，规划 RNAV 导航航路和设计 RNAV 终端区飞行程序,并进行陆基导航设施和空管保障设施的建设和评估,以满足 RNAV 运行的要求。

2. 飞行计划表填写要求

根据《空中交通管理》(ICAO DOC 4444)附件 2 的要求，在 Flight Plan（飞行计划）表上必须填写相关代码，以指明该航空器已获得批准运行的导航规范，如图 6.12 和 6.13 所示。PBN 导航规范包括 RNAV 和 RNP 导航规范，在不同版本的 DOC 4444 中飞行计划表的填写规则要求不同。

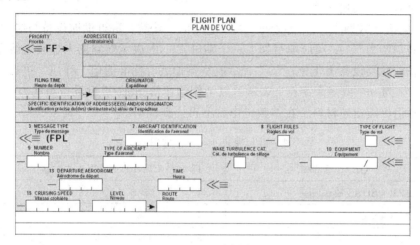

图 6.12　飞行计划表（1）

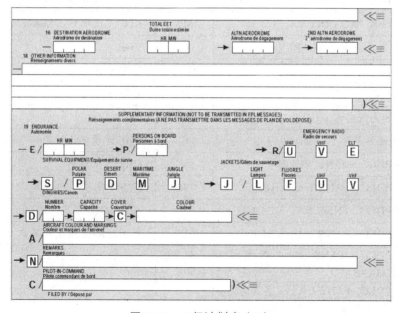

图 6.13　飞行计划表（2）

根据 2012 年 10 月中国民航局空管局下发的《国际民航组织新版飞行计划格式和空中交通服务程序指导材料》(第二版)的规定，要求自 2012 年 11 月 15 日起，全球将统一执行新版飞行计划格式标准和空中交通服务电报程序。新版飞行计划标准格式和空中交通服务电报程序是对 ICAO《航行服务程序-空中交通管理》（PANS-ATM，Doc4444 号文件）第十五版的第一次修订。

在该规定中，设计 PBN 运行的修订内容有多项，以下主要对飞行计划表中编组 10 和编组 18 填写规则进行说明。

根据编组 10 涉及机载设备和能力的说明，机载设备与能力由以下元素组成：

（1）在飞机上存在的相关可用设备。

（2）与机组成员资格能力相符的设备和能力。

（3）经过有关当局授权使用的。

编组 10 包括 A/B 两项，A 项说明"无线电通信、导航及进近助航设备与能力"，B 项说明"监视设备与能力"。A 项应填写如下一个字母："N"表示航空器未加装无线电通信、导航、进近设备或此类设备不工作；"S"表示航空器加装有标准通信、导航、进近设备并可工作；和（或）下列一个或多个字符，表示可以工作的通信/导航/进近设备与能力，如表 6.4 所示。B 项内容请参阅指导材料，在本教材中就不再详细说明。

表 6.4　FPL 编组 10 中 A 项内容含义

A	GBAS 着陆系统	J7	CPDL、FANS 1/A, 卫星通信（铱星）
B	LPV（SBAS 垂直引导）	K	MLS
C	LORAN-C	L	ILS
D	DME	M1	ATC 无线电话、卫星通信（INMARSAT）
E1	FMC、航路点位置报告、ACARS	M2	ATC 无线电话（多功能运输卫星）
E2	FIS-B、ACARS	M3	ATC 无线电话（铱星）
E3	起飞前放行、ACARS	O	VOR
F	ADF	P1-P9	RCP 预留
G	GNSS	R	获得 PBN 批准
H	HF 无线电话	T	TACAN
I	惯性导航	U	UHF 无线电话
J1	CPDLC、ATN、VDL2	V	VHF 无线电话
J2	CPDLC、FANS 1/A、HDL	W	RVSM 批准
J3	CPDLC、FNNS 1/A、VDL4	X	获得 MNP 规范批准
J4	CPDLC、FANS 1/A、VDL2	Y	有 8.33KHz 频道间隔能力的 VHF
J5	CPDLC、FANS 1/A、卫星通信（INMARSAT）	Z	携带的其他设备或能力
J6	CPDLC、FANS 1/A、卫星通信（多功能运输卫星）		

编组 18 为"其他情报"信息。本组数据项和表示内容很多，包括 PBN 运行的相关信息，对应数据项和表示内容如表 6.5 所示。

编组 18"PBN/"与编组 10 数据项 A 的关系说明如下：

（1）如果在编组 10A 中使用了"R"，则在第 18 编组"PBN/"需要填写内容；相反，如果在"PBN/"填写了内容，则在第 10A 中，需填写"R"。

（2）如果填写了 B1、B2、C1、C2、D1、D2、O1 或者 O2，那么与之对应，在编组项 10A 中必须包含"G"。

（3）如果填写了 B1、B3、C1、C3、D1、D3、O1 或者 O3，那么对应的在编组项 10A 中必须包含"D"。

（4）如果填写了 B1 或者 B4，那么对应的在编组项 10A 中必须包含"O"或"S"，并且同时要包含"D"，见附录 3。

（5）如果填写了 B1，B5，或 C1，那么对应的在编组项 10A 中必须包含"I"。

（6）如果填写了 C1、C4、D1、D4、O1、O4，那么对应的在编组项 10A 中必须包含"D"和"I"。

表 6.5　FPL 编组 18 中 PBN 运行内容含义

PBN/	表示区域导航和/或所需导航性能的能力，只能填写指定的字符内容，最多 8 个词条，不超过 16 个符号 区域导航规范： A1 RNAV 10（RNP 10） B1 RNAV 5 所有允许的传感器 B2 RNAV 5 全球导航卫星系统 B3 RNAV 5 测距仪/测距仪 B4 RNAV 5 甚高频全向信标/测距仪 B5 RNAV 5 惯性导航或惯性基准系统 B6 RNAV 5 罗兰 C C1 RNAV 2 所有允许的传感器 C2 RNAV 2 全球导航卫星系统 C3 RNAV 2 测距仪/测距仪 C4 RNAV 2 测距仪/测距仪/IRU D1 RNAV 1 所有允许的传感器 D2 RNAV 1 全球导航卫星系统 D3 RNAV 1 测距仪/测距仪 D4 RNAV 1 测距仪/测距仪/IRU 所需导航性能规范： L1 RNP 4 O1 基本 RNP 1 所有允许的传感器 O2 基本 RNP 1 全球导航卫星系统 O3 基本 RNP 1 测距仪/测距仪 O4 基本 RNP 1 测距仪/测距仪/IRU S1 RNP APCH S2 具备 BARO-VNAV 的 RNP APCH T1 有 RF 的 RNP AR APCH（需要特殊批准） T2 无 RF 的 RNP AR APCH（需要特殊批准）
NAV/	除 PBN/规定之外，按有关 ATS 单位要求，填写与导航设备有关的重要数据。在此代码项下填入全球导航卫星增强系统，两个或多个增强方法之间用空格 示例：NAV/GBAS SBAS

3. DME GAP 评估

DME 覆盖盲区（DME GAP）是指利用 DME 导航时，导航精度能够满足运行要求但却不能接收到 DME 信号的航路段。这些 DME GAP 要求在 AIP/NAIP 上予以公布。

如果仅利用 DME/DME 实施区域导航，则不允许航空器在存在 DME GAP 的航路段飞行。如果采用 DME/DME/IRU 实施区域导航，要求存在 DME GAP 的航路段，使用 GNSS 或者 IRS/IRU 导航。

在 RNAV1 运行时，如果是 DME/DME 导航，则必须满足 DME/DME 完全覆盖并达到精度要求；如果存在 DME GAP 恢复到 IRU 导航，DME GAP 航路段 IRU 运行时间不允许超过 5 min。

4. 关键 DME 公布

如果一台关键 DME 不可用，则导致沿指定航路或者 PBN 飞行程序飞行时，DME/DME 导航不可用。

要求在 AIP/NAIP 上公布关键 DME 台。如果因为关键 DME 不可用，导致航空器不能连续按 RNAV 要求运行，机组应该立即报告 ATC。如果出现突发性 DME 失效导致不能满足 RNAV 运行要求，ATC 应立即通告机组。

5. 临时航路点要求

如果因为紧急情况或管制原因，ATC 要求航空器临时改航飞向飞行计划外的一个临时航路点，则需要对这些计划外的航路点进行评估。评估工作必须在飞行前完成，并且将这些点列入机载导航数据库中，不允许机组任意临时创建航路点，否则必须 By ATC 飞行。

6. 降等级运行

在 PBN 运行过程中，如果 GNSS 作为导航源失去导航功能、或者陆基导航和惯性导航不能满足飞行计划导航规范运行要求时，飞行机组应该立即报告 ATC。ATC 根据运行环境和空域情况，对该航空器发出降等级运行指令。机组根据 ATC 指令和运行情况，降低运行精度和运行等级，或者恢复到传统台到台飞行。

6.6 RNP 导航规范

RNP 导航规范主要包括 RNP 4、RNP 2、RNP 1、A-RNP、RNP APCH、RNP AR APCH 和 RNP 0.3。RNP 导航规范的适用飞行阶段如表 6.3 所示。

以下仅从 ANSP 考虑、航空器要求、飞行运行要求等方面简单介绍 RNP 导航规范及相关运行要求。

6.6.1 RNP 4 规范

RNP4 适用于海洋和偏远地区，飞行运行可以不需要任何陆基导航设施。GNSS 是支持 RNP4 运行的主用导航传感器，GNSS 既可以作为一个独立导航源导航，也可以作为多传感器导航系统的一部分。

6.6.1.1 ANSP 考虑

RNP 4 运行超障余度参考《空中航行服务程序—航空器运行》（Doc 8168 号文件，第 II 卷）的要求，航路最小间隔参考《空中航行服务程序—空中交通管理》（Doc 4444 号文件）的要求。

如果航空器加装有管制员—飞行员数据链通信（CPDLC）和合约式自动相关监视（ADS-C）系统、并且支持增加的要求报告率，满足 30 n mile 侧向和 30 n mile 纵向最小间隔要求。

RNP 4 航路也可以建立 ADS-B 监视能力和平行偏置飞行能力，间隔要求参考相关规定或由 ATC 指定。平行偏置飞行时，现行飞行计划中原有航路导航精度和其他性能要求必须适用于偏置航路。

在 AIP 中应明确现有特定航路的导航应用为 RNP 4，同时确定航路的最低航段飞行高度要求，并且所有航路必须基于 WGS-84 坐标系。

6.6.1.2 航空器要求

1. 机载导航设备

对于洋区或偏远陆地空域的 RNP 4 运行，航空器必须装备至少两套完全可用的、独立的、其完好性能保证导航系统不提供误导信息的远程导航系统（LRNS）。

必须使用 GNSS 并可将其作为一个独立的导航系统，或作为多传感器系统中的一个组成部分。GNSS 独立导航系统或者多传感器系统，接收机必须具备自主完好性监视（RAIM）功能。

2. 系统性能、监视和告警

RNP 4 运行机载系统必须具备 OPMA 功能，机载导航系统导航性能要求如下：

（1）精度：在指定为 RNP 4 空域内或航路上运行期间，至少在 95%的总飞行时间中，侧向总系统误差必须在 ±4 n mile 之内。至少在 95%的总飞行时间中，沿航迹误差也必须在 ±4 n mile 之内。可以假定飞行技术误差为 2.0 n mile（95%）。

（2）完好性：航空器导航设备故障按照适航条例被归类为重大故障，出现概率小于 10^{-5}/h。

（3）连续性：失去功能被归类为洋区和偏远陆地导航重大故障。连续性要求通过装载两套独立的远程导航系统（不包括空间信号）来满足。

（4）性能监视与告警：如果未达到精度要求，或者侧向总系统误差超过 8 n mile 的概率大于 10^{-5}，RNP 系统必须提供告警，或 RNP 系统和飞行员必须共同提供告警。

（5）空间信号：如果使用全球导航卫星系统，在空间信号误差导致侧向定位误差超过 8 n mile 的概率超过 10^{-7}/h 时，航空器导航设备须提供告警。

6.6.1.3 飞行运行要求

1. 飞行计划

如果仅使用 GNSS 作为唯一导航传感器，则在 RNP 4 运行签派放行前，必须使用经批准的故障探测与排除（FDE）性能可用性预测程序，预计 FDE 性能不可用的最大允许时间为每次 25 min。如果预测显示最大允许 FDE 中断超时，必须根据 FDE 可用时间重新制定飞行计划。

如果航空器安装并使用远程导航多传感器系统时，则签派放行前无需对 FDE 可用性进行预测，但是除 GNSS 之外的其他远程导航传感器必须能满足 RNP 4 航路飞行运行的要求。当接收机自主完好性监视不可用，但全球导航卫星系统信息仍然有效时，使用惯性导航系统或其他导航传感器，可以对全球导航卫星系统数据完好性进行检查。

2. 飞行前程序

飞行前必须检查 RNP 4 空域或 RNP 4 航路运行应急程序，这些程序与正常洋区应急程序相同，区别在于当航空器不能以 RNP 4 导航性能导航时，机组必须能够识别并通知 ATC。

在签派放行或制定飞行计划时，运营人必须确保航路中具备充分的导航能力，使航空器能够以 RNP 4 导航。如果有运行需要，须进行 FDE 预测。

3. 航路飞行运行

在 RNP 空域的进入点，必须至少有两套能够满足 RNP 4 运行的并列入飞行手册的远程导航系统正常工作。如果 RNP 4 运行所需的某一设备无法使用，飞行员应该考虑选择备用航路或改航备降。

飞行中运行程序必须包括强制性的交叉检查程序，以尽早发现导航误差，避免因疏忽造成偏离空中交通管制放行航路。如果导航性能不满足运行要求，机组人员必须立即报告 ATC。

在 RNP 4 航路侧向导航模式中，飞行员应该使用侧向偏离指示器、飞行指引仪或自动驾驶仪。带有侧向偏离指示器的航空器飞行员，必须确保侧向偏离指示器刻度（满刻度偏离）符合航路导航精度（如±4 n mile）。

对于正常运行，侧向航迹误差/偏离应该限制在与该航路相关导航精度的±1/2（即 2 n mile）范围内，飞行技术误差不允许超过±1/2（即 2 n mile，95%概率）范围。允许在航路转弯过程中或航路转弯结束后，短暂偏离这一标准并且最多不超过该导航精度的 1 倍值（即 4 n mile）。

4. 导航数据库

RNP 4 运行航空器必须装载机载导航数据库，导航数据库必须具备存取导航信息的功能，以支持导航系统参考及飞行计划特征。禁止飞行机组对导航数据库进行人工更改，并不排除设备内"用户定义的数据"的存储。从存储器中调取数据时，数据必须仍保留在存储器中。系统必须提供识别导航数据库版本和有效运行期的手段。

6.6.2 RNP 2 规范

RNP 2 适用于缺乏或没有陆基导航设施、空中交通服务监视、低密度飞行运行的海洋/偏远地区航路以及内陆航路，高空主要支持运输航空、低空同时也支持通用航空飞行运行。RNP 2 运行唯一使用 GNSS 导航，在 GNSS 受到干扰区域不能实施 RNP 2 运行。

RNP 2 航路可使用固定半径过渡（FRT）方式执行航路段转换。固定半径过渡（FRT）用来定义沿航线过渡转弯航迹，比如平行航路过渡转弯和飞越（Fly-by）航路点过渡转弯。在 FRT 转弯过程中，航空器飞行航迹必须与定义的弧线一致，因此转弯坡度必须根据地速进行实施调整，如图 6.14 所示。FRT 可用于 RNP 2 航路飞行运行和 A-RNP 飞行运行。

在 FL200（含）以上，FRT 转弯半径固定为 22.5 n mile，在 FL190（含）以下，FRT 转弯半径固定为 15 n mile，转弯半径须在航路上合适的航路点上标注，入航边和出航边必须与 FRT 相切。如果前后两航路段航迹改变超过 90°，则不能使用 FRT 转弯。

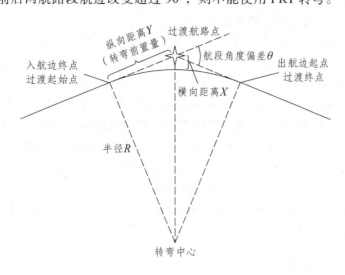

图 6.14　FRT 转弯示意图

6.6.2.1　ANSP 考虑

建立 RNP 2 航路必须考虑在该区域内飞行航空器改航的可能性，必须明确 RNP 连续性要求。如果航空器构型不能满足 RNP 2 在洋区及边远地区运行的连续性要求，则必须限制 RNP 2 在这些区域的运行。

RNP 2 运行超障余度参考《空中航行服务程序—航空器运行》（Doc 8168 号文件，第 II 卷）的要求，航路最小间隔参考《空中航行服务程序—空中交通管理》（Doc 4444 号文件）的要求。

在大陆 ATS 航路或者海洋及边远地区航路建立 RNP 2 运行，必须在 AIP/NAIP 上进行标注，同时确定航路的最低航段飞行高度要求，所有航路必须基于 WGS-84 坐标系。

6.6.2.2　航空器要求

1. 机载导航设备

虽然 RNP 2 主要适用于海洋或偏远陆地以及大陆航路，但同时也适用于运输航空和通用航空飞行运行，因此对机载导航设备的要求根据需要有所不同。按照 CCAR 121 部的规定，如果在海洋或边远陆地飞行运行，航空器必须加装至少两套完全可用的、独立的、其完好性能保证导航系统不提供误导信息的远程导航系统（LRNS）。如果在大陆航路飞行运行，或者用于通用航空飞行运行，必须按照相关法规的要求加装机载导航设备，并制定最低设备清单（MEL）。

由于 RNP 2 主要基于 GNSS 导航，因此必须加装至少一套 GNSS 机载导航设备，GNSS 设备必须具备 FD（比如 ABAS RAIM）功能以支持 RNP 2 ATS 航路飞行运行。机载 RNP 系统、GNSS 机载导航设备以及签派放行前必须具备卫星导航完好性预测能力。

2. 系统性能、监视和告警

RNP 2 飞行运行航空器必须具备机载性能监视和告警（OPMA）能力，机载系统必须具备执行 FRT 转弯过渡能力。

RNP 2 运行机载系统导航性能要求如下：

（1）精度：在指定为 RNP 2 空域内或航路上运行期间，在任何飞行阶段，至少在 95%的总飞行时间中，侧向总系统误差必须在±2 n mile 之内。至少在 95%的总飞行时间中，沿航迹误差也必须在±2 n mile 之内。飞行技术误差为不超过 1.0 n mile（95%）。

（2）完好性：航空器导航设备故障按照适航条例被归类为重大故障，出现概率小于 10^{-5}/h。

（3）连续性：失去功能被归类为 RNP 2 在海洋和偏远地区、大陆航路飞行运行导航重大故障。如果在大陆航路飞行运行，GNSS 失去导航功能可以恢复到其他导航方式。如果使用一套 GNSS 导航设备执行 RNP 2 飞行运行，必须执行更为严格的连续性要求，在航空器飞行手册（AFM）中必须注明运行批准中严格功能限制。

（4）空间信号：如果使用全球导航卫星系统，在空间信号误差导致侧向定位误差超过 4 n mile 的概率超过 10^{-7}/h 时，航空器导航设备须提供告警。

6.6.2.3 飞行运行要求

1. 飞行计划

由于 RNP 2 仅使用 GNSS 作为导航源，因此在 RNP 2 运行签派放行前必须进行 RAIM 预测，RAIM 预测显示最大容许 FD 中断时间不允许超过 5 min。如果超时必须根据 FD 可用时间重新制定飞行计划。

2. 飞行前程序

机载导航数据必须是现行有效的并且包含合适的程序。如果导航数据库周期在飞行过程中发生变更，运营人和机组必须建立相关程序确保导航数据精度，包括用合适的导航设施定义航路和程序。

飞行前必须检查 RNP 2 空域或 RNP 2 航路运行应急程序，这些程序与正常应急程序相同，区别在于当航空器不能以 RNP 2 导航性能导航时，机组必须能够识别并通知空中交通管制。

3. 航路飞行运行

RNP 2 飞行运行中不需要利用陆基导航设施对水平导航（LNAV）进行交叉检查。如果航空器不能满足相关法规要求并且 ATC 要求执行 RNP 2 航路飞行运行，机组必须通报 ATC 并要求 ATC 发新指令。

在 RNP 2 航路侧向导航模式中，飞行员应该使用侧向偏差指示器、飞行指引仪或自动驾驶仪。带有侧向偏差指示器的航空器飞行员，必须确保侧向偏差指示器刻度（满刻度偏差）符合航路导航精度（即±2 n mile）。

对于正常运行，侧向航迹误差/偏差应该限制在与该航路相关导航精度的±1/2（即 1 n mile）范围内，飞行技术误差不允许超过±1/2（即 1 n mile，95%概率）范围。允许在航路转弯过程中或刚做完航路转弯之后，短暂偏离这一标准并且最多不超过该导航精度的 1 倍（即 2 n mile）。

如果使用 FRT 转弯过渡，若前后航段的精度要求不一致，则可以控制转弯精度在最大值以内。比如，上一航段精度为 1 n mile、下一航段精度为 2 n mile 时，在转弯中导航精度可以控制在 2 n mile 以内。

4. 导航数据库

RNP 2 运行航空器必须装载机载导航数据库，导航数据库内容必须是正式发布的内容并且可以周期性更新。如果机载导航数据库与航图不一致，则不能执行 RNP 2 飞行运行。如果航行资料和机载导航显示的磁航线角存在差异，3°以内差异在飞行运行中是可以接受的。

飞行机组在飞行运行过程中，可以根据需要或者 ATC 指令，插入或者删除计划航路点，但是禁止通过输入坐标或者方位/距离人工创建航路点，也禁止更改导航数据库中航路点旁切（Fly-by）或飞越（Fly-over）属性。

6.6.3　RNP 1 规范

RNP 1 导航规范适用于中等交通流量、没有或缺乏空中交通雷达监视服务终端区飞行运行。RNP 1 可用于标准进场/离场、起始进近、中间进近以及复飞等飞行阶段。

RNP 1 航路可以与固定半径转弯（RF）航段衔接，并且使用气压高度垂直导航方式，机载系统必须具备 OPMA 功能。

6.6.3.1　ANSP 考虑

RNP 1 运行要求在能建立管制员 – 飞行员直接话音通信的环境和区域运行。RNP 1 飞行运行基于 GNSS 导航。虽然 DME/DME 能够保证 RNP 1 运行的精度，但是 RNP1 主要用于没有 DME/DME 信号覆盖或者不能提供运行所需精度的区域，并且 DME 陆基导航设施建设成本高、导航性能评估复杂，因此 RNP 1 飞行运行主用 GNSS，并且不能在 GNSS 信号有干扰的区域实施 RNP 1 运行。如果 RNP 1 不能运行并且恢复到传统运行，可以使用传统陆基导航。

RNP 1 运行超障余度参考《空中航行服务程序 —— 航空器的运行》（Doc 8168 号文件，第 II 卷）的要求。RNP 1 终端区程序采用普通下降剖面，需要在 AIP/NAIP 上标注最低航段飞行高度，所有航路点必须基于 WGS-84 坐标系。

RNP 1 航路间隔取决于航路构型、交通密度和 ATC 的干预能力，水平最小间隔参考《空中航行服务程序 —— 空中交通管理》（Doc 4444 号文件）的要求。

6.6.3.2　航空器要求

1. 机载导航设备

航空器按照 FAA AC 20-130A 要求安装的 TSO-C129/ C129a、TSO-C145()机载 GNSS 导航传感器（B 类或 C 类）和 TSO-C115b 飞行管理系统；或按照 FAA AC 20-138/138A 要求安装的 TSO-C129Aa1 或 TSO-C146()机载 GNSS 导航传感器，均符合 RNP 1 飞行运行要求。

2. 系统性能、监视和告警

RNP 1 飞行运行航空器必须具备机载性能监视和告警（OPMA）能力，机载系统导航性能要求如下：

（1）精度：在指定为 RNP 1 空域内或航路上运行期间，在任何飞行阶段，至少在 95% 的总飞行时间中，侧向总系统误差必须在 ±1 n mile 之内。至少在 95% 的总飞行时间中，沿航迹误差也必须在±1 n mile 之内。飞行技术误差不超过 0.5 n mile（95%）。

（2）完好性：航空器导航设备故障按照适航条例被归类为重大故障，出现概率小于 10^{-5}/h。

（3）性能监视与告警：如果未达到精度要求，或者如果侧向总系统误差超过 2 n mile 的概率大于 10^{-5}，RNP 系统须提供告警，或 RNP 系统和飞行员须共同提供告警。对于符合 TSO-C129a 的 GNSS 导航传感器（独立式或集成式），在 ARP 点 30 n mile 以外缺省告警门限为±2 n mile，在 ARP 点 30 n mile 以内缺省告警门限为±1 n mile。

（4）连续性：如果机组可以切换到不同的导航系统飞往一适当的机场，失去功能则被归类为小故障。

（5）空间信号：如果使用全球导航卫星系统，在空间信号误差导致侧向定位误差超过 2 n mile 的概率超过 10^{-7}/h 时，航空器导航设备须提供告警。

6.6.3.3　飞行运行要求

1. 飞行计划

由于 RNP 1 仅使用 GNSS 作为导航源，因此在 RNP 1 运行签派放行前必须进行 RAIM 预测，RAIM 预测显示最大容许 FD 中断时间不超过 5 min。如果超过 5 min 则应修改飞行计划（如推迟离场或计划一个不同的离场程序）。

2. 飞行前准备

飞行管理计算机系统初始化时，机组必须确认机载导航数据库是当前有效的并且包含了相应的飞行程序，同时还必须证实航空器的位置是正确的。

通过进离场程序或进近程序的名称，从机载导航数据库中调出飞行程序，并确认与航空一致后方能使用。在获得 ATC 许可后，机组可以通过增加或者删除个别航路点的方式修改进离场程序。不允许通过人工输入经纬度的方式来建立新的航路点，也不允许改变航路点"旁切"或"飞越"属性。

机组如发现航图上标注的信息与主导航显示器上的磁航线角信息有差异，这种差异只要控制在±3°以内都是可以接受的，造成差异的原因可能源于航电制造商所用磁差表的不同。

3. 终端区飞行运行

RNP 1 飞行运行机组必须使用航道偏离指示器（CDI）、飞行指引仪（FD）或侧向导航模式的自动驾驶仪（AP）。配备侧向偏离显示器的航空器飞行员必须确保侧向偏差刻度适合于航路/程序相关的导航精度（RNP 1 满刻度偏差为±1 n mile）。

如果 ATC 发布一个航向指令让航空器飞离计划航路，机组在收到许可回到该航路或在管制员确认新的许可之前，不能修改飞行计划。当航空器不在所公布的航路上时，规定的精度要求不适用。

对于 RNP 1 离场飞行，在开始起飞之前，飞行员应该核实航空器 RNP 系统是否可用且运行正常，是否加载了正确的机场、跑道数据和离场程序。收到起飞离场指令后，飞行员必须在起飞前核实相应的变更是否已经输入并且可用于导航。飞行员必须将 RNP 能力的丧失（失去完好性告警能力或导航能力）以及建议措施通知 ATC。

对于 RNP 1 进场飞行，进场前飞行机组应该核实已加载正确的终端 RNP 1 航路。应该将航图与主飞行显示器（PFD，如适用）和多功能控制与显示装置（MCDU）进行对比，对有效飞行计划进行检查。检查包括确认航路点顺序、航迹角和距离、高度或速度限制等。如果有要求，还需检查确认是否将抑制某一特定导航设备。

4. 导航数据库

RNP 1 飞行运行航空器必须加装机载导航数据库，运营人必须对使用中的导航数据库进行定期检查，以达到现行导航数据质量要求。为了尽量减少航迹定义误差（PDE），机载导航数据库应该符合 RTCA DO 200A 要求，确保 RNP 1 标准仪表离场或标准仪表进场程序数据库的完好性。

6.6.4 A-RNP 规范

高级 RNP（A-RNP）导航规范适用于海洋及边远地区、大陆航路、终端区进离场、进近和复飞等飞行阶段。A-RNP 导航规范，涵盖了 RNAV 5、RNAV 2、RNAV 1、RNP 2、RNP 1 和 RNP APCH 等导航规范中对航空器资质、运营人运行能力的相关要求，因此 A-RNP 的一些特征/要求对于一个飞行阶段是必须的或可选的，但对于另一个飞行阶段可能并不适用。

A-RNP 所涵盖的导航规范中具有诸多共同之处，如果针对不同的导航规范对航空器和运营人都要进行一一审定，势必会造成重复审定。制定 A-RNP 导航规范的主要目的是为了避免重复审定，只要具备 A-RNP 运行资质和运行能力，则具备了 RNAV 5、RNAV 2、RNAV 1、RNP 2、RNP 1 和 RNP APCH 运行资质和运行能力。

由于 RNP AR APCH 有特殊的审批和运行要求，而 A-RNP 不需要特殊审批，因此 RNP AR APCH 导航规范不包含在 A-RNP 导航规范中。RNP AR APCH 导航规范要求航空器具备 RF 航段飞行能力，而 A-RNP 导航要求航空器具备平行偏置飞行、固定半径（RF）转弯、RNAV 等待、固定半径转弯过渡（FRT）和到达时间控制（TOAC）能力。

6.6.4.1 实施考虑

A-RNP 基于 GNSS 导航运行，并不强制要求基于陆基 DME 台导航，但在实际飞行运行过程中须考虑每个国家或地区对陆基导航的相关要求。对特定 A-RNP 运行，可能要求在雷达监视下运行。如果监视基于导航功能（比如 ADS-B、ADS-C 等），则必须考虑在失去导航功能后带来的运行风险。

A-RNP 运行的最小间隔标准，参考 ICAO 附件 11 和《空中航行服务程序—空中交通管理》（Doc 4444 号文件）的要求。只要位置报告率满足应用要求，A-RNP 运行中可以使用 CPDLC（FANS 1/A）和 ADS-C/ADC-B，或者使用 CPDLC（ATN）或 ADS-B。

A-RNP 如果采用平行偏置飞行并且前后航段航线角变化超过 90°时，导航系统必须在航线角改变之前终止偏置飞行。如果航路段终止于一个定位点，偏置飞行也必须终止。

6.6.4.2 航空器要求

1. 机载导航设备

A-RNP 运行主要基于 GNSS 导航服务，航空器也可以加装惯性基准系统（IRS）和测距仪（DME），具体加装设备要求需要根据运行区域空域情况以及国家或地区的相关规定。这些机载系统可以独立安装，也可以使用集成系统，比如 GPS/IRS 集成甚至是紧耦合集成。

GNSS 导航传感器必须符合 FAA AC 20-138()或者 FAA AC 20-130()的规定。GNSS 导航传

感器的水平定位误差必须优于 36 m（95%），增强型 GNSS（GBAS 或 SBAS）导航传感器精度必须优于 2 m（95%）。如果 GNSS 卫星可能出现潜在失效，或者 GNSS 卫星几何构型处于临界状态，总系统误差必须维持在程序设计超障余度以内（95%）。

惯性基准系统（IRS）必须满足 FAA 14CFR 第 121 部附录 G 或相关等效规定。由于附录 G 定义 10 h 以上飞行运行，惯导系统的小时漂移不能超过 2 n mile。如果已证明符合附录 G 的惯导系统，可以认为在最初的 30 min 内每小时漂移率不超过 8 n mile（95%）。

如果 DME 用于 RNP 终端区飞行程序或者航路运行，若得到局方许可则 DME 仅用于位置更新。

如果航空器上加装有多源导航传感器系统，当主用区域导航传感器失效后，航空器可以自动恢复到备用区域导航传感器导航。

2. 系统性能、监视和告警

A-RNP 运行航空器必须具备机载性能监视和告警（OPMA）功能。航空器导航系统，或者航空器导航系统和飞行机组共同监视总系统误差（TSE）。如果航空器不满足精度要求，或者 TSE 超过两倍精度值的概率超过 10^{-5}，系统将发出告警。

（1）精度：在指定空域、航路、飞行程序实施 A-RNP 运行期间，水平 TSE 在 95% 总飞行时间内必须控制在 RNP 值以内（±0.3 n mile 到 ±2.0 n mile），在 95% 总飞行时间内沿航迹误差必须控制在 RNP 值以内，在 95% 总飞行时间内 FTE 不能超过要求 RNP 值的一半，如果 RNP 值为 0.3 n mile 则 FTE 不能超过 0.25 n mile。

（2）完好性：航空器导航设备故障按照适航条例被归类为重大故障，出现概率小于 10^{-5}/h。

（3）连续性：A-RNP 导航规范将失去功能归类为小故障情况。如果一个国家或应用将失去功能归类为重大故障，典型情况下要满足连续性要求航空器必须加装双套独立导航系统。

（4）空间信号：如果使用 GNSS RNP 系统架构，在空间信号误差导致侧向定位误差超过两倍 RNP 值的概率超过 10^{-7}/h 时，航空器导航设备须提供告警功能。

6.6.4.3 飞行运行要求

1. 飞行计划

航空运营人和飞行员计划执行 RNP 运行，要求的 A-RNP 能力须在飞行计划中明确填写。

由于 A-RNP 主要依赖 GNSS 导航，因此签派放行前必须作 RAIM 预测，RAIM 预测显示最大容许 FD 中断时间与计划 RNP 运行要求有关。如果 FD 中断时间超过计划 RNP 运行要求则应修改飞行计划。

2. 飞行前准备

机载导航数据必须是现行有效的并且包含合适的程序。如果导航数据库周期在飞行过程中发生变更，运营人和机组必须建立相关程序确保导航数据精度，包括用合适的导航设施定义航路和程序。

3. 一般运行程序

飞行管理计算机系统初始化时，机组必须确认机载导航数据库是当前有效的并且包含了相应的飞行程序，同时还必须证实航空器的位置是正确的。

通过进离场程序或进近程序的名称，从机载导航数据库中调出飞行程序，并确认与航图一致后方能使用。如果机组确认导航数据库中的飞行程序或数据存在问题，则不能实施 RNP 航路、SID、STAR 和进近飞行。

由于完好性告警足以满足 GNSS 完好性监控要求，因此飞行机组不需要使用传统陆基导航设备进行交叉检查，但是建议对导航的合理性进行监视，一旦失去 RNP 能力必须立即报告 ATC。如果可用，在 RNP 航路、SID、STAR 和进近飞行阶段，飞行员应耦合飞行指引（FD）和/或自动驾驶仪（AP）水平导航模式。

4. 导航数据库

如果发现机载导航数据库存在差异导致 RNP 航路、SID 和 STAR 不可用，应立即告知导航数据库供应商，航空运营人应以公司通告的形式告知机组受影响的航路、SID 和 STAR 程序。航空运营人应持续检查运行导航数据库，确保数据库满足 A-RNP 系统数据质量要求。

6.6.5　基于 Baro-VNAV 的 RNP APCH 规范

RNP APCH 属于有垂直引导的进近程序（APV），中国民航将 APV 程序称为类精密进近程序。RNP APCH 根据垂直引导方式不同，可以分为基于气压垂直引导（Baro-VNAV）的 RNP APCH 程序，以及基于 SBAS 垂直引导的 RNP APCH 程序。

基于 Baro-VNAV 的 RNP APCH 适用于所有机场（不包含 RNP AR APCH 运行机场）作为主用进近引导，或者作为 ILS、MLS 等进近的备份。

基于 Baro-VNAV 的 RNP APCH 程序根据程序构型不同，分为 T 型和 Y 型两种程序构型。进近程序各航段 RNP 值通常为：起始进近和中间航段为 1 n mile（95%），最后进近航段为 0.3 n mile（95%）。

基于 Baro-VNAV 的 RNP APCH 进近仅依赖 GNSS 提供水平导航，因此机场可以不需要建设任何陆基导航设施，除非有特殊需要或者在复飞阶段中使用。

6.6.5.1　实施考虑

基于 Baro-VNAV 的 RNP APCH 进近基于 GNSS 导航，提高两种最低着陆标准引导方式：仅提供 LNAV 最低着陆标准引导并可以下降到 MDH 最低 75 m（250 ft），LNAV 属于非精密进近（NPA）；提供 LNAV/VNAV 最低着陆标准引导并可以下降到 DH75 m（250 ft），LNAV/VNAV 属于类精密进近（APV）。通常，在 RNP APCH 进近图上既公布 LNAV/VNAV 也公布 LNAV 最低着陆标准。

在复飞阶段，可利用陆基导航设备（如 NDB、VOR、DME 台）提供复飞引导，如果 GNSS 可用则作为复飞首选导航源。

在空域规划中和飞行运行前，必须考虑由于卫星故障或失去机载监视和告警功能（如 RAIM 空洞）而造成多架航空器丧失 RNP APCH 功能这一风险的可接受性。

基于 Baro-VNAV 的 RNP APCH 并不包括对通信或空中交通服务监视的具体要求。超障余度通过航空器性能和运行程序获得。如果航空器被批准用于气压高度垂直引导的 APV 程序，航空器必须加装符合相关要求的机载系统，程序设计必须考虑到航空器不具备垂直导航能力的情况。

基于 Baro-VNAV 的 RNP APCH 进近程序必须基于 WGS-84 坐标系设计。

6.6.5.2 航空器要求

1. 机载导航设备

基于 Baro-VNAV 的 RNP APCH 运行主要基于 GNSS 导航，因此只要安装了符合以下要求的机载 GNSS 设备，均符合基于 Baro-VNAV 的 RNP APCH 运行要求。

（1）按照 TSO-C129a/ETSO-C129a A1 类或 E/TSO-C146()G 类和运行类 1、2 或 3 的要求获得批准的 GNSS 独立系统或设备。

（2）按照 TSO C129()/ETSO-C129() B1、C1、B3、C3 类或 E/TSO C145() 1、2 或 3 类要求获得批准的、用于多传感器系统（如飞行管理系统）设备中的 GNSS 传感器。对按照 E/TSO-C129()获得批准的 GNSS 接收机而言，建议使用卫星故障检测与排除（FDE）能力以提高功能的持续性。

（3）按照 AC20-130A 或 TSO-C115b 的要求获得批准的使用 GNSS 并证明具备基于 Baro-VNAV 的 RNP APCH 能力的多传感器系统。

基于 Baro-VNAV 的 RNP APCH 以 GNSS 定位为基础，其他类型导航传感器所获取的位置数据可与 GNSS 数据融合。只要其他定位数据不会导致超过 TSE 预算的定位误差就可以使用，否则应取消选择其他类型导航传感器。

2. 系统性能、监视和告警

（1）精度：在基于 Baro-VNAV 的 RNP APCH 的起始、中间航段和复飞运行期间，在至少 95%的总飞行时间中，侧向总系统误差必须在±1 n mile 之内。在至少 95%的总飞行时间中，沿航迹误差也必须在±1 n mile 之内。

在基于 Baro-VNAV 的 RNP APCH 最后进近航段运行期间，在至少 95%的总飞行时间中，侧向总系统误差必须在±0.3 n mile 之内。在至少 95%的总飞行时间中，沿航迹误差也必须在±0.3 n mile 之内。

在基于 Baro-VNAV 的 RNP APCH 最后进近航段，在 95%概率下飞行技术误差不应超过 0.25 n mile。

（2）完好性：航空器导航设备故障按照适航条例被归类为重大故障，出现概率小于 10^{-5}/h。

（3）连续性：如果飞行员可以切换至 GNSS 以外的导航系统飞往另一个适当的机场，失去 RNP APCH 功能则被归类为小故障。如果复飞程序基于传统导航方式（如 NDB、VOR、DME），航空器必须安装并能够使用相关导航设备。

（4）性能监视与告警：在基于 Baro-VNAV 的 RNP APCH 起始、中间航段和复飞阶段，如果航空器未达到精度要求，或侧向总系统误差超过 2 n mile 的概率大于 10^{-5}，则要求机载 RNP 系统提供告警，或 RNP 系统和飞行员共同提供告警。在基于 Baro-VNAV 的 RNP APCH 最后进近航段，如果航空器未达到精度要求，或侧向总系统误差超过 0.6 n mile 的概率大于 10^{-5}，则要求机载 RNP 系统提供告警，或 RNP 系统和飞行员共同提供告警。

（5）空间信号：在基于 Baro-VNAV 的 RNP APCH 起始、中间航段和复飞阶段，如果导致侧向定位误差超过 2 n mile 的空间信号误差概率超过 10^{-7}/h，机载导航设备须提供告警。在基于 Baro-VNAV 的 RNP APCH 最后进近航段运行期间，如果导致侧向定位误差超过

0.6 n mile 的空间信号误差概率超过 10^{-7}/h，则航空器机载导航设备须提供告警

6.6.5.3 飞行运行要求

1. 飞行计划

由于基于 Baro-VNAV 的 RNP APCH 主要依赖 GNSS 导航，因此签派放行前须作 RAIM 预测。如果预测基于 Baro-VNAV 的 RNP APCH 运行的任何阶段连续 5 min 以上失去 FD 能力，则应修改飞行计划（如推迟离场或计划一个不同的离场程序）。

应使用所有可能的信息渠道，确认计划航路、程序和仪表进近（包括终止 RNP 运行的传统运行）中使用的导航设施在运行期间是可用的。

2. 飞行前准备

在系统初始化时，飞行员必须确认导航数据库是现行可用的，并且核实航空器位置正确。飞行员必须确保机载航电系统所描述的航路点顺序与航图或计划航路一致。

3. 一般进近要求

在开始进近之前除执行常规程序外，基于 Baro-VNAV 的 RNP APCH 进近时机组还必须通过对比进近图确认已经载入正确的进近程序，检查内容包括：航路点的顺序、航径终结码合理性、进近航段距离、航线角及最后进近航段长度。根据公布的图表、航图或多功能控制显示组件（MCDU）、进近航路点的旁切和飞越属性。

对于多传感器系统，机组必须在进近过程中确认使用 GNSS 导航传感器用于航空器位置计算。在进场前和最后进近定位点之前，还必须证实机场修正海压（QNH）值并正确设置。

在基于 Baro-VNAV 的 RNP APCH 程序执行期间，飞行员必须使用侧向偏离指示器（如 ND）、飞行指引仪（FD）和/或自动驾驶仪（AP），必须确保侧向偏离指示器刻度（满刻度偏离）适合于与该程序各个航段相关的导航精度（即起始和中间航段为 ±1.0 n mile、最后进近航段为 ±0.3 n mile 和复飞航段为 ±1.0 n mile）。所有飞行员都应该保持在机载侧向偏离指示器和/或飞行引导所示的程序中线上，除非 ATC 允许偏离或遭遇紧急情况。

由于完好性告警足以满足 GNSS 完好性监控要求，因此飞行机组不需要使用传统陆基导航设备进行交叉检查，但是建议对导航的合理性进行监视，一旦失去 RNP 能力必须立即报告 ATC。

在最后进近航段使用气压垂直导航进行垂直航径引导时，航空器垂直偏离不允许超过 +30 m/–15 m（+100 ft/–50 ft）。如果机载气压高度表/大气数据系统不具备温度补偿功能，基于 Baro-VNAV 的 RNP APCH 进近必须符合进近程序图上公布的高、低温运行限制要求。如果机载气压高度表/大气数据系统具备温度补偿功能并符合法规要求，则基于 Baro-VNAV 的 RNP APCH 运行不受高低温限制。

4. 导航数据库

基于 Baro-VNAV 的 RNP APCH 进近要求运行航空器必须加载现行有效的、与机载航电系统兼容的导航数据库。如果发现机载导航数据库存在差异并导致基于 Baro-VNAV 的 RNP APCH 进近不能实施，应告知导航数据库供应商，航空运营人应以公司通告的形式告知机组受影响的基于 Baro-VNAV 的 RNP APCH 程序。航空运营人应持续检查运行导航数据库，确保数据库满足 RNP 系统数据质量要求。

6.6.6　基于 SBAS 的 RNP APCH 规范

基于 SBAS 垂直引导的 RNP APCH 程序，在进近过程中水平位置（经纬度坐标）和高程信息（高度）均来自于基于星基增强的 GNSS 接收机，可以为航空器提供三维定位和引导。

基于 SBAS 的 RNP APCH 进近，适用于有 SBAS 增强信号覆盖并能获得可靠增强服务的机场作为主用进近程序引导，或者作为 ILS、MLS 等进近的备份。如果机载 GNSS 接收机为 SBAS 接收机，而机场终端区没有 SBAS 增强信号覆盖或者无法获得可靠的 SBAS 增强服务，则 SBAS 接收机仅提供基本型 GNSS 接收机导航定位服务；如果机载航电系统同时具备 Baro-VNAV 功能，则该航空器仍然可以执行基于 Baro-VNAV 的 RNP APCH 进近（如公布）。

基于 SBAS 的 RNP APCH 程序根据程序构型不同，同样分为 T 型和 Y 型两种构型。进近程序各航段保护区通常范围为：起始进近和中间航段为左右 1 n mile（95%），最后进近航段为左右 0.3 n mile（95%）。

6.6.6.1　实施考虑

基于 SBAS 的 RNP APCH 进近基于 GNSS 导航，提供两种最低着陆标准引导方式：① 提供 LP（Localizer Performance）最低着陆标准引导并可以下降到 MDH 最低 75 m（250 ft），LP 属于非精密进近（NPA）；② 提供 LPV 最低着陆标准引导并可以下降到 DH60 m（200 ft），LPV（Localizer Performance with Vertical Guidance）属于类精密进近（APV），如图 6.15～图 6.19 所示。早期 LP 引导程序较多，现在很少有机场实施 LP 引导，绝大部分为 LPV 引导。

目前，基于 SBAS 增强后的 GNSS 接收机，与其他机载航电系统配合，可以实现 DH 最低至 200 ft 的 APV 进近，并且能实现 CAT I 精密进近。

在复飞航段，可利用陆基导航设备（如 NDB、VOR、DME 台）提供复飞引导，如果 GNSS 可用则作复飞首选。

在空域规划中和飞行运行前，必须考虑到由于卫星故障或者增强 GNSS 系统失效而造成多架航空器丧失 RNP APCH 功能这一风险的可接受性。

基于 SBAS 的 RNP APCH 并不包括对通信或空中交通服务监视的具体要求。超障余度通过航空器性能和运行程序获得。

基于 SBAS 的 RNP APCH 进近程序必须基于 WGS-84 坐标系设计。

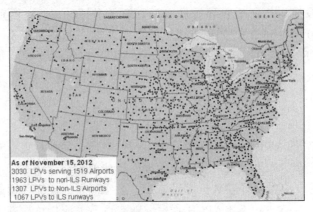

图 6.15　美国公布 LPV 机场布局

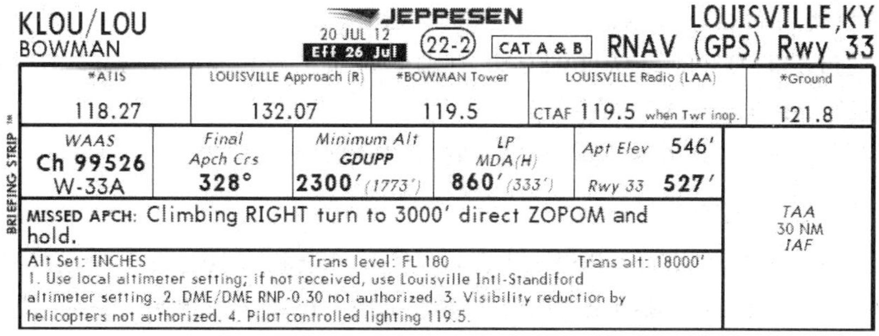

图 6.16 LOUISVILLE 机场 RNAV(GPS)进近图标题栏

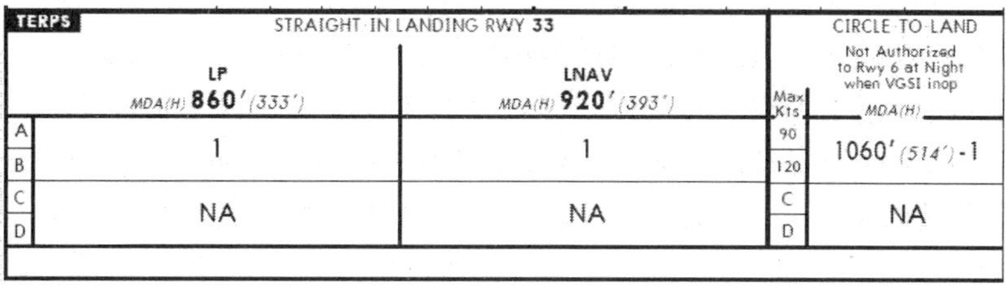

图 6.17 LOUISVILLE 机场 RNAV(GPS)进近图最低着陆标准

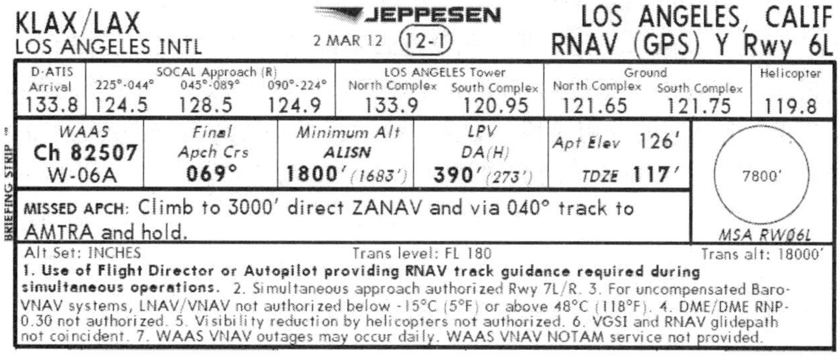

图 6.18 LOS ANGELES 机场 RNAV(GPS)进近图标题栏

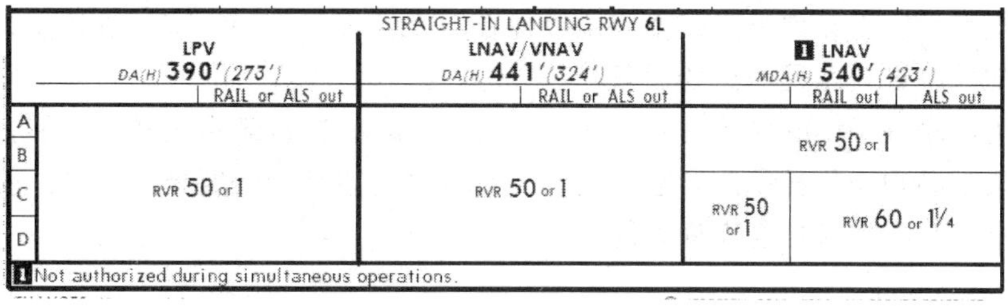

图 6.19 LOS ANGELES 机场 RNAV(GPS)进近最低着陆标准

6.6.6.2 航空器要求

1. 机载导航设备

（1）根据 E/TSO C146a 认证的 GNSS SBAS 独立设备符合基于 SBAS 的 RNP APCH 运行要求，也符合 RTCA DO 229C 要求，为 G 类机载设备并符合 3 类运行要求。

（2）集成导航系统（比如 FMS）集成 GNSS SBAS 传感器，符合 E/TSO C115b 和 AC

20-130A 机载设备符合运行要求。

（3）集成通过 E/TSO C146a 认证的 GNSS SBASD 类接收机符合基于 SBAS 的 RNP APCH 运行要求，也符合 RTCA DO 229C 要求。

（4）增强型 GNSS 系统符合基于 SBAS 的 RNP APCH 运行要求。

2. 系统性能、监视和告警

（1）精度：在基于 SBAS 的 RNP APCH 的最后进近和直线复飞航段，侧向和垂直 TSE 基于 NSE、PDE 和 FTE 的控制结果。在整个进近阶段，TSE 必须控制在 RNP 值以内（95%）。

（2）完好性：水平和垂直引导信息错误将导致 RNP APCH 运行下降到 LPV 和 LP 最低标准，可能导致潜在的风险。

（3）连续性：虽然失去进近能力归类为小故障，但是飞行员可能不能恢复到传统导航和飞向一个备降机场。基于 SBAS 的 RNP APCH 运行至少需要一套导航系统。

（4）机载性能监视和告警：在基于 SBAS 的 RNP APCH 运行最后进近航段飞行，机载性能监视和告警功能要求为：LPV 进近引导信息必须在水平和垂直偏离显示器（HSI，EHSI，CDI/VDI）显示，包括失效指示。偏离显示必须保持精度并基于预计要求航迹。水平和垂直慢刻度显示与最后进近航段 FAS 数据块定义的航迹有关。

（5）空间信号（SIS）：如果 SIS 引起水平位置误差大于 0.6 n mile 的概率超过了 10^{-7}，则要求在离 FAP 以内 2 n mile，航空器导航设备必须提供提前 10 s 告警功能。在 FAP 以后，如果 SIS 引起的水平位置误差超过 40 m 的概率超过 2×10^{-7}，则要求航空器机载导航设备必须提前 6 s 发出告警。在进近的任何阶段，如果 SIS 引起的垂直位置误差超过 50 m（LPV 最低标准下降到 200 ft，该值为 35 m）的概率超过 2×10^{-7}，航空器机载导航设备必须提前 6 s 发出告警。

6.6.6.3 飞行运行要求

1. 飞行计划及飞行前准备

在预先飞行计划阶段，飞行员必须确保预计飞行计划中的进近程序是从一个验证后的导航数据库中提取的，也必须采用必要手段确保在航空器失去 LP 或 LPV 着陆能力的情况下，能采用可能的导航方式在目的机场或备降场着陆。

如果复飞程序基于传统导航方式（如 NDB、VOR），则机载系统必须加装合适的导航设备，机场终端区必须安装相应的导航设施。如果复飞阶段基于区域导航方式，航空器也必须加装合适的机载系统以满足复飞程序的要求。

2. 一般进近要求

基于 SBAS 的 RNP APCH 进近前飞行机组除执行一般程序外，飞行员必须证实载入的进近程序与进近图一致。证实和检查内容包括：航路点顺序、进近航路段的航线角和航段距离、最后进近航段垂直下滑角（VPA）。

ATC 为了调配终端区航空器间隔，可以下达雷达引导航向、"直飞"指令以旁路起始进近航段，截获起始进近或者中间进近航段指令，或插入导航数据库中的航路点。收到 ATC 指令，飞行员必须明白指令对导航系统的影响。禁止在终端区手工输入航路点，在 IF 点执行"直飞"指令航向改变不允许超过 45°。

3. 导航数据库

基于 SBAS 的 RNP APCH 运行，最后进近航段通过 FAS 数据块（FAS data block）来定义。通常，对于建立有 LP 或者 LPV 进近着陆标准的机场，在机载导航数据库中定义有 FAS 数据块。FAS 数据块用水平和垂直参数来定义最后进近水平航迹和剖面。机载系统在调用 FAS 数据块时用循环冗余校验（CRC）来确保数据的正确性。飞行员通过在 CDU 上利用进近程序代码、辨听呼号、ND 和 MCDU 页面检查的方式来确认调用进近程序的正确性。

6.6.7　RNP AR APCH 规范

RNP AR APCH 是一种需要特殊审批并授权运行的 RNP 进近程序，进近实施水平导航基于 GNSS，垂直导航基于气压高度（Baro-VNAV），也是一种类精密进近程序（APV）。所谓要求授权运行，是指执行 RNP AR APCH 进近的航空器和飞行机组，需要通过民航当局审批后方可授权运行。

RNP AR APCH 进近程序，一般用于地形复杂、空域受限或使用该类程序能够取得明显效益的机场，比如我国西部高原、高高原机场，以及其他区域地形空域环境复杂的机场。我国目前运行 RNP AR APCH 程序的机场众多，最典型的机场有九寨黄龙机场、林芝/米林、拉萨/贡嘎机场等。由于 RNP AR APCH 运行审批和运行程序复杂，所以不建议在运行环境良好的机场使用。

6.6.7.1　实施考虑

RNP AR APCH 运行，GNSS 是进近引导的唯一水平导航源。在已知存在 GNSS 干扰的区域，不得运行 RNP AR APCH 进近程序。实施 RNP AR APCH 进近，不需要在空中交通服务监视下运行，也不需要特殊的通信，但是航空器必须具备 OPMA 功能及其他相关功能。

由于 RNP AR APCH 垂直导航使用气压高度，因此在飞行运行过程中有高低温限制（通常限制低温），如果航空器具备温度补偿功能则不受此限制。如果温度低于低温限制值或高于低温限制值，则禁止运行。同时，为了确保气压高度测量值准确，通常不允许使用本场以外的其他机场的气压基准值（即修正海压 QNH），并且要求在最后进近定位点（FAF）再次确认 QNH 值。RNP AR APCH 属于 APV 进近，因此决断高（DH）不能低于 75 m（250 ft）。

RNP AR APCH 进近没有特定的陆基导航设施，无需对陆基导航信号进行飞行检查。RNP AR APCH 进近程序及导航数据库数据，必须经过可靠的验证方可使用。数据公布之前的验证过程，应确认障碍物数据、程序基本可飞性、航段距离、坡度、下降梯度、地形警告功能的兼容性，以及其他相关因素。

鉴于 RNP AR APCH 进近程序的复杂性，在程序使用前应该经过可靠的地面验证（包括模拟机验证）和实地飞机试飞验证，以评估包括基本可飞性在内的相关问题。对于没有需求的机场，建议不要实施 RNP AR APCH 运行方式。

RNP AR APCH 运行与 RNP APCH 运行有着典型的区别，主要区别表现在以下几个方面：

（1）航空器功能要求不同。

（2）飞行程序设计标准不同。

（3）飞行机组培训/训练、资质和能力要求不同。

（4）飞行运行组织实施要求不同等。

通过 A-RNP 运行审批或 RNP APCH 运行审批,则可以获得 RNP APCH 运行资质;而 RNP AR APCH 运行需要通过特殊审批后能获得运行资质。

RNP AR APCH 进近程序必须基于 WGS-84 坐标系设计。

6.6.7.2 航空器要求

1. 机载导航设备

RNP AR APCH 进近程序主要基于 GNSS 导航,惯性导航和陆基导航不能用于进近引导。但是,执行 RNP AR PAHC 飞行运行的航空器,要求必须加装惯性基准系统和/或陆基导航机载接收机,用于复飞阶段飞行引导。

机载 GNSS 导航设备可以是 ABAS 增强的 GNSS 接收机或导航传感器,也可以是 GBAS 或者 SBAS 增强的 GNSS 接收机或导航传感器,分别应满足如下要求:

(1)传感器必须符合 AC 20-138()或 AC 20-130A 指南。对于符合 AC 20-138()的系统,可以在不作进一步证实的情况下将以下传感器精度用于总系统精度分析:GPS(ABAS)传感器精度小于 36 m(119 ft)(95%),增强型 GPS(GBAS 或 SBAS)传感器精度由于 2 m(7 ft)(95%)。

(2)在出现潜在 GPS 卫星故障和 GPS 卫星几何构型处于边缘状态(例如,水平完好性限制(HIL)等于水平告警限制)时,航空器维持在用于评估程序的超障容区内的概率(侧向和垂直)必须大于 95%。

惯性参照系统(IRS)必须符合 FAR 标题 14 第 121 部分附录 G 或等效文件的标准。尽管附录 G 确定的要求是,最长 10 h 飞行的惯性误差漂移率为每小时 2 n mile(95%)。已证明符合第 121 部分附录 G 要求的系统,可以假定前 30 min 的初始误差漂移率为 8 n mile/h(95%),而无需进一步证实。

2. 机载性能监视和告警

(1)侧向精度:在 95% 的飞行时间内,所有按照 RNP AR APCH 程序运行的航空器的侧向总系统误差(TSE)不允许超过对应航路段 RNP 值(0.1 n mile 至 0.3 n mile),沿航迹误差不允许超过对应航路段 RNP 值(0.1 n mile 至 0.3 n mile)。

(2)垂直精度:垂直系统误差包含高度表误差(采用国际标准大气温度和递减率)、沿航迹误差的影响、系统计算误差、数据分辨率误差和飞行技术误差。

垂直方向在 99.7% 概率下,系统误差必须低于(英尺):

$$\sqrt{(6076.115 \times 1.225 \text{RNP} \times \tan\theta)^2 + 75^2 + (-8.8 \times 10^{-8}(h + \Delta h)^2 + 6.5 \times 10^{-3}(h + \Delta h) + 50)^2} \quad (6.2)$$

式中,θ 为垂直导航迹角,h 是本地高度报告站的高度,Δh 是航空器高于本地高度报告站的高度。

3. 航空器特殊功能要求

RNP AR APCH 程序飞行运行,对航空器有诸多功能上的特殊要求,因此适用于 RNP AR APCH 运行的航空器为特殊航空器,结合 RNP AR APCH 程序必须对航空器能力和功能进行特殊的审批,通过特殊审批的航空器才能运行该程序。

对于某机场设计的 RNP AR APCH 程序,对航空器在进近前的机载设备配置和构型,通常标注在进近图上,如图 6.20 所示。

图 6.20　RNP AR APCH 进近所需设备要求

6.6.7.3　飞行运行要求

1.　飞行计划及飞行前准备

（1）最低设备清单（MEL）：应该制定/修改运营人最低设备要求清单以满足 RNP AR APCH 仪表进近程序的设备要求。可从航空器制造商那里获得关于这些设备要求的指南。所需设备取决于预定的导航精度及复飞是否需要小于 1.0 的 RNP。

（2）自动驾驶仪（AP）和飞行指引仪（FD）：导航精度小于等于 RNP 0.3 或有 RF 航段的 RNP AR APCH 程序，要求在任何情况下都要使用由 RNP 系统驱动的自动驾驶仪或飞行指引仪。当某一飞行在目的机场和/或备降机场实施 RNP AR APCH 需要自动驾驶仪时，签派员必须确定自动驾驶仪已经安装并且能够运行。

（3）导航数据库的有效性：在系统初始化中，若航空器装备了经认证符合 RNP 要求的系统，飞行员必须确认机载导航数据库的现行有效性，导航数据库在飞行期间应该是最新的。

（4）RNP 值预测：RNP AR APCH 运行签派放行前，必须进行对预计进近时间段内、进近航迹上最小可运行的 RNP 值预测。如果最后进近航迹 RNP 值为 0.3，假设预测最小 RNP 值为 0.2，则签派可以放行。如果预测最小 RNP 值为 0.4，则不能放行。预测软件中使用的卫星遮蔽角不小于 5°。对于机场周边有高山的机场，如果要精确预测，则必须考虑机场周边高山等障碍物产生的实际遮蔽角，否则预测结果不可信。

2.　一般进近要求

执行 RNP AR APCH 飞行运行的航空器，必须通过特殊的审批；执行 RNP AR APCH 飞行运行的机组，必须经过专门培训并通过审定；RNP AR APCH 飞行运行程序，也必须经过特殊的审批。

（1）修改飞行计划：除非 RNP AR APCH 程序可以从机载数据库按照程序名称检索并与航图程序一致，否则不能授权飞行员飞行该程序。飞行员不得修改侧向航径，除非 ATC 要求直飞进近程序中某一定位点，并且该定位点必须在 FAF 之前、且不能是 RF 航段。在起始、中间进近或复飞航段上，可以改变高度和/或速度，但是这些点若是高度、速度限制点则严禁更改。

（2）RNP 导航精度管理：飞行机组人员的操作程序必须确保在整个进近过程中导航系统使用正确的导航精度。如果进近图上显示多个不同导航精度对应的最低标准，机组人员必须确认所需导航精度已经输入 RNP 系统（通常在导航数据库中已经定义）。如果导航系统并未从机载导航数据库中为该程序的每一航段提取和设定导航精度，飞行机组人员则必须确保程序在实施进近之前（在 IAF 之前），正确设定了进近或复飞所需的最小导航精度。

（3）GNSS 位置更新：RNP AR APCH 程序飞行过程中，GNSS 是唯一位置更新源。在进近期间，一旦失去 GNSS 更新功能且导航系统不具备继续进近的性能时，飞行机组人员必须终止 RNP AR APCH 进近并立即复飞，除非飞行员已经建立继续进近所需的目视参考物。

（4）陆基无线电更新：所有 RNP AR APCH 程序都以 GNSS 作为位置更新基础，禁止使用 VOR 台进行位置更新，也不建议使用 DME/DME 进行位置更新。在 RNP AR APCH 飞行运行进场简令卡、离场简令卡以及进近图上，必须明确提醒飞行机组抑制特定陆基导航设施位置更新。

（5）航迹偏离监视：飞行员必须在 RNP AR APCH 程序中，使用侧向导航模式的侧向偏离指示器、飞行指引仪和/或自动驾驶仪。对于正常运行，侧向航迹误差/偏离应该限制在与该程序航段相关导航精度的±1/2 范围内。允许在转弯过程中或航路转弯之后短暂地侧向偏离这一标准（如早转或晚转）。最多不超过该程序航段导航精度的 1 倍。最后进近航段期间垂直偏差必须在 22 m（75 ft）以内。在侧向偏差超过 1 倍 RNP 值或垂直偏差超过 22 m（75 ft）的情况下，飞行员必须执行复飞，除非飞行员看到继续进近所需的目视参考。

（6）温度补偿：RNP AR APCH 进近图上通常标注有运行限制低温。对于具备温度补偿能力的航空器，如果运营人为飞行员提供温度补偿功能的培训，飞行机组人员可不考虑 RNP AR APCH 程序的温度限制。

（7）高度表拨正设定：由于 RNP AR APCH 仪表进近程序中降低了固有的超障裕度，飞行机组人员必须在最后进近定位点（FAF）前再次核实已经设定的本场气压基准信息（即 QNH 拨正值）。

（8）高度表交叉检查：飞行机组人员必须完成高度表交叉检查，以确保左右座两个高度表在 FAF 之前（但不早于 IFA）指示偏差在 30 m（±100 ft）以内。如果高度表交叉检查发现偏差过大，则必须立即复飞。

（9）复飞：RNP AR APCH 复飞程序与 RNP APCH 复飞类似，复飞 RNP 值大于等于 1.0 n mile。一旦失去 GNSS 导航能力，除非机组已经建立继续进近需要的目视参考，否则必须立即复飞。初始复飞时，必须立即恢复到 IRS/IRU 导航，IRS/IRU 维持复飞的时间为 5 min。如果激活起飞/复飞导致侧向导航终止，并且飞行指引仪转换至源于惯性系统的航迹保持方式，则飞行机组应该尽快将侧向导航再次与自动驾驶仪和飞行指引仪耦合。

3. 导航数据库

RNP AR APCH 飞行运行，航空器导必须加装并使用现行有效的机载导航数据库，且可以检索到 RNP AR APCH 程序。机载导航数据库必须能够防止飞行机组人员对存储数据进行修改。

6.7 PBN 程序设计

6.7.1 仪表进近程序分类及标准

6.7.1.1 进近程序分类

在 PBN 运行框架下，根据提供水平/垂直引导方式和性能的不同，仪表进近程序分为三类，即精密进近（PA）、类精密进近（APV）和非精密进近（NPA）程序。

1. 精密进近（PA）

PA 为使用精确方位和垂直引导，并根据不同的运行类型规定相应的最低标准的仪表进近程序。主要包括 ILS、MLS、PAR、GLS、ILS/DME、ILS/PRM（Precision Runway Monitor）、RNAV/ILS 进近程序等。

2. 类精密进近（APV）

APV 为有方位引导和垂直引导，但不能满足建立精密进近和着陆运行要求的仪表进近。主要包括气压高度提供垂直引导的 RNP APCH、RNP AR APCH 进近程序，以及 SBAS 辅助提供垂直引导的 APV 进近程序。APV 程序包括 RNAV（GPS）、RNAV（GNSS）、RNAV（GPS）PRM、LDA w/glideslope、LDA PRM DME 进近程序等。

3. 非精密进近（NPA）

NPA 为有方位引导，但没有垂直引导的仪表进近。非精密进近程序主要包括 NDB、VOR、LOC、LOC BC、LDA、ASR/SRA/SRE、NDB/DME、VOR/DME、LOC/DME、LOC BC/DME、LDA/DME、GPS 进近程序等。

6.7.1.2 着陆最低标准

机场最低着陆标准主要用决断高/高度（DH/A）、最低下降高/高度（MDH/A）、能见度/跑道视程（VIS/RVR）、云底高等数据来表示。对于起飞，用 RVR 和/或 VIS 来表示，如需要还包括云底高；对于 PA 和 APV，用 DA/H 和 RVR/VIS 表示；对于 NPA 和盘旋进近，用 MDA/H 和 RVR/VIS 来表示。

1. PA 最低着陆标准

（1）Ⅰ类运行：DH≥60 m（200 ft），VIS≥800 m/RVR≥550 m。

（2）Ⅱ类运行：60 m＞DH≥30 m（100 ft），RVR≥300 m。

（3）ⅢA 类运行：DH＜30 m（100 ft）或无 DH，RVR≥175 m。

（4）ⅢB 类运行：DH＜15 m（50 ft）或无 DH，175 m＞RVR≥50 m。

（5）ⅢC 类运行：无 DH 和 RVR 限制。

2. APV 最低着陆标准

气压高度垂直导航的 RNP APCH、RNP AR APCH，或基于 SBAS 的 APV 进近程序，除非特殊批准，其 DH 不低于 75 m（250 ft），RVR/VIS 不低于 800 m。在进近图上，在最低着陆标准栏，通过标注 LNAV、LNAV/VNAV、LP、LPV 来区分不同着陆最低标准。基于气压高度垂直引导的 RNP APCH 进近程序着陆标准为标准 LNAV、LNAV/VNAV；基于 SBAS 垂直引导的 RNP APCH 进近程序着陆标准为标准 LP、LPV。

3. NPA 最低着陆标准

除非特殊批准，其 MDH 值不低于 75 m（250 ft），VIS 不低于 800 m。

6.7.2　程序设计基本规则

PBN 仪表飞行程序主要包括 RNAV 1 进离场程序、RNP1 进离场程序、RNP APCH 进近程序、RNP AR APCH 进近程序以及复飞程序等。目前，RNAV 1 进离场程序、RNP1 进离场程序、RNP APCH 进近程序的设计规则，主要参考《目视和仪表飞行程序设计规则》（ICAO DOC 8186 第二卷）和《仪表飞行程序设计手册》（ICAO DOC 9368）；RNP AR APCH 进近程序的设计规则，主要参考《美国 RNP SAAAR 标准》（FAAO 8260.52 和 8260.71）以及《要求授权的所需导航性能（RNP AR APCH）程序设计手册》（ICAO DOC 9905）。

RNAV 1 进离场程序的设计，由于航路点为经纬度坐标点，因此参考机场障碍物分布及航空器性能来设计进离场程序相对比较灵活。RNAV 1 进场程序，后续可衔接 ILS 进近程序。为方便截获 ILS 信号实施 ILS 最后进近，通常 RNAV STAR 程序一直延伸至起始进近和中间进近航段，在最后进近点（FAP）衔接 ILS 进近。

RNP APCH 程序设计，通常采用 T 型或者 Y 型设计。如图 6.21 所示，台北/松山机场 RNP APCH 采用 T 型设计。

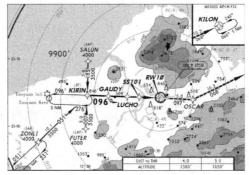

图 6.21　台北/松山机场 RNP APCH 进近程序平面图

RNP AR APCH 进近程序设计，可以采用固定半径转弯（RF）航段，来避让机场周边复杂障碍物。航路点的规划设计、RF 航段转弯半径的确定，以及下降梯度及高度的控制，都必须经过详细精确计算。如图 6.22 所示为某公司某机型林芝/米林机场 RNP AR APCH 进近程序平面图。

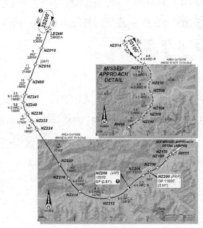

图 6.22　某公司某机型林芝/米林机场 RNP AR APCH 进近程序平面图

6.7.3 导航数据库

6.7.3.1 概念和定义

导航数据库是指任何以电子形式存储在系统中、用于支持导航应用的导航数据集合、打包及格式化文件的总称。机载导航数据库的内容主要包括 VHF 导航设施、航路、机场、公司航路等相关信息。

机载导航数据库是现代大中型运输机飞行理管系统（FMS）及自动飞行控制系统（AFCS）飞行操控的主要信息源和重要依据，因此现代大中型运输航空器上均装载有机载导航数据库，如图 6.23 所示。如前面章节所述，在基于性能的导航（PBN）飞行运行过程中，机载导航数据库中必须包括正确、有效的导航数据或飞行程序。

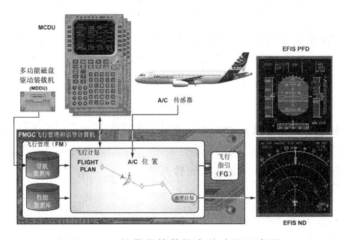

图 6.23　机载导航数据库的功能示意图

机载导航数据库分为永久导航数据库，以及补充和临时导航数据库。

机载 FMC 存储有 2 个 AIRAC 周期的永久导航数据库，每一个永久导航数据库以 28 天为一个 AIRAC 周期，一年中共有 13 个周期，每周期都有生效日期和截止日期。

补充和临时导航数据库，由飞行机组根据需要在 CUD/MCDU 相关页面人工输入，并根据先到先用的原则存储在任一数据库中。通常情况下，补充导航数据库以不确定方式存储，需要指定机组按操作程序人工删除，临时导航数据库在飞行任务完成后自动清除。补充和临时导航数据库数据的容量依机载 FMC 不同而有所不同。典型情况下，B737NG 的补充和临时导航数据库可共同存储 40 个导航辅助设备/航路点及 6 个机场信息。

机载永久导航数据库中的数据，分为标准数据和客户化数据两种。

标准数据（STANDARD DATA），是指根据各国/地区民航部门公布的航空资料汇编（AIP）及修订/补充资料制作的航空数据。标准数据为公共数据并按区域代码来区分，包含航路/航线数据、进离场程序、进近程序，供该区域内飞行及运行的所有航空公司使用。

客户化数据（TAILORED DATA），是指根据航空公司向数据库制造商提供的原始数据及信息，由数据库制造商根据航空公司客户化要求定制的航空数据。客户化数据为专用数据并按航空公司代码来区分，包含公司航路、进离场程序、进近程序、客户化航路点及导航台等，仅供提出客户化需求的航空公司飞行及运行使用。

6.7.3.2　航空数据链

导航数据是航空数据的一种，导航数据库的制作流程，与航空数据的制作流程一致，可以用航空数据链（Aeronautical Data Chain）来描述。

航空数据链是航空数据从采集到最终使用过程中、数据处理各环节的概念性表述，包括航空数据采集、收集整理、编码、创建、传输和使用等环节。

航空数据链内的组织机构，包括航空运营人、数据服务供应商、原始设备制造商（OEM）、航电设备制造商、缔约国航行情报服务和数据服务专业机构等。

6.7.3.3　数据供应商资质

如果导航数据服务提供商能证明已符合定义的数据库制作规范性文件的要求，则可以获得相关组织或机构颁发的认可函（LOA）。LOA 分为 1 类 LOA 和 2 类 LOA。

在美国由 FAA 认定导航数据服务提供商的资质并颁发 LOA，在欧洲由 EASA 负责认定并颁发 LOA，在加拿大由交通部负责认定并颁发与 LOA 等效的确认函（AL）。欧洲、美国、加拿大三方相互认可 LOA 资质，中国民航局也认可这三方颁发的 LOA。

1. 1 类　LOA

1 类 LOA 证明持有人具备航空数据处理资质，数据处理过程符合 ED-76/RTCA DO-200A 数据质量的要求，航空数据按 ARINC 24 标准处理。1 类 LOA 不涉及预期功能或特定航电系统的兼容问题。1 类 LOA 供应商不能将导航数据库直接交付给终端用户使用。

2. 2 类　LOA

2 类 LOA 证明持有人具备航空数据处理资质，数据处理过程符合 RTCA DO-200A/ED-76A 数据质量的要求，将 1 类 LOA 提交的 ARINC 424 格式数据根据目标航电要求格式化，其交付的数据与特定的航电系统兼容。加拿大 AL 等效于 2 类 LOA。

2 类 LOA 供应商将 ARINC 424 文件按目标航电要求打包后生成导航数据库，可以直接将导航数据库交付给终端用户使用。终端用户须经过严格检查和比对后，才能将导航数据库装载到机载航电上使用，并且必须确保该数据库在生效 AIRAC 之内才能使用。图 6.24、图 6.25、图 6.26 分别为三种不同格式的导航数据文件。

```
SEURP LSZHLSFI14   AAMIKI 010AMIKILSEA0E  H    IF                                                           U  S   648321109
SEURP LSZHLSFI14   AAMIKI 020ZUE  LSD 0V       TF                                    + 07000                U  S   648331109
SEURP LSZHLSFI14   AAMIKI 025ZH701LSPC0E       TF                                    + 06000                U  S   648341109
SEURP LSZHLSFI14   AAMIKI 027TRA  LSD 0V       TF                                    + 05000                U  S   648351109
SEURP LSZHLSFI14   AAMIKI 030IKL13LSPC0E       TF                                                           U  S   648361109
SEURP LSZHLSFI14   AAMIKI 040OSNEMLSPC0EE      CF IKL LS     001000101360047PI       + 04000                U  S   648371109
SEURP LSZHLSFI14   AGIPOL 010GIPOLLSEA0E  H    IF                                    + 07000                U  S   648381109
SEURP LSZHLSFI14   AGIPOL 020TRA10LSPC0E       TF                                    + 06000                U  S   648391109
SEURP LSZHLSFI14   AGIPOL 030IKL13LSPC0E       TF                                                           U  S   648401109
SEURP LSZHLSFI14   AGIPOL 040OSNEMLSPC0EE      CF IKL LS     0010001013600047PI      + 04000                U  S   648411109
SEURP LSZHLSFI14   ARILAX 010RILAXEDEA0E  H    IF                                                           U  S   648421109
SEURP LSZHLSFI14   ARILAX 015EDUMIEDEA0E       TF                                    + 07000                U  S   648431109
SEURP LSZHLSFI14   ARILAX 020TRA  LSD 0V       TF                                    + 05000                U  S   648441109
SEURP LSZHLSFI14   ARILAX 030IKL13LSPC0E       TF                                                           U  S   648451109
SEURP LSZHLSFI14   ARILAX 040OSNEMLSPC0EE      CF IKL LS     0010001013600047PI      + 04000                U  S   648461109
SEURP LSZHLSFI14   I      010OSNEMLSPC0E  I    IF IKL LS     00100010          PI    I 0400004000           U  S   648471004
SEURP LSZHLSFI14   I      020IKL40LSPC0E  F    CF IKL LS     0010001013600042PI      G 0400002670    -300   U  S   648480806
SEURP LSZHLSFI14   I      030RW14 LSPG0G  M    CF IKL LS     0010001013600038PI        01455         -300   U  S   648490806
SEURP LSZHLSFI14   I      035RW14 LSPG0G M     FA KLO LS     001000101360      D     + 01817                U  S   648501109
SEURP LSZHLSFI14   I      040IKL51LSPC0EY      DF                                                           U  S   648510809
SEURP LSZHLSFI14   I      060         0   L    CDYZUE LS             36000078D       - 04000      210       U- S   648520809
SEURP LSZHLSFI14   I      070ZUE  LSD 0V       CF ZUE LS     0010001005400070D       + 06000                U  S   648530809
SEURP LSZHLSFI14   I      080AMIKILSEA0EE H    TF                                      07000                U  S   648541003
SEURP LSZHLSFI16   AAMIKI 010AMIKILSEA0E  H    IF                                                           U  S   648551109
SEURP LSZHLSFI16   AAMIKI 020ZUE  LSD 0V       TF                                    + 07000                U  S   648561109
SEURP LSZHLSFI16   AAMIKI 030ZH702LSPC0E       TF                                    + 06000                U  S   648571109
SEURP LSZHLSFI16   AAMIKI 035TRA25LSPC0E       TF                                    + 05000                U  S   648581109
SEURP LSZHLSFI16   AAMIKI 036TRA  LSD 0V       TF                                                           U  S   648591109
SEURP LSZHLSFI16   AAMIKI 037IZH13LSPC0E       TF                                                           U  S   648601109
SEURP LSZHLSFI16   AAMIKI 040ENUSOLSPC0EE      CF IZH LS     0010001015400053PI      + 04000                U  S   648611109
SEURP LSZHLSFI16   AGIPOL 010GIPOLLSEA0E  H    IF                                    + 07000                U  S   648621109
SEURP LSZHLSFI16   AGIPOL 020ZH775LSPC0E       TF                                                           U  S   648631109
SEURP LSZHLSFI16   AGIPOL 030TRA98LSPC0E       TF                                    + 06000                U  S   648641109
SEURP LSZHLSFI16   AGIPOL 035TRA06LSPC0E       TF                                    + 05000                U  S   648651109
SEURP LSZHLSFI16   AGIPOL 040IZH13LSPC0E       TF                                                           U  S   648661109
SEURP LSZHLSFI16   AGIPOL 050ENUSOLSPC0EE      CF IZH LS     0010001015400053PI      + 04000                U  S   648671109
SEURP LSZHLSFI16   ARILAX 010RILAXEDEA0E  H    IF                                                           U  S   648681109
SEURP LSZHLSFI16   ARILAX 020EDUMIEDEA0E       TF                                    + 07000                U  S   648691109
SEURP LSZHLSFI16   ARILAX 025TRA  LSD 0V       TF                                    + 05000                U  S   648701109
SEURP LSZHLSFI16   ARILAX 040ENUSOLSPC0EE      CF IZH LS     0010001015400040PI      + 04000                U  S   648711109
SEURP LSZHLSFI16   I      010ENUSOLSPC0E  I    IF IZH LS     00100010          PI    I 0400004000           U  S   648721004
SEURP LSZHLSFI16   I      020IZH03LSPC0E  F    CF IZH LS     0010001015400052PI      G 0400002340    -300   U  S   648730708
SEURP LSZHLSFI16   I      030RW16 LSPG0G  M    CF IZH LS     0010001015400028PI        01444         -300   U  S   648740708
SEURP LSZHLSFI16   I      040IZH22LSPC0EYM     CF KLO LS     0010001015400024D       + 01817                U  S   648751109
```

图 6.24　ARINC 424 格式导航数据

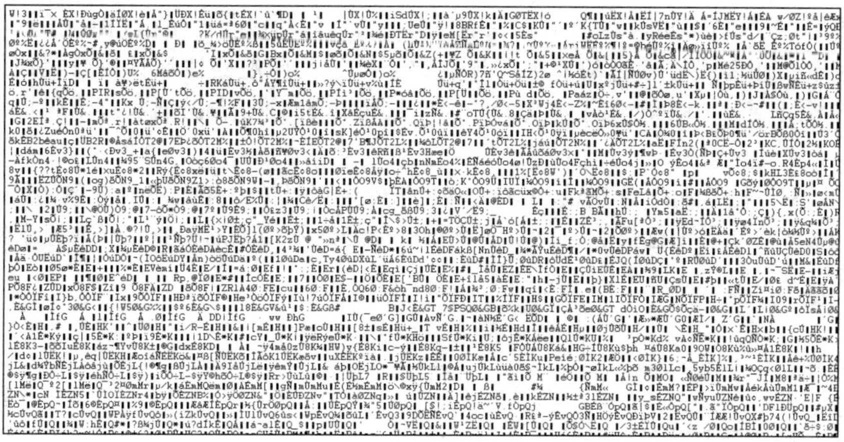

Ψ!3‖Γ‾×!ΕΧ!DüqÒ!aIØΧ!e‖A°)!!ÜDΧ!Ëu‖t(‖tΕΧ!˙ü'‖˙¶D! ‖ ‖ !OÍ0!Χ%!1SdΌΧ!‖áã˙µ9OΧ!¬I%!GΘΤΕΧΙ0 Q¶!ΙØΕΧ!À!EΙ!7nÙΥ!Á‾-IJMEΥ!Á!EΑ ˣΙ/WΖ!Α!IÁ!÷6§

图 6.25　机器码格式导航数据

图 6.26　Jeppesen/GE 导航数据库报告本数据

3. LOA 持有人

截至 2015 年 12 月，已获得 EASA 颁发 1 类 LOA 的主要持有人有：

NavTech 公司；

Lufthansa Flight Nav.公司；

Jeppesen 公司（德国）。

截至 2015 年 12 月，已获得 FAA 颁发 2 类 LOA 和加拿大颁发 AL 的主要持有人有：

GARMIN 国际公司；

Jeppesen Sanderson 公司（美国）；

Honeywell Areospace 公司；

Rockwell Collins 公司；

GE 公司；

Thales 公司；

Smiths Aerospace 公司；

Universal Avionics Systems 公司；

CMC 电子公司（加拿大）。

6.7.4　航径终结码

1 类 LOA 数据服务提供商，将由民航局、飞行程序设计单位或航空公司提供的导航数据库原始编码表，按照 ARINC 424 格式对仪表飞行程序（包括传统程序和 PBN 程序）进行编码。

根据程序设计和飞行运行的要求，导航数据库编码中航路段属性用航径终结码（Path Terminator）来定义。ARINC 424 定义的航径终结码共 23 种，部分航径终结码功能描述如表 6.6 所示。

航空器如果采用自动驾驶方式，FMC 根据航径终结码类型操控飞机按预期航迹飞行；如果采用人工驾驶并耦合飞行指引，FMC 则将与航径终结码相关的信息在导航显示器等仪表上显示并提供飞行指引，如图 6.27 所示。

表 6.6 航径终结码功能描述

航径终结码	描述	示例
AF	沿弧至定位点	沿 FFM DME 10NM 弧至定位点 CARLO
CA	保持航线角至某高度	保持 292°爬升至 1'000'
CD	保持航线角至某 DM 距离	保持 292°爬升至 FFMDME 10NM
CF	保持航线角至定位点	切入 FFM R-030 径向线至 PAVEL
CI	保持航线角切入下一航段	右转保持航迹 292°切入 FFM R-030°径向线
CR	保持航线角至某径向线	保持航迹 250°，进入 FFM R-030°径向方位右转直飞 COL VOR/DME 台
DF	直飞某定位点	右转，直飞至定位点 RENNO
FA	从某定位点至某高度	沿 FRA R-292°径向线爬升至 1'000"
FD	从某定位点保持航线角至某 DME 距离	从定位点 FELIX 沿航迹 292°至 FFM DME 10NM
FC	从某定位点至一距离点	1 min 后开始转弯（FMS 编码 3.5 n mile）
FM	从某定位点保持航线角至人工终点	从定位点 PIRET 沿航迹 292°飞行，直至雷达引导至最后进近
IF	起始定位点	用于识别一个开始点
HF	等待，二次过定位点时结束	反向程序
HA	在等待中爬升至某高度	保持航迹飞向 ERTLR 前，在 FFM 点做等待爬升至 3 000 ft
HM	人工结束等待	直飞 FFM 并等待
PI	程序转弯切入入航边	045°/180°程序转弯至入航边
RF	固定转弯半径至定位点（圆弧中心为一个定位点）	保持固定半径绕定点飞行
TF	保持航迹至定位点/两定位点之间的航迹	从定位点 HOLTM 沿航迹 250°至定位点 VORSM

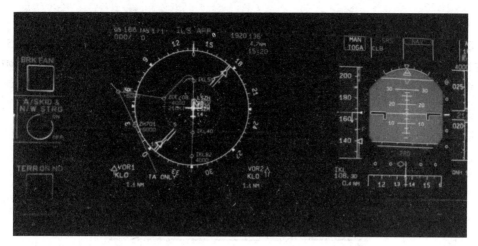

图 6.27　ND、PFD 导航数据库信息解析和显示

6.7.5　航图标识及附加要求

如前所述，RNAV1 和 RNP1 进/离场程序航图标识均为 RNAV STAR 和 RNAV SID。RNP APCH 进近程序航图标识为 RNAV(GNSS)，RNP AR APCH 进近程序航图标识为 RNAV(RNP)，如图 6.28 所示。

TAIPEI, TAIWAN RNAV (GNSS) Rwy 10	LINZHI, CHINA RNAV (RNP) RWY 05
（a）RNP APCH 进近程序标识	（b）RNP AR APCH 进近程序标识

图 6.28　进近程序标识

由于 RNP APCH 和 RNP AR APCH 目前都是采用 Baro-VNAV 的类精密进近程序（APV），因此均要求对运行环境温度进行限制，同时对气压高度表所设定的气压基准面（如 QNH）也有要求。图 6.29 是某机场 RNP AR APCH 进近程序上对进近中温度、气压高度表拨正的说明。

APPROACH:
- Verify EPE does not exceed RNP
- Alt Set: **hPa**
- Approach not authorized when airport temperature below -12 degrees C
- Approach not authorized using remote altimeter setting

图 6.29　某机场 RNP AR APCH 进近程序温度和气压拨正要求

6.7.6　进近着陆条件

当 RNP APCH 和 RNP AR APCH 进近程序都基于 Baro-VNAV 的 APV 程序时，要求进近着陆决断高（DH）不小于 75 m（250 ft）。针对某一特定机场，需要根据程序设计获得的 OCA/H 按照该运行机场所在国家/地区的标准（主要分为 PANS-OPS、TERPS、JAR-OPS）计算 DA/H、MDA/H 和 RVR/VIS 等最低着陆标准。

图 6.30 为某机场 RNP APCH 进近程序的着陆最低标准。其中 LNAV/VNAV 表示 RNP APCH 进近，即水平采用 GNSS 导航、垂直采用气压高度引导，DA（H）为 550 ft（526 ft），能见度（VIS）为 3 000 m。LNAV 表示只有 GNSS 作水平引导的非精密进近（NPA），MDA(H) 为 720 ft（696 ft），能见度（VIS）为 4000 m。

STRAIGHT-IN LANDING RWY 34 RNP 0.3	
LNAV/VNAV DA(H) **550'** *(526')*	LNAV MDA(H) **720'** *(696')*
A B C D	3000m	4000m

图 6.30　某机场 RNP APCH 着陆标准

需要注意的是，在进行 RNP AR APCH 程序设计时，最后进近航段障碍物评估不采用传统进近程序使用的最小超障余度（MOC），而是使用垂直误差余度（VEB），如图 6.31 所示。

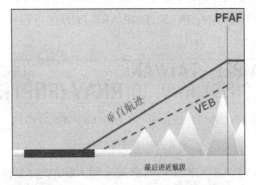

图 6.31　RNP AR APCH 最后进近航段 VEB

VEB 的计算涉及 8 个方面的因素，包括国际标准大气偏差（ISAD）、航空器机体几何误差（BG）、实际导航性能误差（ANPE）、垂直下滑角误差（VAE）、航路点分辨率（WPR）、飞行技术误差（FTE）、高度表系统误差（ASE）、报告高度表设置误差（ATIS）等。

VEB 计算公式如下：

$$\text{VEB} = \text{BG} - \text{ISAD} + \frac{4}{3}\sqrt{\text{ANPE}^2 + \text{VAE}^2 + \text{WPR}^2 + \text{FTE}^2 + \text{ASE}^2 + \text{ATIS}^2} \quad (6.3)$$

VEB 计算公式中各分量，分别有相应的计算和确定规则。

6.7.7　连续下降运行

连续下降运行（CDO）分为连续下降进场（CDA）和连续下降最后进近（CDFA）两种方式。CDO 能防止可控飞行撞地（CFIT）、提高进近稳定性、节省燃油、提高运行安全性等。RNP AR APCH 程序通常从垂直截获点（VIP）到 TCH（通常为 15 m/49 ft）之间，水平航迹可能是直线或 RF 航段，但是垂直航迹却保持固定下滑角作连续下降运行。

在 PBN 运行过程中，在地形环境复杂机场实施连续下降运行能获得明显效益。图 6.32

和图 6.33 是拉萨/贡嘎机场某 RNP AR APCH 程序的平面图和剖面图，从图中可以看出，从 VIP 点即开始实施连续下降运行。

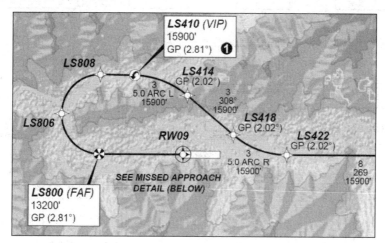

图 6.32　拉萨/贡嘎机场某 RNP AR APCH 进近程序平面图（局部）

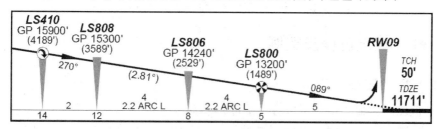

图 6.33　拉萨/贡嘎机场某 RNP AR APCH 连续下降进近剖面图

6.7.8　质量控制

在 PBN 运行框架下的 RNAV 和 RNP 仪表飞行程序，都是基于相关机载数据库的区域导航运行。在小 RNP 值运行时，即使小的数据误差都可能带来严重后果。因此，对机载导航数据库和仪表飞行程序的设计提出了更高的质量控制要求。

仪表飞行程序设计的质量是安全飞行的关键因素之一。航路结构、离场、进场、等待和进近程序都源自仪表飞行程序，它涵盖了收集用户要求、国家正式公布程序，以及纳入机载导航数据库的各个步骤（见图 6.34）。因此，从飞行程序设计开始，随之产生的仪表飞行程序、数据初始加工、程序公布，直至纳入终端用户系统等环节，都必须得到质量保证。

设计仪表飞行程序要遵循一系列步骤，从数据初始加工到调查，直至程序的最终公布和为用于机载导航数据库对其进行的后续编码。每一步骤都应该有质量控制程序，以确保达到并维持必需的精确性和完整性程度。

质量控制除体现在 PBN 程序过程中之外，还贯穿了导航数据库制作全过程。在导航数据库从数据采集到装载使用的过程中，必须严格按照《航空数据处理标准》及中国民航局发布的《航空运营人导航数据库管理规范》进行质量管理和控制。

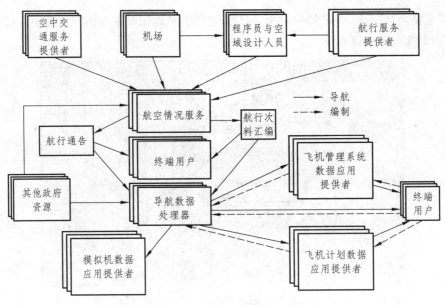

图 6.34 设计仪表飞行程序的参与方

6.8 PBN 实施过程及实例

6.8.1 PBN 实施过程

各国/地区民航实施 PBN，可以分三个过程来实施：

过程 1：明确需求。各国/地区通过空域概念（即 CNS/ATM）确定 PBN 战略和运行要求，评估本国/地区机队装备和通信、导航和监视/空中交通管理基础设施，并确定导航功能要求。

过程 2：确定导航规范。确定国际民航组织建议的导航规范的是否达到了空域概念的各项目标，是否提供了所需的导航功能，以及是否支持了由过程 1 中确定的机队装备和通信、导航和监视/空中交通管理基础设施，过程 2 可能需要审查过程 1 中所明确的空域概念和所需导航功能，以确定平衡点。

过程 3：规划与实施。制定本国/地区 PBN 实施计划，为 PBN 实施提供实用的指导，从而使导航要求转化为具体实施。

6.8.2 广州/白云机场 RNAV 运行实例

我国已在多个机场设计 RNAV 1 进离场程序并正式运行，包括广州/白云机场、北京/首都机场、深圳/宝安机场、上海/虹桥机场、上海/浦东机场等。广州/白云机场是我国第一个正式运行 RNAV1 进离场程序的机场。

2006 年 6 月 26 日广州/白云机场 RNAV 1 进离场飞行程序获民航局批准。2010 年 1 月 1 日至 4 月 7 日，广州/白云机场区域导航（RNAV-1）飞行程序全面实施过渡期，部分时段（每天 21:00 到次日 10:00）强制实施。从 2010 年 4 月 8 日零时起，广州/白云机场全面实施 RNAV1 终端区区域导航运行。

广州/白云机场 RNAV 终端区运行与传统运行相比较，存在诸多不同差异。在公布的国家航行资料汇编（NAIP）上，主要存在以下差异：

1. 航图标识不同

以 02L 跑道离场图为例，在 NAIP 图上传统标准仪表离场（SID）图标识为 "RWY 02L"，区域导航离场图标识为 "RNAV RWY 02L"，如图 6.35 所示。

（a）传统程序　　　　（b）RNAV 程序

图 6.35　广州/白云机场 02L 跑道仪表离场图标识

2. 航路布局和结构不同

传统标准仪表离场（SID）图和标准仪表进场（STAR）图上，航路点为终端区导航台（如 VOR/DME 台）、或者由终端区导航台（VOR/DME）确定的距离/方位交叉定位点（Intersection），如图 6.36 所示。而区域导航离场（RNAV SID）图和区域导航进场（RNAV STAR）图上，区域导航航路点（Waypoint）为经纬度坐标点。坐标点可以是导航台，也可以是空间坐标点，如图 6.37 所示。因此，区域导航航路结构与传统航路结构相比较，布局更为灵活，可以提高终端区飞行运行流量。

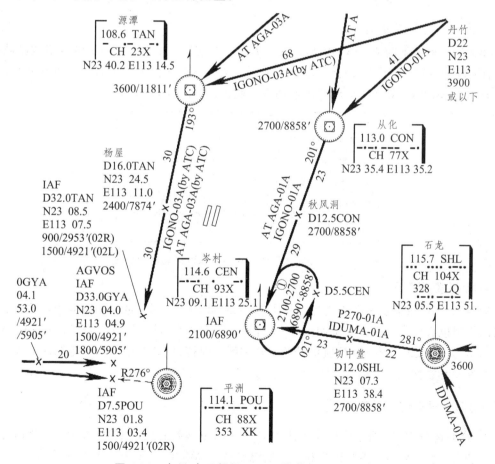

图 6.36　广州/白云机场 02L/R 跑道 STAR 图局部

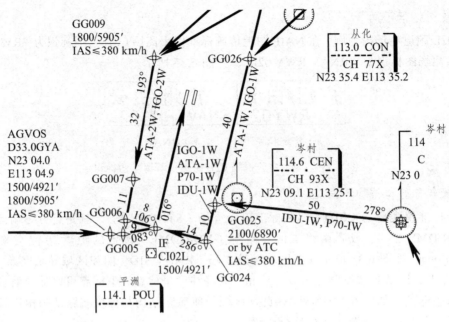

图 6.37 广州/白云机场 02L 跑道 RNAV STAR 图局部

3. 机载系统要求不同

PBN 运行框架下的 RNAV SID/STAR 运行，在终端区图上对运行所需要的机载区域导航系统有明确的规定。如广州/白云机场 02L 跑道 RNAV STAR 图上，明确要求必须使用 GNSS或者 DME/DME/IRU 导航，同时要求使用雷达监视，如图 6.38 所示。

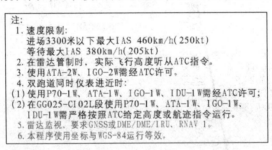

图 6.38 广州/白云机场 RNAV1 运行机载系统要求

4. 管制要求不同

RNAV1 运行除了要求雷达监视、使用与 WGS-84 等效坐标系或 WGS-84 坐标系外，对航路段的使用也有要求，具体要求如图 6.38 所示。图中"严格按照 ATC 给定高度或航迹指令运行"，是为了管制间隔保持、导航信号的覆盖和精度保持，偏离航迹运行不能保证 DME/DME导航服务的有效性。

6.8.3 RNP 运行参考页面

在 RNP 运行期间，机组需要参考使用多个与 RNP 运行相关的 CDU 页面，以及相关的告警信息和失效警告灯等。不同机型和不同航电设备，FMS 的 CDU 显示格式和内容不尽相同。以下示例中，CDU 页面内容来源于某公司 B737NG 机型 FCOM 手册。

196

1. 位置参考页面

位置参考页面如图 6.39 所示，该页面显示不同的导航源计算的航空器位置。在该页面可以看出，FMC 计算的综合位置、IRS 位置、GPS 位置和无线电导航位置可能存在差异。

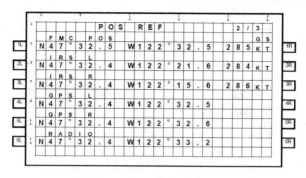

图 6.39　CDU 位置参考页面

2. 位置偏移页面

位置偏移页面如图 6.40 所示，该页面显示表明，左/右两套 FMC 独立计算的位置不同，并且显示独立导航源计算的位置与 FMC 计算位置之间的关系。在 4L 处显示，RNP 值为 2.8NM（n mile），当前计算的 ANP 值为 0.15NM。

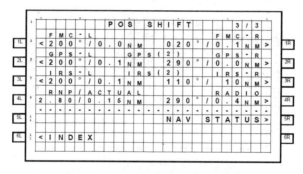

图 6.40　CDU 位置漂移页面

3. 导航状态页面

导航状态页面如图 6.41 所示，该页面显示当前航空器的导航状态，包括无线电导航设施类型、频率及呼号。同时显示冗余导航系统，包括 2 部 GPS 和 2 部 IRS。

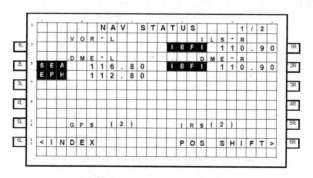

图 6.41　CDU 导航状态页面

197

4. 导航选择页面

导航选择页面如图 6.42 所示，该页面可以通过"ON/OFF"选择，来控制 IRS 位置更新导航源。该页面表示，目前正在使用的有 VOR/DME 和 GPS 导航源。在没有特别说明的情况下，FMC 首选 GPS 作为位置更新源。

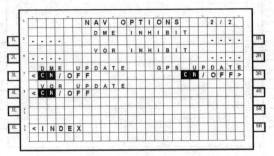

图 6.42 CDU 导航选择页面

5. 航路段页面

航路段页面如图 6.43 所示，该页面可以在 RNP 运行时，设定和调整 RNP 值。如果 RNP 值是人工手动输入，则该数值显示为大写（2.0NM）；如果从导航数据库中读出，RNP 值数字为小写。该页面同时显示当前 FMC 计算的 ANP 值（0.21NM）。

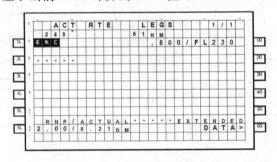

图 6.43 CDU 现行航路段页面

6. RNP 进程页面

RNP 进程页面如图 6.44 所示，该页面显示航空器的飞行进程情况，同时显示水平和垂直向 RNP 值和 ANP 值。水平 RNP/ANP 为 0.5/0.21NM，垂直 RNP/ANP 为 400/80FT(ft)。该页面的显示内容，与 PFD 上 RNP/ANP 的显示信息一致。

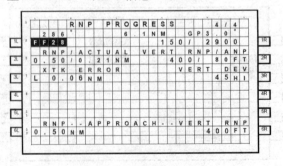

图 6.44 RNP 进程页面

从该页面同时可以看出，ANP（0.21NM）与航空器的水平航迹偏离（LDEV）（L 0.06NM）不等，说明 ANP 并不代表水平航迹偏离，ANP 只表示航空器的实际导航性能。LDEV 表示瞬时飞行技术误差（FTE）/侧航迹偏差（XTK），反映在自动驾驶（AP）或人工操纵时航空器航迹跟踪能力。

思考题

1. 全球实施 PBN 的意义是什么？

2. 中国民航 PBN 实施计划分为几个阶段？每个阶段目标分别是什么？

3. 解释区域导航（RNAV）的概念，RNAV 运行有哪些要求？

4. 解释所需导航性能（RNP）的概念，RNP 运行有哪些要求？

5. 解释基于性能的导航（PBN）的概念，PBN 运行代表了从什么到什么的转变？

6. PBN 运行的三要素是什么？每个要素的含义是什么？

7. PBN 运行有哪些主要优势？

8. 总系统误差（TSE）由哪几部分构成？每一部分如何控制？

9. 什么是 ANP/EPE？在 CDU 的哪些页面上能看到这一参数？

10. OPMA 的含义是什么？包含哪些内容？

11. RNAV 导航规范有哪些类型？各有什么特点和运行要求？

12. RNP 导航规范有哪些类型？各有什么特点和运行要求？

13. RNP APCH 和 RNP AR APCH 进近，水平导航源是什么？垂直导航源是什么？

14. RNP APCH 进近程序图上，航图标识是什么？RNP AR APCH 进近程序图上，航图标识是什么？RNP AR APCH 进近的 AR 代表什么含义？

15. 基于 Baro-VNAV 的 RNP 进近，为什么要进行温度限制？

16. RNP APCH 进近有哪两种构型？两种进近在起始进近、中间进近和最后进近的 RNP 值范围分别是多少？

17. RNP APCH 进近有哪些着陆标准？分别代表什么含义？

18. 仪表进近程序有哪些类型？各类型对应的着陆标准分别是多少？

19. 导航数据库数据分为哪两种数据？各有什么特点？

20. 连续下降运行有哪些作用及优势？

21. PBN 实施的三个过程分别是什么？

第7章 航行新技术介绍

7.1 概述

现代科技的发展同时促进了民用航空技术的发展。为保障飞行及运行安全，现代民用航空器在制造装备上引入了诸多先进技术和设备，在飞行运行模式上也发生了革命性改变。由于传统飞行运行方式和航行保障技术已不能适应现代民用航空发展的需要，因此近年来全球民航界着力全面推进航行新技术的应用，重新设计和构建飞行运行新体系，从根本上改进通信、导航、监视服务手段及空管保障能力，提高飞行机组及空中交通管制员的情景意识和决策能力，提高飞行安全、增大空域容量、保障运行正常。

世界各国都把使用民航新技术作为应对未来民用发展需求的重要手段。美国在 2004 年推出了"下一代运输系统（NextGen）"项目，欧洲提出了"单一欧洲天空空中交通管理（SESAR）"计划。在国际民航组织的建议和组织协调下，航行新技术在世界各国正逐步推广应用。

目前全球拟推广应用的航行新技术和系统很多，主要包括基于性能的导航（PBN）、广播式自动相关监视（ADS-B）、电子飞行包（EFB）、平视显示器（HUD）、卫星着陆系统（GLS）、增强飞行视景系统（EFVS）、卫星通信（SatCom）、数据通信数据链（Data-Link）、系统化信息管理（SWIM）等一系列新技术、设备和能力。在诸多航行新技术中，PBN、ADS-B、HUD、GLS、EFB、EFVS 等与现代导航技术直接相关，SatCom、Data-Link、SWIM 等与现代导航技术间接相关。

中国民航局计划在未来构建新型的民用航空交通运输系统，并于 2014 年 12 月成立了航行新技术应用与发展委员会，将 PBN、ADS-B、HUD 和 GLS 作为近期中国民航重点推广应用的四项航行新技术。在本书前面章节中，已涉及 PBN、GLS 等详细内容，本章将简单介绍 ADS-B、EFB、HUD 和 EFVS 四项技术，作为扩展知识供读者参考。

7.2 广播式自动相关监视

监视（Surveillance）技术是新一代空中交通管理系统（CNS/ATM）中空中交通管理的重要支持技术，为空中交通管理提供目标（包括空中航空器及机场场面动目标）实时动态信息，是对空域内航空器进行流量管理、间隔调配、运行监视的重要和有效战术手段。空中交通管理单位利用监视信息判断、跟踪航空器和机场场面车辆位置，获取航空器和机场场面车辆识别信息，掌握航空器飞行状况和意图，调整优化航空器间隔，提高空域使用效率，监视空域及机场场面运行态势，提高空中交通保障能力及安全水平。

7.2.1 监视技术分类

目前应用于空中交通管理的监视技术主要有空管一次监视雷达（PSR）、空管二次监视雷达（SSR）、自动相关监视（ADS）和多点定位（MLAT）等。

按照监视技术的工作原理，国际民航组织（ICAO）将监视技术分为独立非协同式监视、独立协同式监视和非独立协同式监视。

空管一次监视雷达（PSR）属于独立非协同式监视，主要包括远程空管一次监视雷达、近程空管一次监视雷达和场面监视雷达。

空管二次监视雷达（SSR）和多点定位（MLAT）属于独立协同式监视。其中，空管二次监视雷达主要包括 A/C 模式空管二次监视雷达和 S 模式空管二次监视雷达；多点定位包括多点定位系统和广域多点定位系统（按其应用范围）。

自动相关监视属于非独立协同式监视，包括合约式自动相关监视（ADS-C）和广播式自动相关监视（ADS-B），本章节重点介绍 ADS-B。

7.2.2 监视技术比较

不同监视技术各有优缺点，通常根据使用目的和运行环境采用不同的监视技术和系统。这些监视技术和系统的主要优缺点如下：

1. 空管一次监视雷达（PSR）

优点：独立非协同式监视，可对不具备机载应答功能的航空器实现监视。

缺点：无航空器识别能力，建设、运行维护成本高。

2. 空管二次监视雷达（SSR）

优点：独立协同式监视，可提供比空管一次监视雷达更多的监视目标信息。

缺点：航空器需加装二次监视雷达机载应答机，建设维护成本高。

3. 广播式自动相关监视（ADS-B）

优点：提供更多的监视目标信息，监视目标位置精度高、数据更新率快，建设、运行维护成本低。

缺点：由于其依赖全球导航卫星系统（GNSS）对目标进行定位，如航空器机载 GNSS 组件导航定位信息完好性不足，ADS-B 地面站设备（系统）无法辨别。在 GNSS 失效情况下 ADS-B 无法正常运行。

4. 合约式自动相关监视（ADS-C）

优点：可以为不具备建设监视雷达、ADS-B 地面站、MLAT 地面站空域提供飞行运行监视，地面监视基础设施建设成本低。

缺点：不具备提供类雷达间隔服务的能力，监视信息通过通信卫星转发后数据更新率低，机载电子设备成本高，运行成本高。

5. 多点定位（MLAT）

优点：独立协同式监视，定位精度高、数据更新率快，不需要额外的机载电子设备，建设、运行维护成本低。

缺点：定位精度依赖于地面站的位置精度、站点布局和空地时钟同步精度。

7.2.3 ADS-B 概念

广播式自动相关监视（ADS-B）是国际民航组织确定的未来主要监视技术。ADS-B 技术将卫星导航定位、数据链通信、地理信息系统（GIS）等先进技术相结合，提供了更加安全、高效的空中交通监视手段，能有效提高管制员和飞行员的运行态势感知能力，扩大监视覆盖范围，提高空中交通安全水平、空域容量与运行效率，如图 7.1 所示。机载 ADS-B 按应用功能可分为发送（OUT）和接收（IN）两类。

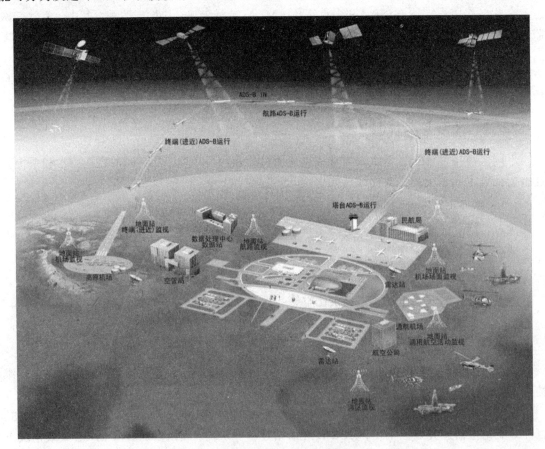

图 7.1　ADS-B 系统架构示意图

7.2.3.1　ADS-B OUT

ADS-B OUT（发送）是指航空器向周边其他航空器及地面站发送监视信息，是 ADS-B 基本功能。ADS-B 机载发射机以一定周期发送航空器的各种信息，包括航空器识别码、位置、高度、速度、航向和爬升率等，如图 7.2 所示。ADS-B OUT 具备充分的监视数据提供能力、报文处理（编码和生成）能力、报文发送能力。只要相关机载设备安装正确并运行正常，ADS-B OUT 系统一般不需要飞行机组干预即可自动工作。

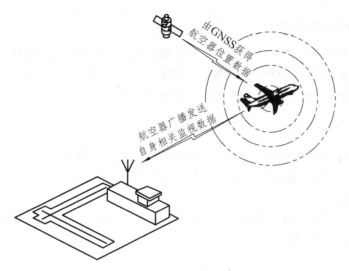

图 7.2　ADS-B（OUT）示意图

7.2.3.2　ADS-B IN

ADS-B IN（接收）是指航空器接收其他航空器发送的 ADS-B OUT 信息或地面服务设施发送的信息，为机组提供飞行运行支持，如图 7.3 所示。

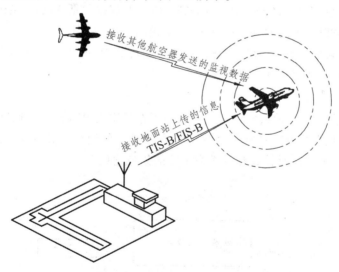

图 7.3　ADS-B（IN）示意图

基于 ADS-B IN 功能的应用很多，主要包括目视间隔进近（VSA）、CDTI 辅助目视间隔（CAVS）、高度层变更程序（ITP）、空中交通告警服务（ATAS）、飞行间隔管理（FIM）、窄距平行跑道运行（CSPO）、场面协同决策运行（SCDM）等，很多扩展新型应用还在研究和发展中。

7.2.4　ADS-B 系统

ADS-B 系统由空中导航卫星、机载设备和地面设备组成。与 ADS-B 功能相关的机载设备，OUT 功能包括 GNSS 接收机（或 MMR）、数据链发射机（如 SSR 1090 S 模式应答机）等，IN 功能还需加装数据链接收机（如 1090 接收机）、座舱显示装置（如 CDTI 或 ND）等。

7.2.4.1　GNSS 接收机

ADS-B 的水平位置信息来自于机载 GNSS 接收机（或 MMR），所有 GNSS 接收机必须具备接收机自主完好性监视（RAIM）功能，GNSS 完好性等级须达到 10^{-5}/飞行小时，位置完好性告警时间为 10 s，整个 ADS-B 系统的连续性水平须达到 2×10^{-4}/飞行小时。

7.2.4.2　数据链系统

ADS-B 的 OUT 和 IN 功能都基于数据链通信技术。包括数据链通信延迟在内，整个 ADS-B 系统导致的水平位置数据延时（包括任何未补偿的延时），95%的情况下不超过 1.5 s，99.9% 的情况下不超过 3 s。

ADS-B 共有三种数据链可供选用：S 模式基于异频 SSR 收发机的 1090ES 数据链、通用访问收发机（UAT）和 VDL-4 数据链。

1. 1090ES

1090ES 基于 SSR 的 S 模式扩展电文（ES）功能。装有 S 模式应答机的航空器都有自己唯一的地址码，地址码数量可达 1677 万个，足以实现全球一机一码。S 模式 SSR 询问信号和应答信号包含 56 bits（短报文）或 112 bits（长报文）数据块，其前 24 位为飞机地址码，其他数据位可用于传送其他所需飞行运行参数。

1090ES 的下行频率为 1 090 MHz。1090ES 传送的数据包括 24 bits 飞机地址码、位置、高度、呼号等。1090ES 传送的位置信息每 0.5 s 更新一次。

目前一些商业化的 S 模式 SSR 应答机，能够满足 ADS-B OUT 对机载系统性能的要求。1090ES 接收机目前通常集成在 TCAS 系统上。

2. UAT

UAT 是 FAA 提出的一种数据链格式，双向工作频率为 978 MHz。UAT 模式的机载收发机为专用的通用访问收发机（UAT），与 GNSS 接收机、编码气压高度表等连接，如图 7.4 所示。目前成熟的 UAT 产品是接收和发送为一体的集成化设备。

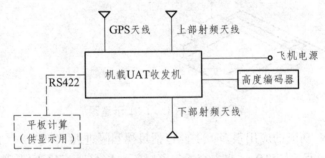

图 7.4　UAT 模式架构图

3. VDL-4

VDL-4 是瑞典民航局于 1994 年提出的数字数据链路格式。VDL-4 数据通信与 ATN 完全兼容，也是 ADS-B 数据链的备选方案之一。

7.2.4.3　CDTI

具有 IN 功能的 ADS-B 设备，需要安装 CDTI 或具备同等功能的设备并与之交联。CDTI

直观地为飞行员提供各种信息，帮助飞行员了解周围的交通状况。CDTI 可以是手持式显示器，也可以借用机载 ACAS/TCAS 的显示设备，或者仪表板上已有的显示设备，并且通常以移动地图为显示背景。

ADS-B 信息可以与地形数据、地面气象雷达数据、ACAS/TCAS 和其他数据整合显示在 CDTI 上，从而使 ADS-B 可以支持一些更高级的运行功能。

7.2.4.4 地面设备

ADS-B 地面设备包括收发天线、数据处理设备、数据传输网络、数据发布网关、监视终端等，如图 7.5 所示。根据不同的应用场合，采用全向 ADS-B 天线加主/备接收机模式和多定向 ADS-B 天线加多信道接收机模式。天线的配置以满足覆盖要求为准，可采用高增益天线或普通天线加前端低噪声放大器，在天线与设备之间还应考虑防雷措施。

7.2.5 我国 ADS-B 应用计划

ICAO 在第十一届航行大会上，确定 ADS-B 技术为全球民用航空航行监视技术的主要发展方向。欧美等航空发达国家已制定本国/地区 ADS-B 推广应用计划，并建立了相关的规章和标准。美国、澳大利亚、加拿大、欧洲、印度、印尼、新加坡、越南、中国台湾、中国香港等地已正式实施 ADS-B 运行并取得初步成效，全球范围内正按计划大力推广 ADS-B 监视应用。

图 7.5　ADS-B 信息发布示意图

中国民航高度重视 ADS-B 技术的应用与实施，不断加强 ADS-B 技术研究与应用。中国民航规定运输航空和通用航空均采用 1090ES 模式作为 ADS-B 数据链。基于中国民航运输航空运行需求和监视技术发展现状，可用于空中交通服务的监视技术主要有空管监视雷达、自动相关监视和多点定位，未来不排除使用新出现的监视技术。

运输航空 ADS-B 建设与运行将按照统一规划、整体推进的原则，结合国家五年发展规划分两个阶段实施。到 2017 年底，实现 ADS-B OUT（地空监视）初始运行。到 2020 年底，实现 ADS-B OUT 全面运行。至 2025 年底，完善我国 ADS-B 运行网络。各阶段全国 ADS-B 监视覆盖图可参考《中国民用航空 BDS-B 实施规划》。具体规划大致如下：

1. 2015 年—2017 年

目标：实现重点区域 ADS-B OUT 初始运行。具体规划包括：

（1）在西部重点航路和三亚情报区航路 8400 m（含）以上实施 ADS-B 运行。

（2）在部分支线机场（含高高原机场）实现 ADS-B 监视运行。

（3）在东北地区部分边境机场实现 ADS-B 监视运行。

（4）在新疆地区实施 ADS-B 运行示范。

（5）基本实现东部地区高空航路 ADS-B OUT 地面设备监视覆盖。

2. 2017 年—2020 年

目标：实现全空域 ADS-B OUT 的全面运行。具体规划包括：

（1）全国高空航路航线实现 ADS-B 监视，实施 ADS-B 运行或雷达/ADS-B 运行。

（2）终端（进近）管制区域实现 ADS-B 监视，实施 ADS-B 运行或雷达/ADS-B 运行。

（3）全部运输机场塔台实现 ADS-B 监视，实施 ADS-B 运行或多源监视运行。

（4）为机场、航空公司、航空保障企业、运行监管部门、社会公众提供 ADS-B 信息服务。

3. 2020 年—2025 年

目标：完善全空域 ADS-B OUT 的运行网络，实现 ADS-B IN 初始运行。具体规划包括：

（1）全国高空航路航线实现 ADS-B 连续可靠监视覆盖，确保实施 ADS-B 运行或雷达/ADS-B 运行安全可靠。

（2）终端（进近）管制区域实现 ADS-B 连续可靠监视覆盖，确保实施 ADS-B 运行或雷达/ADS-B 运行安全可靠。

（3）全部运输机场塔台实现 ADS-B 连续可靠监视覆盖，确保实施 ADS-B 运行或多源监视运行安全可靠。

（4）为机场、航空公司、航空保障企业、运行监管部门、社会公众提供连续可靠的 ADS-B 信息服务。

（5）在部分区域实现 ADS-B IN 的初始运行。

7.3 电子飞行包

7.3.1 EFB 介绍

电子飞行包（EFB）是现代民航航空器综合航电系统的重要组成部分，目前为选装件，根据发展趋势来看，今后将成为必选件。

EFB 包含硬件、软件和用于驾驶舱或客舱的电子显示系统。EFB 能显示多种航空信息数据并进行基本的计算（如性能数据、燃油计算等），其中的一些功能如采用传统方式，则需要纸质参考材料或是基于航空公司飞行签派向机组提供的数据来完成。EFB 的功能范围包括各种数据库和应用程序。EFB 显示可以使用多种技术、格式和通信形式。

复杂些的 EFB 可以固定安装于独立的计算机，并装载电子资料库（ELS），协同飞行管理系统实现资源共享，成为无纸化驾驶舱的有效工具。EFB 将机组可能用到的所有资料进行电子文档化处理，供机组通过 EFB 人机交互界面直接调阅所需资料。

7.3.2 EFB 基本功能

飞行机组使用 EFB 对驾驶舱的数字信息实施传输并进行管理，EFB 具有如下基本功能：

（1）可以使用电子化的文件、手册、图表、资料，便于随时调用、计算及查询。

（2）电子航图功能，包括高空航路图、区域图、终端区图、机场地面滑行数据及航路导航数据，供随时调用查阅或显示地面活动，改善飞机地面滑跑安全。

（3）检查单功能，所有飞行阶段检查单以及应急检查单。

（4）飞行性能计算功能，通过精确、准确的计算，降低油耗和维护成本。

（5）电子飞行日志。

（6）视频监视功能，包括对机外情况（各种操作面的位置、积冰情况、起落架收放状况）和客舱监视（驾驶舱门附近的情况、各客舱内旅客情况）。

（7）未来可实现实时气象（MET）数据和航空情报服务（AIS）传输和显示。

（8）实时电子航行通告（NOTAM）上行传输链。

（9）飞机故障和性能状态监控数据下行传输链至公司 AOC。

（10）文本及语音信息上下行链至 AOC。

（11）电子飞行记录本下行链至 AOC。

EFB 的这些功能的实现对于飞机地面滑行防撞、监控飞行中机体情况都有现实意义，对于提高机组驾驶舱管理水平、增强对航空器的管理能力、实现座舱无纸化都有重要作用。同时还可以提高 AOC 部门资料维护和管理的效率，减少人力成本，提高航空公司竞争力。

7.3.3 EFB 分类及特性

EFB 按硬件应用进行分类可分为 1 级、2 级和 3 级，其软件应用分为 A 级、B 级和 C 级。不同级别的电子飞行包其软件和硬件的用途和审批都有一定的区别。

7.3.3.1 EFB 硬件分类

1.1 级 EFB

1 级 EFB 是可用于飞机运行使用的商用货架产品（COTS），如 iPad 等具有无线上网功能的便携式移动电子设备，如图 7.6 所示。1 级 EFB 不固定安装在飞机上，与飞机没有连接接口。其运行不需要取得相关民航适航管理单位的许可。只能在飞行非关键阶段和地面滑行阶段使用。

图 7.6 iPad（1 级 EFB）驾驶舱应用

2.2 级 EFB

2 级 EFB 为安装在驾驶舱内半永久性设备，使用时需要与飞机上特定的支架连接，接入到飞机非关键性系统中，通过机上数据总线读取一些飞行数据，可以在所有飞行阶段使用，但也属于移动设备，如图 7.7 所示。其运行需通过适航管理部门的适航认证。功能包括加载航图、飞行运行资料、操作手册、检查单、最低设备清单（MEL）以及计算飞行性能等，共享 FMS 数据进行交互计算。

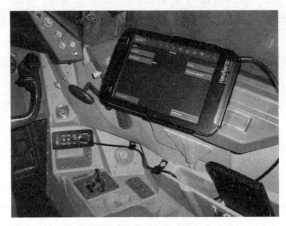

图 7.7　2 级 EFB 示意图

3.3 级 EFB

3 级 EFB 是一种永久固定安装的驾驶舱设备，运行需要相关民航适航管理部门的认证许可。该设备可与机载飞行系统兼容，如 FMS、发动机指示与机组告警系统及各类机载传感器系统，支持所有飞行阶段的应用，如图 7.8 所示。目前，B787 和 A380 机型上，3 级 EFB 为标准配置设备，如图 7.9 所示。

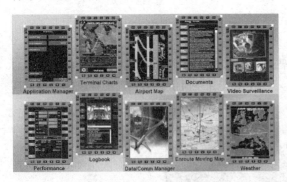

图 7.8　3 级 EFB 主要功能及显示　图 7.9　A380 驾驶舱（左右两侧安装 3 级 EFB）

7.3.3.2　EFB 通信方式

不同硬件装备的 EFB 在进行飞机与地面的双向数据传输时，所使用的数据通信方式不尽相同，主要使用的通信方式包括 USB、GSM/GPRS/3G/LTE、局域网、GateLink、Wifi、ACARS、VDL -2 和卫星通信等。

所有通信方式中，USB、局域网、GSM/GPRS/3G/LTE 和 Wifi 普及化程度高；GateLink

通常是飞机在机场停靠时，通过有线或者无线的方式接入机场网络；ACARS 在飞行中传输文本相关的小数据量数据；VDL-2 传输速率高于 ACARS，可进行二进制数据传输；卫星通信使用 Inmarsat 和铱星卫星系统。表 7.1 为各类 EFB 的通信方式分类。

表 7.1　各类 EFB 通信方式

EFB 硬件类别	USB	局域网	GSM/GPRS /3G/LTE	Wifi	GateLink	ACARS	VDL-2	卫星 通信
1 类	√	√	√	√	×	×	×	×
2 类	√	×	×	√	√	√	√	√
3 类	√	×	×	√	√	√	√	√

7.3.3.3　EFB 软件应用分类

A 类 EFB 软件在不同硬件级别的 EFB 上均可使用，需要飞行标准区域办公室（FSDO）和主任监察员（PI）的许可，不需要飞机认证服务机构（AIR）的许可。

B 类软件应用有一点不同于 A 级，在认证许可方面，增加了航空器评审小组（AEG）进行评估。

C 类软件只能应用于二类和三类 EFB 硬件设备。在认证许可方面，不同于 A 类软件的是需要飞机认证服务机构（AIR）的许可。

不同的软件应用类型，其实现的具体功能差异很大，主要用于机组资源管理的各个不同方面。表 7.2 列出了不同软件类别的应用功能。

表 7.2　各级别软件应用功能

软件级别	说明	应用功能
A	静态信息显示	手册、AFM、POH、SOP、规范性文件、记录、规章、性能数据、MEL、AIP、AIM、CDL、CBT 等
B	从机载设备读取数据	重量平衡计算、起飞性能计算、检查单、日志记录、图标显示、视频信息、ACARS 信息
C	集成于驾驶舱航电系统中	飞机实时的系统状况和性能显示

7.4　平视显示器

7.4.1　HUD 介绍

平视显示器（Head-Up Display，HUD）由早期的轰炸瞄准器发展而来，轰炸瞄准器作为轰炸机武器投放系统最初于 20 世纪 40 年代投入使用。早期的轰炸瞄准器的人机界面非常类似于今天的目视飞行航迹模式下的平视显示器，两者均为集成的人机界面。

HUD 是一种可以把飞行数据投射到飞行员正前方透明显示组件上的系统，可使飞行员保持平视姿态获取飞行信息。典型的 HUD 接收机载导航系统或飞行指引系统的信息，使得飞机飞行航迹、惯性加速度、人工地平仪等各种符号与外部视景的相应特征保持一致。HUD 通过显示组件,将所显示的飞行航迹符号同飞行员透过飞机前挡风玻璃看到的视景结合在一起。图 7.10 为 B737-NG 上加装的 HUD 系统。

平视显示器(HUD)与自动着陆系统、机载电子系统增加了飞机运行能力,可降低着陆和起飞最低天气标准。与可靠的 ILS 和低能见度运行程序相结合,经局方特殊批准允许航空运营人在 I 型仪表着陆地面设施上实施特殊批准的 I 类、II 类运行。

图 7.10　B737-NG 飞机安装的 HUD 系统

7.4.2　HUD 基本组成

HUD 通常由可更换组件(LRU)组成,包括合成显示器、头顶部件、计算机、系统信号牌、控制面板等,如图 7.11 所示。

图 7.11　HUD 系统组件

HUD 将飞行信息投影到显示器上,并为飞行员提供指引,包括航空器的着陆和航空器在跑道上滑行至停止的整个过程。飞行员可通过前方的透明显示屏看到驾驶舱仪表盘上的主要信息以及相关的飞行指引信息,这种信息图形化的显示技术可有效地提供航空器的运行能力,并能够准确确定航空器进近位置和进近航道,确保更精确的接地着陆点。

7.4.3 HUD 运行优势

HUD 在各飞行阶段为飞行员提供增强的情景意识和状态管理能力,减少了飞行员在飞行中频繁俯视看仪表的动作,使其可以始终保持平视飞行。HUD 上所有关键的飞行信息都与飞行员外部视野保持正形投影,使飞行员在任何跑道、各种气象条件下都能够精确地控制飞机状态参数、准确地预测接地点。HUD 系统具有如下典型运行优势:

（1）增强飞行情景意识。

（2）减少飞行技术误差。

（3）有助于实施稳定进近。

（4）减少重着陆和擦机尾事件的发生。

（5）为空中交通防撞系统、风切变及非正常姿态等状况提供识别和改出指引。

（6）改善全天候运行和航班正常性。

（7）提高对能源状况的感知能力,改善能源管理。

（8）提供着陆减速信息,减少制动组件磨损。

（9）精确预测接地点,提供擦机尾警告、非正常姿态改出信息,改善飞行品质。

7.4.4 HGS 安全优势

首先应用于商用飞机的 HUD 是 1980 年由一家名为 Flight Dynamics 的小公司成功开发的,该公司系罗克韦尔-柯林斯平视引导系统公司的前身。HGS（Head-up Guidance System）是罗克韦尔-柯林斯公司研发的一种 HUD 系统的名称和注册商标。

首套 HGS 系统于 1987 年应用与阿拉斯加航空公司的 B727 飞机。1992 年,系统在 UPS 公司的 B727 飞机上投入使用,该系统特别为 CAT III 场地条件的着陆引导而设计,并因其提供了位置和精确的引导而获得美国 FAA 的认可。2005 年,满足 CAT III 和低能见度起飞的双 HUD 系统获得 CTA/FAA/EASA 认证。

HGS 作为一种典型的通过多方认证的 HUD 系统,具有以下主要优势:

1. 保持平视起飞

在高速滑跑时,即使以最快的速度扫视一次下部传统仪表也会导致与外部视景中断,飞行员必须花费几秒钟才能恢复外部情景意识,在低能见度运行中,这一问题尤其突出。HGS 为飞行员提供保持平视起飞的能力,在不需要低头观察传统仪表的情况下完成起飞动作。

2. 实行低能见度起飞（LVTO）

LVTO 是 HGS 的一个特有功能,可以为飞行员提供使用 HGS 指引来引导起飞的能力。当实施低能见度运行时,飞行员可以获得可用的起飞最低标准。飞行员通过把地面滑跑符号放置在航向道引导提示符上来跟踪航向道引导。

3. 使用惯性平滑下滑道

惯性平滑下滑道计算方法为:利用惯导地速和参考下滑道来确定一个参考垂直速度,该速度被整合后给出一个参考高度,该高度以下滑道波束的中心作参考。参考高度在 140 ft 被初始化,之后被连续计算,并与修正后的高度比较产生垂直偏差指示,如图 7.12 所示。

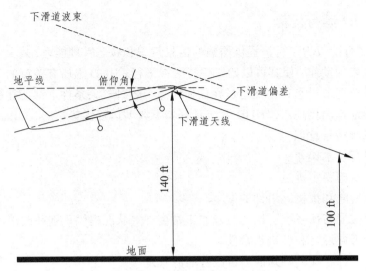

图 7.12　惯性平滑下滑道原理示意图

从初始化点（即 140 ft 处）开始的 4 s 内，控制逻辑线性地消除下滑道偏差，便于后续进近和着陆引导，使下滑道引导更为精确和稳定。

4. 精确的目视进近下滑角指示

下滑道参考线在所有进近模式中都可使用，选择范围是 0.00°～9.99°，并且有能力建立一条目视下降轨迹到任何跑道上，该参考线在没有装备下滑道坡度指示器的机场特别有用。在夜间进近如果没有 VASI（目视进近坡度指示器）或 PAPI（精密进近坡度指示器）、类似设备的跑道，即"黑洞进近"，会特别困难，造成 CFIT（可控飞行撞地）事故的风险增加。有下滑道参考线的 HGS 减少了在这些进近中的不安全风险概率。

5. 防止擦机尾

擦机尾俯仰极限 "〇——〇" 符号开始显示并与飞机参考符号相比较，表示飞机正处于或接近擦尾的俯仰极限，如图 7.13 所示。如果擦尾符号与飞机参考符号相接触，就会发生擦机尾事件，如图 7.14 所示。在起飞中（包括在着陆和复飞中），该擦尾俯仰极限符号显示距离擦机尾的俯仰角裕度。如果飞机俯仰角度接近擦机尾角度或者在起飞抬前轮（低于 10 ftAGL）时俯仰角速度过大，擦机尾俯仰极限符号就会出现。

图 7.13　HGS 擦机尾符号

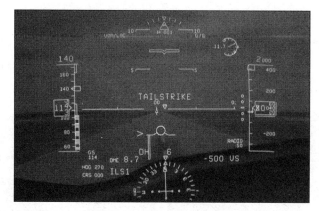

图 7.14 HGS 擦机尾告警

在着陆中擦机尾警告信息表示，如果继续增加姿态就会擦机尾。在进近中，在轮毂高度低于 100 ft 时，擦机尾监控功能自主启动，直到飞机接地。

6. 直观的能量管理

飞机沿着飞行轨迹的惯性加速（或减速）是由飞行轨迹加速度符号 ">" 来表示的，如图 7.15 所示。该符号表示所有影响飞机的力的总和，包括推力、阻力以及飞机正在穿过的气流，该符号由 IRS 无延迟提供并被显示。

在飞行中，飞行加速度符号被放在飞行轨迹符号的左边。当飞行轨迹加速度符号高于飞行轨迹符号的机翼时，飞机在加速；低于飞行轨迹机翼符号时，飞机在减速。要保持稳定状态（既不加速也不减速），飞行轨迹加速度符号必须放在指向飞行轨迹机翼的位置，这一符号和显示方式可以很有效地控制速度或飞行轨迹角度。

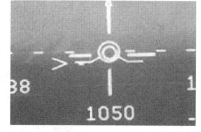

图 7.15 HGS 飞行轨迹加速度符号

7. 有效应对风切变

HGS 提供一个飞机可能或已经进入风切变的指示。风切变警告信息显示在飞机参考符号的正上方，由 "WINDSHEAR" 这些字母组成，如图 7.16 所示。风切变警告信息的显示是 GPWS（近地警告系统）探测到风切变后的显示方式之一。

图 7.16 HGS 风切变告警

8. 快速识别非正常姿态并改出

HGS 的非正常姿态（UA）显示用来帮助飞行员识别并改出。UA 图符集是以类似于姿态指引仪（ADI）的方式显示姿态信息。根据飞机的姿态，非正常姿态图符集被自动启动或停止，如图 7.17 所示。

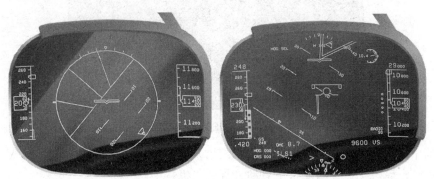

图 7.17　HUD 非正常姿态显示

当 UA 图符集工作时，UA 图符集取代当前选择的运行模式图符集，显示非常直观，飞行员能够立即对不正常姿态做出反应，不需要观测后再作判断。

9. 柔和响应空中交通防撞系统决策咨询（TCAS/RA）

在 TCAS/RA 告警中，HGS 会显示一组直观、易于理解的符号，让飞行员柔和进入指定的安全指示框内并避免进入非安全区，而无需低头观察传统仪表，如图 7.18 所示。

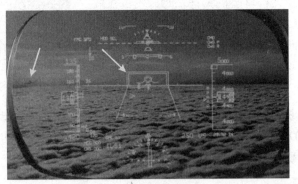

图 7.18　TCAS 决策咨询

7.5　增强飞行视景系统

7.5.1　EFVS 的介绍

低能见度天气条件影响飞行安全和机场运营效率，有效视距的减小影响了飞行员的情景意识，增加了进近着陆航空器间的间隔。即使是 ILS CAT III 运行跑道，在低能见度下其容量仍然急剧下降。另外，航空器地面滑行安全风险也增加。

增强飞行视景系统（Enhanced Flight Vision System，EFVS）使用图像传感器技术，把外部环境的实时增强图像提供给飞行员，如图 7.19 和图 7.20 所示。该系统基于前视红外线或毫米波雷达、微光增强或其他技术。FAA 在 91 部中定义了"增强飞行能见度"的概念，即"在飞行中从驾驶舱向前量起的平均水平距离，在此距离上，飞行员使用 EFVS 在昼间或夜间可以清楚地分辨或识别主要地形目标"。

图 7.19　红外 EFVS 显示实景图

图 7.20　微波 EFVS 显示实景图

　　仪表飞行规则（IFR）规定了起飞和着陆能见度要求，飞行员操纵飞机时使用裸眼来识别进近灯和跑道环境。当飞行员不能以其裸视看见特定要求的目视参考物时，则不允许下降和着陆。如果飞行员使用 EFVS 实施直线进近（CAT II 和 III 除外），则可以下降到低于 DA或 MDA 以下。

　　EFVS 和增强视景系统（EVS）是两个不同的概念。EVS 通过图像传感器（例如毫米波雷达或前视红外线（FLIR））获得外部视景电子图像，显示的图像和飞行符号可能与外部视景的比例或对准不同，如图 7.21 所示。EVS 可以不提供附加的飞行信息或符号，可以在低头显示器上非正形显示，仅向飞行员提供跑道特征、周围地形和障碍物特征图像，提高夜间和低能见度条件下飞行的情景意识。EVS 不能用作确定增强飞行能见度或识别下降到低于 DA或 MDA 所要求的目视参考物的手段。

图 7.21　微波 EVS 显示实景图

7.5.2 EFVS 机载系统

将 EVS 及 HUD 组合并实现相关功能，则构成 EFVS 机载系统。EFVS 机载系统除必须加装相应传感器组件和显示组件（如 HUD）外，还必须具备相应的功能并符合要求。

7.5.2.1 机载设备

机载设备包括以下组件：

（1）EFVS 显示组件，可以是一个平视显示器（HUD）或等效显示器，具有规章所要求的显示内容和特征，确保飞行员在正常位置和沿飞行轨迹方向前视时清晰可见。

（2）传感器，提供前视外部视景的实时图像。

（3）计算机和电源。

（4）指示信息。

（5）控制组件等。

7.5.2.2 所需飞行信息

所需飞行信息包括：

（1）空速。

（2）升降速度。

（3）姿态。

（4）航向。

（5）高度。

（6）进近指令引导。

（7）轨迹偏离指示。

（8）飞行轨迹矢量（FPV）。

（9）飞行轨迹角提示符（FPA）等。

7.5.2.3 附加要求

EFVS 图像、姿态符号、FPV、FPA 提示符，以及其他涉及图像和外部环境地形的提示符必须是正形的（即必须对准和成比例叠加于外部视景）。飞行员必须能够设置合适的进近下滑角度，下滑角对应的 FPA 提示符必须显示在俯仰刻度上。显示内容和动态特性必须适合于人工操纵航空器。

7.5.3 EFVS 的优点

EFVS 引入了毫米波雷达探测和红外探测外部图像视景信息，并将这些图像视景信息与 HUD 相应信息匹配和组合，使飞行运行突破了低能见度的限制和影响，为进近着陆提供全天候、全天时图像参考。因此，EFVS 具有诸多优点。

（1）EFVS 通过增强飞行状态和位置感知、提供视觉提示符灯，可以提高飞行情景意识和状态感知能力，维持稳定进近、减少复飞。

（2）EFVS 有助于飞行员在最后进近阶段尽早发现跑道异物或跑道入侵。

（3）EFVS 向飞行员提供了一种确定增强飞行能见度的方法，便于识别进近目视参考物，允许继续下降至 DA 或 MDA 以下，直至 TDZE 以上 30 m（100 ft）。在此高度及以下，飞行员必须通过裸视（而非 EFVS）清晰可见跑道入口灯光或标识，或 TDZ 的灯光或标识，方可继续下降。

7.5.4　EFVS 的局限性

EFVS 显示图像信息源主要来自于两个渠道，一是来自于 EVS，二是来自于 HUD 的相关信息。由于 EVS 采用红外或微波图像传感器获取外部图像信息，因此会受到红外或微波成像原理的制约。因此，EFVS 的局限性主要体现在以下几个方面：

（1）红外成像和微波成像颜色单一，目前红外成像为绿色，微波成像为黑白色，单色图像可能会使飞行员误判一些目标。

（2）雨雪导致微波信号衰减严重，暴雨对微波成像的影响很大，地杂波也会影响微波成像效果。

（3）如果外部环境有体量大的热源（如燃烧秸秆火堆），将会影响红外成像效果，导致对外部环境的误判。

（4）如果 EVS 信息不能在 HUD 上正形投影，将会导致飞行信息与外部环境信息不匹配，飞行员不能建立正确的情景意识。

可以看出，虽然在某些低能见度条件下，EFVS 可以大幅度提高飞行员视觉能力，用于识别裸视看不见的进近灯光、目视参照物、侵入跑道的飞机、车辆和动物等，但是飞行员也要谨慎使用 EFVS，不能仅因为视景中没有显示异常信息就认为飞行轨迹上不存在危险。在某些情况下，图像传感器的性能可能有变化或不可预测。此外，对于某些非精密仪表进近程序，为了保证目视着陆阶段具有足够的超障余度，可能需要飞行员目视识别已知的靠近正常进近轨迹的障碍物。

7.5.5　CVS 系统

组合视景系统（Combined Vision System，CVS）是合成视景系统（Synthetic Vision System，SVS）和 EVS 的集成系统。

合成视景（Synthetic Vision，SV）是一种依赖航空器驾驶舱视角、飞行高度、高精度导航定位、地形及障碍物数据库及相关人文标志等，利用计算机生成的外表地形地貌特征图像。与 EVS 类似，合成视景系统（SVS）可以在驾驶舱为机组显示外部虚拟场景。

CVS 将 EVS 和 SVS 的优点进行组合后，将其与 HUD 结合，成为今后低能见度下为飞行机组建立清晰、可靠的外部情景意识的重要系统和手段。

思考题

1. 按照监视技术的工作原理，将监视技术分为哪几种？一次雷达、二次雷达和 ADS-B 分别属于其中哪种类型？

2. 与一次雷达、二次雷达相比，ADS-B 的主要优缺点是什么？

3. 机载 ADS-B 应用功能可分为哪两类？每一类的主要特点是什么？每一类所需机载设

备有哪些?

4. ADS-B 可以使用的数据链有哪三种?

5. 我国的 ADS-B 的实施计划分为哪三个阶段,每一阶段的目标是什么?

6. 电子飞行包(EFB)的主要功能有哪些?

7. EFB 按照硬件应用分为几级?每一级别有何特点?EFB 软件如何分级的?

8. 平视显示器(HUD)的主要功能是什么?HUD 由哪些部件组成?HUD 的运行优势有哪些?

9. 简述 HGS 的安全优势。

10. 增强飞行视景系统(EFVS)的主要功能是什么?有哪些优缺点?

11. 增强视景系统(EVS)和 EFVS 的主要区别是什么?哪一种设备可以有效降低着陆标准?

12. 什么是组合视景系统(CVS)?CVS 有什么特点?

参考文献

[1] 国际民航组织. 航空电信（附件 10）[S]. 蒙特利尔，2006.
[2] 国际民航组织. 基于性能的导航（PBN）手册(DOC 9613)（第 4 版）[S]. ICAO，2013.
[3] 中国民航局. 中国民航基于性能的导航（PBN）路线图[S]. 北京，2009.
[4] 陈高平，邓勇. 航空无线电导航原理（上、下册）[M]. 北京：国防工业出版社，2008.
[5] 张焕. 空中领航学（第 3 版）[M]. 成都：西南交大出版社，2016.
[6] Cary R. Spitzer. 数字航空电子技术（上、下册）[M]. 谢文涛等，译. 北京：航空工业出版社，2010.
[7] 刘建业，曾庆化，赵伟，等. 导航系统理论与应用[M]. 西安：西北工业大学出版社，2010.
[8] Elliott D.Kaplan，Christopher J.Hegarty. GPS 原理与应用（第二版）[M]. 寇艳红，译. 北京：电子工业出版社，2010.
[9] 张勤，李家权. GPS 测量原理及应用[M]. 北京：科学出版社，2005.
[10] 王惠南. GPS 导航原理与应用[M]. 北京：科学出版社，2003.
[11] 刘基宇. 全球导航卫星系统及其应用[M]. 北京：测绘出版社，2015.
[12] 鲁郁. GPS 全球定位接收机—原理与软件实现[M]. 北京：电子工业出版社，2009.
[13] 边少锋，纪兵，李厚朴. 卫星导航系统概论[M]. 北京：测绘出版社，2016.
[14] 谢钢. 全球导航卫星系统原理—GPS、格洛纳斯和伽利略系统[M]. 北京：电子工业出版社，2013.
[15] 谢钢. GPS 原理与接收机设计[M]. 北京：电子工业出版社，2009.
[16] 张光明，张飞桥. 导航性能对 PBN 运行的影响[C]. 第 30 届中国控制大会论文集，2011.
[17] 中国卫星导航系统管理办公室. 北斗卫星导航系统公开服务性能规范（1.0 版）[S]. 北京，2013.
[18] 中国卫星导航系统管理办公室. 北斗卫星导航系统空间接口控制文件-公开服务信号（2.0 版）[S]. 北京，2013.
[19] 张光明. 北斗卫星导航系统在民航的应用前景[J]. 国际航空，2012，4.
[20] 张光明. 高度对 RNP 进近的影响分析[J]. 飞行力学，2014，1.
[21] 宫经宽. 航空机载惯性导航系统[M]. 北京：航空工业出版社，2010.
[22] 袁信，郑锷. 捷联式惯性导航原理[M]. 北京：航空专业教材编审组，1985.
[23] 郭秀中. 惯导系统陀螺仪理论[M]. 北京：国防工业出版社，1996.
[24] 章燕申. 高精度导航系统[M]. 北京：中国宇航出版社，2005.
[25] 陈永冰，钟斌. 惯性导航原理[M]. 北京：国防工业出版社，2008.
[26] 《惯性导航系统》编著小组. 惯性导航系统[M]. 北京：国防工业出版社，1983.
[27] 大型飞机公共航空运输承运人运行合格审定规则[Z]. 中国民用航空总局，2010.
[28] 空中客车公司，吉祥航空公司. A320 机组操作手册（FCOM）[Z]. 吉祥航空公司，2015.
[29] 波音公司，厦门航空公司. B737NG 机组操作手册（FCOM）[Z]. 厦门航空公司，2014.
[30] 波音公司，中国东方航空公司. B737NG 飞行机组操作手册[Z]. 中国东方航空股份有限公司，2010.
[31] 空中客车公司，中国东方航空公司. A319/A320/A321 飞行机组操作手册(FCOM) [Z]. 中国东方航空公司，2009.
[32] ICAO. 目视和仪表飞行程序设计规范(DOC 8168)(第 5 版)[S]. ICAO，2006.
[33] ICAO. 飞行程序设计质量保证手册（DOC 9906）（第 1 版）[S]. ICAO，2009.
[34] 中国民航局. 大型飞机公共航空运输承运人运行合格审定规则(CCAR-121-R4)[Z]. 北京：2010.
[35] 国际民航组织. 空中交通管理（ICAO DOC4444）（第 15 版）[S]. 蒙特利尔，2007.
[36] 中国民航局空中交通管理局.国际民航组织新版飞行计划格式和空中交通服务程序指导材料(第二版)[S]. 北京：2012.
[37] 中国民航局. 要求授权的特殊航空器和机组（SAAAR）实施公共所需导航性能（RNP）程序的

适航与运行批准准则[S]. 北京：2006.

[38] 中国民航局. RNAV5 运行批准指南[S]. 北京：2008.

[39] 中国民航局. 在航路和终端区实施 RNAV1 和 RNAV2 的运行指南[S]. 北京：2008.

[40] 中国民航局. 在海洋和偏远地区空域实施 RNP4 的运行指南[S]. 北京：2009.

[41] 中国民航局. 在终端区和进近中实施 RNP 的运行批准指南[S]. 北京：2010.

[42] 中国民航局. 民用航空机场运行最低标准制定与实施准则[S]. 北京：2011.

[43] 中国民航局. 航空运营人导航数据库管理规范[S]. 北京：2014.

[44] 中国民航局. 广播式自动相关监视（ADS-B）在飞行运行中的应用[S]. 北京：2008.

[45] 中国民航局. 在无雷达区使用 1090 兆赫兹扩展电文广播式自动相关监视的适航和运行批准指南[S]. 北京：2010.

[46] 美国联邦航空局. 广播式自动相关监视运行[S]. FAA，2014.

[47] 中国民航局. 中国民用航空 ADS-B 实施规划（2015 年第一次修订）[S]. 北京：2015.

[48] 中国民航局. 电子飞行包（EFB）的适航和运行批准指南[S]. 北京：2009.

[49] 中国民航局. 卫星着陆系统（GLS）运行批准指南[S]. 北京：2015.

[50] 中国民航局. 使用平视显示器实施 II 类或低于标准 I 类运行的评估和批准程序[S]. 北京：2010.

[51] 中国民航局. 使用平视显示器（HUD）运行的评估与批准程序[S]. 北京：2016.

[52] 山东航空公司，HUD 设备及运行工作简介[Z]. 山东航空公司，2010.

[53] 中国民航局. 增强飞行视景系统适航与运行批准指南[S]. 北京：2012.

[54] ARINC.Navigation System Database（ARINC-424）（第 20 版）[S]. MARLAND, 2011.

[55] RTCA. STANDARDS FOR PROCESSING AERONAUTICAL DATA(DO-200A)[S]. Washington, DC, 1998.

[56] RTCA. STANDARDS FOR AERONAUTICAL INFORMATION(DO-201A)[S]. Washington, DC, 2000.

[57] Russian institute of space devise engineering（Edition 5.1）[S]. GLONASS ICD.MOSCOW, 2008.

[58] European Union.European GNSS (Galileo) Open Service ICD[S]. UN, 2014.

[59] FAA.Airworthiness Approval of Positioning and Navigation Systems (AC 20-138D)[S]. FAA, 2014.

[60] ICAO.GNSS MANUAL(DOC 9849)(Second Edition)[S]. ICAO. 2012.

[61] FAA.AIRBORNE SUPPLEMENTAL NAVIGATION EQUIPMENT USING THE GLOBAL POSITIONING SYSTEM (GPS)(TSO-C 129a)[S]. FAA, 1996.

[62] FAA. AIRBORNE NAVIGATION SENSORS USING THE GLOBAL POSITIONING SYSTEM (GPS) AUGMENTED BY THE WIDE AREA AUGMENTATION SYSTEM (WAAS)(TSO-C145a)[S]. FAA, 2002.

[63] FAA. STAND-ALONE AIRBORNE NAVIGATION EQUIPMENT USING THE GLOBAL POSITIONING SYSTEM (GPS) AUGMENTED BY THE WIDE AREA AUGMENTATION SYSTEM (WAAS) (TSO-C146a)[S]. FAA，2002.

[64] FAA.Ground Based Augmentation System Positioning and Navigation Equipment (TSO-C161a) [S]. FAA，2009.

[65] FAA. Ground Based Augmentation System Very High Frequency Data Broadcast Equipment (TSO-C162a) [S]. FAA, 2009.

[66] FAA.Airworthiness Approval of EnhancedVision System, Synthetic Vision System，Combined Vision System, and Enhanced FlightVision System Equipment[S]. FAA, 2010.

[67] David H. Titterton, John L. Weston, Strapdown Inertial Navigation, 1997 Technology. Peter Peregrinus on behalf of the Institution of Electrical Engineers.

[68] Zhang Guangming. An Overview of the Effect of GNSS Operation at High Elevation Airport[S]. The 2nd International Symposium on Aircraft Airworthiness，2011.